数学物理方程

姬瑞红　林红霞　马亮亮　张　军　闫　莉　编

科学出版社

北京

内 容 简 介

本书共五章. 第一章简要介绍波动方程、热传导方程和位势方程的导出和定解条件; 第二至四章分别讨论波动方程、热传导方程和位势方程的适定性、求解方法和解的性质; 第五章对二阶线性偏微分方程在更广泛的意义下做了分类, 即双曲型方程、抛物型方程和椭圆型方程. 本书提供了丰富的例题和配套习题, 并注重突出数学物理方程的实际应用.

本书可作为高等学校数学专业和相关专业的教材, 也可作为有需求读者的参考资料.

图书在版编目（CIP）数据

数学物理方程 / 姬瑞红等编.—北京：科学出版社，2021.9
ISBN 978-7-03-069678-6

Ⅰ．①数… Ⅱ．①姬… Ⅲ．①数学物理方程－高等学校－教材
Ⅳ．①O175.24

中国版本图书馆 CIP 数据核字(2021)第 174535 号

责任编辑：王胡权 李 萍／责任校对：杨聪敏
责任印制：张 伟／封面设计：陈 敬

科 学 出 版 社 出版
北京东黄城根北街 16 号
邮政编码：100717
http://www.sciencep.com
北京建宏印刷有限公司印刷
科学出版社发行 各地新华书店经销

*

2021 年 9 月第 一 版 开本：720 × 1000 1/16
2024 年 7 月第四次印刷 印张：11 1/2
字数：234 000
定价：39.00 元
（如有印装质量问题，我社负责调换）

前　言

　　数学物理方程是理工科大学生必修的一门专业基础课，以主要来源于物理模型的偏微分方程为研究对象. 数学物理方程在物理学、化学、生物学和其他学科的许多领域都有着十分广泛的应用. 同时，这些学科的发展也推动了数学物理方程的发展. 本科阶段开设数学物理方程这门课，为分析来自物理和其他学科的偏微分方程模型提供了理论基础和解题方法，也为本科生进入研究生阶段选择偏微分方程专业提供了入门基础. 学习数学物理方程不仅需要有扎实的常微分方程基础，还要求学生掌握数学分析、复变函数和泛函分析知识. 本书可作为高等学校数学专业和相关专业的教材，也可作为有需求读者的参考资料.

　　本书编者都是多年从事偏微分方程研究的专业人员，且具有丰富的数学物理方程教学经验. 在本书编写过程中编者参考了大量数学物理方程经典教材，并对部分难懂的知识点进行了详细解说，力求为读者提供一本简单明了、逻辑清晰、适合理工科学生的数学物理方程教材. 全书共五章. 第一章简要介绍波动方程、热传导方程和位势方程的导出和定解条件；第二至四章分别讨论波动方程、热传导方程和位势方程的适定性、求解方法和解的性质；第五章对二阶线性偏微分方程在更广泛的意义下做了分类，即双曲型方程、抛物型方程和椭圆型方程. 书中提供了丰富的例题和配套习题，并注重突出数学物理方程的实际应用.

　　本书第一至五章分别由张军、姬瑞红、林红霞、马亮亮、闫莉老师编写，姬瑞红老师负责全书最后的统稿工作.

　　本书的编写得到了广大同仁的帮助和支持，特别是郭科教授、王权锋教授和魏友华副教授给予了宝贵建议. 另外，本书的出版，得到了成都理工大学教务处和成都理工大学数理学院的大力支持，还得到了2020年度成都理工大学本科质量工程项目的支持，在此表示由衷的感谢.

　　由于编者的学识和教学经验有限，书中难免有不足及疏漏之处，恳请专家和广大读者提出宝贵意见.

编　者

2021 年 6 月

目　　录

第一章 方程的导出和定解条件

物质的运动都服从一定的自然规律. 数学物理方程便是基于物理定律描述这些物质运动所建立的数学模型. 建立数学物理方程最基本的物理定律有守恒律和变分原理. 当然, 为了使方程(组)成为封闭的, 往往还需要如 Fourier(傅里叶)热传导定律、状态方程等其他物理定律.

在这一章, 我们将通过弦振动、热传导、流体运动、极小曲面、膜平衡等物理和几何的例子, 说明如何从守恒律和变分原理出发推导出常见的一些数学物理方程. 它们将是本书讨论的主要对象.

第一节 守 恒 律

动量守恒、能量守恒和质量守恒是自然界一切运动都必须遵循的基本规律. 对于自然界的某一个特定问题, 如果把相应的守恒律数量化, 就导出刻画这个问题的微分方程. 因此, 从这个意义上说, 微分方程实质上就是自然界守恒律的数量形式.

一、动量守恒与弦振动方程

物理模型

假设一根柔软且均匀的细弦, 拉紧之后让它离开平衡位置, 在垂直于弦线的外力作用下做微小的横振动, 求弦线在不同时刻的形状.

其中"柔软"是指弦只抗拉伸但不抗弯曲, 即当它发生形变时拉力与弦线相切; "均匀"是指弦的线密度(即单位长度的质量)为常数; "细"是指弦的长度远远大于它的直径, 从而可将其视为一条理想的曲线; "横振动"是指弦的运动发生在同一平面内, 并且弦上各点的位移始终与平衡位置垂直. "微小"的意义将在下文中进行说明.

牛顿第二定律

物体所受外力 F 等于物体质量 m 与加速度 a 的乘积, 即 $F = ma$.

我们利用牛顿第二定律建立弦上各点的位移所满足的微分方程. 首先如图 1.1 所示, 建立坐标系, 取弦的平衡位置为 x 轴. 在弦线运动的平面内, 垂直于弦线的平衡位置并过弦线左端点的直线为 u 轴. 那么, 在任意时刻 t 弦线上

各点的位移为

$$u = u(x,t).$$

我们利用微元法在弦上任意截取一小段 $[a,b]$，对它进行受力分析. 如图 1.2 所示，该小段弦的左端点受到与弦线相切的张力 T_a，右端点受到与弦线相切的张力 T_b，另外还受到强迫外力 $f_0 \Delta s$，其中 f_0 为作用在弦线上且垂直于平衡位置的强迫外力密度.

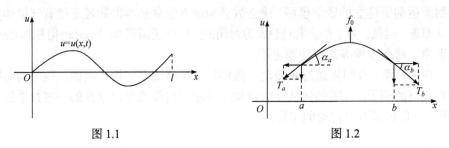

图 1.1   图 1.2

作用在端点 $x = a$ 和 $x = b$ 的张力为 T_a 和 T_b，它们的方向如图 1.2 所示. 它们在 u 轴方向的分量分别为

$$T_a \cdot \boldsymbol{i}_u = |T_a| \cos(T_a, \boldsymbol{i}_u) = -|T_a| \sin \alpha_a, \quad T_b \cdot \boldsymbol{i}_u = |T_b| \cos(T_b, \boldsymbol{i}_u) = -|T_b| \sin \alpha_b,$$

其中 $\boldsymbol{i}_u$ 表示 u 轴上的单位向量，α_a 和 α_b 分别为弦线在 a 点和 b 点处的切线与 x 轴正方向的夹角. 由于我们假设弦线是均匀的并且做微小横振动，因此可认为

$$|\alpha_a|, |\alpha_b| \ll 1, \quad \sin \alpha_a \sim \tan \alpha_a, \quad \sin \alpha_b \sim \tan \alpha_b.$$

注意到水平方向的合力为 0，即

$$-|T_a| \cos \alpha_a + |T_b| \cos \alpha_b = 0.$$

那么

$$|T_a| \approx |T_b| = T_0.$$

我们在竖直方向上利用牛顿第二定律可得

$$
\begin{aligned}
f_0 \Delta s + T_a \cdot \boldsymbol{i}_u + T_b \cdot \boldsymbol{i}_u &= f_0 \Delta s - |T_a| \sin \alpha_a - |T_b| \sin \alpha_b \\
&\approx f_0(b-a) - T_0 \tan \alpha_a - T_0 \tan \alpha_b \\
&= f_0(b-a) - T_0 \left. \frac{\partial u(x,t)}{\partial x} \right|_{x=a} + T_0 \left. \frac{\partial u(x,t)}{\partial x} \right|_{x=b} \\
&= \rho \Delta s \frac{\partial^2 u(x,t)}{\partial t^2} \\
&\approx \rho(b-a) \frac{\partial^2 u(x,t)}{\partial t^2}.
\end{aligned}
$$

进而,

$$\rho \frac{\partial^2 u(x,t)}{\partial t^2} = f_0 + T_0 \frac{\left.\dfrac{\partial u(x,t)}{\partial x}\right|_{x=b} - \left.\dfrac{\partial u(x,t)}{\partial x}\right|_{x=a}}{b-a}.$$

在上式中令 $b-a$ 趋于 0 并除以 ρ, 上式可化为

$$\frac{\partial^2 u(x,t)}{\partial t^2} - a^2 \frac{\partial^2 u(x,t)}{\partial x^2} = f(x,t), \tag{1.1}$$

其中

$$a^2 = \frac{T_0}{\rho}, \quad f(x,t) = \frac{f_0(x,t)}{\rho}.$$

方程(1.1)刻画了均匀弦做微小横振动的一般规律, 称其为**弦振动方程**. 一根弦线具体的振动状况, 还依赖于初始时刻弦线的状态以及弦线两端所受外界的影响. 因此为确定弦线的具体振动, 还必须给出它满足的初始条件和边界条件.

初始条件　弦上各点在初始时刻 $t=0$ 的位移和速度, 即

$$u(x,0) = \varphi(x), \quad u_t(x,0) = \psi(x), \tag{1.2}$$

其中 $\varphi(x)$ 和 $\psi(x)$ 为闭区间 $[0,l]$ 上的已知函数.

边界条件　一般而言有下面三种.

(1) 已知端点的位移变化, 即

$$u(0,t) = g_1(t), \quad u(l,t) = g_2(t) \quad (t \geqslant 0). \tag{1.3}$$

特别地, 若 $g_1(t) = g_2(t) = 0$, 则称弦线具有**固定端**.

(2) 已知在端点所受的垂直于弦线的外力的作用, 即

$$-T \left.\frac{\partial u}{\partial x}\right|_{x=0} = g_1(t), \quad T \left.\frac{\partial u}{\partial x}\right|_{x=l} = g_2(t) \quad (t \geqslant 0). \tag{1.4}$$

特别地, 若 $g_1(t) = g_2(t) = 0$, 则称弦线具有**自由端**.

(3) 已知端点的位移与所受外力作用的一个线性组合

$$-T \left.\frac{\partial u}{\partial x}\right|_{x=0} + \alpha_1 u(0,t) = g_1(t), \quad T \left.\frac{\partial u}{\partial x}\right|_{x=l} + \alpha_2 u(l,t) = g_2(t), \tag{1.5}$$

其中 $t \geqslant 0$, $\alpha_1 > 0$ 且 $\alpha_2 > 0$. 特别地, 若 $g_1(t) = g_2(t) = 0$, 则意味着弦的两端固定在弹性支承上, 并且 α_i 分别表示支承的弹性系数. 事实上, 以左端点为例, 根据作用力与反作用力的关系, 弦对弹性支承的力为 $T \left.\dfrac{\partial u}{\partial x}\right|_{x=0}$, 而弹性支承的伸长为

$u(0,t)$，由胡克定律可知 $T\dfrac{\partial u}{\partial x}\bigg|_{x=0}=\alpha_1 u(0,t)$，这就得到(1.5)中的第一个表达式.

通常把初始条件和边界条件统称为**定解条件**. 一个偏微分方程连同与它相应的定解条件组成一个**定解问题**. 为寻求弦在一定条件下的振动规律，我们需要求解一个相应的定解问题.

在区域 $\{0\leqslant x\leqslant l,t>0\}$ 上由方程(1.1)、初始条件(1.2)以及(1.3)—(1.5)中的任意一个边界条件组成的定解问题称为**弦振动方程的混合问题**. 这里两个端点的边界条件也可以分别为(1.3)—(1.5)中不同的两种.

如果在所考虑的时间内，弦线端点对弦振动的影响可以忽略不计，那么我们可以认为弦长是无穷的，这样就不必考虑边界条件. 我们把在区域 $\{-\infty\leqslant x\leqslant \infty,\ t\geqslant 0\}$ 上，由方程(1.1)和初始条件(1.2)组成的定解问题称为**弦振动方程的初值问题**(或 **Cauchy 问题**). 类似地，我们可以给出弦振动方程半无界问题的定义.

注 1　方程(1.1)不仅仅能刻画弦的横振动，还可以描述工程和物理中许多其他的运动. 例如杆的纵振动，即一均匀细杆在外力作用下沿杆长方向做微小振动，如果取杆长方向为 x 轴，$u(x,t)$ 表示 x 处的截面在 t 时刻沿着杆长方向的位移，那么由动量守恒定律和胡克定律

$$\frac{N}{S}=E\varepsilon,$$

其中 N 为截面受力，S 为截面面积，N/S 为应力，E 为杨氏模量，ε 为相对伸长量，可推出 $u(x,t)$ 满足方程(1.1)，其中 $a^2=E/\rho$. 事实上，不论是弦的横振动还是杆的纵振动，它们都有一个共同的特征：物体的振动产生了波的传播. 因此，方程(1.1)也称为**一维波动方程**.

注 2　如果我们考虑膜的振动或者声波的传播，用来描述这些二维或三维波动现象的微分方程仍然具有与方程(1.1)相似的形式：

$$\frac{\partial^2 u}{\partial t^2}-a^2\Delta u=f, \tag{1.6}$$

这里 $\Delta u=\displaystyle\sum_{i=1}^{n}\frac{\partial^2 u}{\partial x_i^2}$ 是 Laplace(拉普拉斯)算子，n 是维数. 通常把方程(1.6)称为**波动方程**.

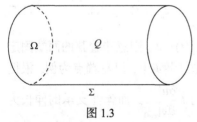

图 1.3

注 3　对于方程(1.6)，我们同样可以提出混合问题和初值问题. 如图 1.3，设 Ω 为 $\mathbb{R}^n$ 中的一个有界开区域，$Q:=\Omega\times[0,\infty)$ 为 $\mathbb{R}^n\times[0,\infty)$ 中的一个柱体，$\Sigma:=\partial\Omega\times(0,\infty)$ 是柱体 Q 的侧

表面, 其中 $\partial\Omega$ 表示 Ω 的边界. 所谓**混合问题**就是在 $\bar{Q}$ 上定义一个函数 u, 使它在柱体 Q 内满足方程(1.6), 在柱体 Q 的下底满足初始条件

$$u\big|_{t=0} = \varphi(x_1,\cdots,x_n), \quad u_t\big|_{t=0} = \psi(x_1,\cdots,x_n), \quad (x_1,\cdots,x_n)\in\Omega; \tag{1.7}$$

在柱体 Q 的侧表面 Σ 上满足下面三个边界条件之一:

$$u\big|_\Sigma = g(x_1,\cdots,x_n,t) \tag{1.8}$$

或

$$\frac{\partial u}{\partial \boldsymbol{n}}\bigg|_\Sigma = g(x_1,\cdots,x_n,t) \tag{1.9}$$

或

$$\left(\frac{\partial u}{\partial \boldsymbol{n}} + \alpha u\right)\bigg|_\Sigma = g(x_1,\cdots,x_n,t), \tag{1.10}$$

其中 $\boldsymbol{n}$ 是 Ω 的单位外法向量且 $\alpha > 0$. 所谓**初值问题**(或 **Cauchy** 问题)即在 $\mathbb{R}^n \times [0,\infty)$ 上定义一个函数 u, 使得它在 $\mathbb{R}^n\times[0,\infty)$ 内满足方程(1.6), 而在 $t = 0$ 上满足初始条件(1.7).

注 4 考虑膜在外力作用下处于平衡状态时的形状. 这时惯性力 $\rho\dfrac{\partial^2 u}{\partial t^2} = 0$, 从而我们得到膜上各点位移满足的微分方程

$$-a^2 \Delta u = f(x_1,x_2). \tag{1.11}$$

为了确定一张特定的薄膜的形状, 除了方程(1.11)以外, 还需要考虑膜边界处的条件, 即它还要满足边界条件(1.8)—(1.10)中的任意一个, 此时右端的已知函数为 $g(x_1,x_2)$. 方程(1.11)称为 Poisson(泊松)方程. 如果 $f \equiv 0$, 那么方程(1.11)称为 Laplace 方程. 边界条件(1.8), (1.9)和(1.10)依次称为第一、第二和第三边界条件. 方程(1.11)和边界条件(1.8), (1.9), (1.10)中的任意一个组成的定解问题称为**边值问题**. 根据所带有的边界条件的类别, 依次称这些定解问题为第一、第二、第三边值问题; 人们常把第一和第二边值问题分别称为方程(1.11)的 Dirichlet(狄利克雷)问题和 Neumann(诺伊曼)问题. 我们将在本章第二节中利用变分原理重新导出膜的平衡方程(1.11).

二、能量守恒与热传导方程

物理模型

考虑三维空间中一均匀、各向同性的物体. 假定它内部有热源并且与周围介质有热交换, 物体内部热量的传递遵循**能量守恒定律**, 即物体内部热量的增加量

等于从物体边界流入的热量与物体内部热源所产生热量的总和.

在物体 Ω 内任取一小块 D, 对其在时间段 $[t_1,t_2]$ 上运用能量守恒定律. 设 u 是温度, c 是比热容, ρ 是密度, $\boldsymbol{q}$ 是热流密度, f_0 是热源强度. 注意到在 dt 时间段内通过 D 的边界 ∂D 上一个小块 dS 进入区域 D 的热量为 $-\boldsymbol{q}\cdot\boldsymbol{n}dSdt$. 根据能量守恒定律可知

$$\iiint_D c\rho(u|_{t=t_2}-u|_{t=t_1})dxdydz = -\int_{t_1}^{t_2}dt\oiint_{\partial D}\boldsymbol{q}\cdot\boldsymbol{n}dS + \int_{t_1}^{t_2}dt\iiint_D \rho f_0 dxdydz. \quad (1.12)$$

物体内部存在温差导致了热量的流动. Fourier 定律表明在一定条件下热流向量与温度梯度成正比, 即

$$\boldsymbol{q} = -k\nabla u, \quad (1.13)$$

其中的负号表明热量由高温向低温流动, k 是物体的导热系数.

将(1.13)代入(1.12), 并利用等式

$$\boldsymbol{q}\cdot\boldsymbol{n} = -k\frac{\partial u}{\partial \boldsymbol{n}},$$

可将(1.12)式化为

$$\iiint_D c\rho(u|_{t=t_2}-u|_{t=t_1})dxdydz = \int_{t_1}^{t_2}dt\oiint_{\partial D} k\frac{\partial u}{\partial \boldsymbol{n}}dS + \int_{t_1}^{t_2}dt\iiint_D \rho f_0 dxdydz. \quad (1.14)$$

设 u 在柱体 $\Omega\times(0,\infty)$ 内关于 t 的一阶导函数, 以及关于 x,y 和 z 的二阶导函数均连续. 那么应用 Gauss(高斯)公式

$$\int_{t_1}^{t_2}dt\iiint_D c\rho\frac{\partial u}{\partial t}dxdydz = \int_{t_1}^{t_2}dt\iiint_D [\nabla\cdot(k\nabla u)+\rho f_0]dxdydz.$$

由于被积函数在 $\Omega\times(0,\infty)$ 内连续以及 $[t_1,t_2]$ 和 D 均是任意的, 又因为物体均匀且各向同性, c, ρ 和 k 都是常数, 我们可以得到

$$\frac{\partial u}{\partial t} - a^2\Delta u = f, \quad (1.15)$$

其中 $a^2 = \dfrac{k}{c\rho}, f = \dfrac{f_0}{c}$, Δ 是三维 Laplace 算子. 这里若 $f \geqslant 0$ 则表示热源, 而若 $f \leqslant 0$ 则表示热汇.

为了确定物体内部的温度分布, 我们还需要知道物体内部的初始温度分布以及通过物体的边界受周围介质的影响.

初始条件

$$u(x,y,z,0) = \varphi(x,y,z), \quad (x,y,z)\in\bar{\Omega}. \quad (1.16)$$

边界条件　主要有如下三类.

(1) 已知边界 $\partial\Omega$ 上的温度分布

$$u\big|_\Sigma = g(x,y,z,t), \tag{1.17}$$

其中 $\Sigma = \partial\Omega \times [0,\infty)$. 特别地, 若 g 为常数, 则称物体的边界保持恒温.

(2) 已知通过边界 $\partial\Omega$ 的热量

$$k\frac{\partial u}{\partial \boldsymbol{n}}\bigg|_\Sigma = g(x,y,z,t), \tag{1.18}$$

其中 $\boldsymbol{n}$ 为 Ω 的单位外法向量. 若 $g \geqslant 0$ 则表示流入; 若 $g \leqslant 0$ 则表示流出; 若 $g \equiv 0$ 则表示物体绝热.

(3) 已知通过边界 $\partial\Omega$ 与周围介质有热交换

$$k\frac{\partial u}{\partial \boldsymbol{n}}\bigg|_\Sigma = \alpha_0(g_0 - u)\big|_\Sigma \quad \text{或} \quad \left(\frac{\partial u}{\partial \boldsymbol{n}} + \alpha u\right)\bigg|_\Sigma = g(x,y,z,t), \tag{1.19}$$

其中 g_0 表示周围介质温度, α_0 表示热交换系数, $\alpha = \alpha_0/k > 0$.

定解问题

为了具体确定物体的温度场, 我们需要求解热传导方程的某一特定的定解问题.

若 Ω 是空间 $\mathbb{R}^3$ 中任意有界开区域, 在柱体 $\overline{\Omega} \times [0,\infty)$ 上, 由方程(1.15)、初始条件(1.16)和边界条件(1.17)—(1.19)中的任意一个组成的定解问题称为**混合问题**.

若 $\Omega = \mathbb{R}^3$, 在上半空间 $\mathbb{R}^3 \times [0,\infty)$ 上, 由方程(1.15)和初始条件(1.16)组成的定解问题称为**初值问题**(或 **Cauchy 问题**).

注 对一些三维问题, 如果适当选取坐标系, 那么可将其化归为或近似地化归为一维或二维问题来处理. 这样的简化会给求解定解问题, 特别是求问题的近似解带来方便.

例 1.1 假设物体可看成一根细杆, 其侧表面绝热, 且仅在杆的两端 $x = 0$ 和 $x = l$ 处与周围介质发生热交换. 如果在任意一个与杆的轴线垂直的截面上, 初始温度和热源强度的变化很小, 那么可近似地认为杆上的温度分布只依赖于截面的位置. 若取杆的轴线为 x 轴, 则方程(1.15)可化为

$$\frac{\partial u}{\partial t} - a^2\frac{\partial^2 u}{\partial x^2} = f(x,t). \tag{1.20}$$

上述方程称为**一维热传导方程**.

例 1.2 考虑一半径为 R 的球体, 它通过球表面与周围介质有热交换. 假设在球面上各点所受周围介质的影响都相同, 且球内任意一点的初始温度和热源强度只依赖于它到球心的距离而与它的方位无关. 选取以球心为坐标原点并引进球

坐标, 由于 $r^2 = x_1^2 + x_2^2 + x_3^2$, 那么球内的温度 $u = u(r,t)$ 满足下面的等式:

$$\frac{\partial u}{\partial x_i} = \frac{x_i}{r}\frac{\partial u}{\partial r},$$

$$\frac{\partial^2 u}{\partial x_i^2} = \frac{x_i^2}{r^2}\frac{\partial^2 u}{\partial r^2} + \frac{r^2 - x_i^2}{r^3}\frac{\partial u}{\partial r},$$

因此,

$$\Delta u = \sum_{i=1}^{3}\frac{\partial^2 u}{\partial x_i^2} = \frac{\partial^2 u}{\partial r^2} + \frac{2}{r}\frac{\partial u}{\partial r}.$$

所以 $u(r,t)$ 满足方程

$$\frac{\partial u}{\partial t} - a^2\left(\frac{\partial^2 u}{\partial r^2} + \frac{2}{r}\frac{\partial u}{\partial r}\right) = f(r,t). \tag{1.21}$$

上述方程称为**球对称问题的热传导方程**.

例 1.3　考虑一高为 H, 半径为 R 的圆柱形物体. 引入柱坐标系, 取柱体的轴线为 z 轴, 下底位于 $z = 0$ 平面. 设在柱体的侧表面和上、下底给出的边界条件只分别依赖于 z 和 r (点到轴线的距离), 且柱体初始温度和内部热源只是 r 和 z 的函数. 类似于例 1.2 的推导, 在柱体内温度 $u = u(r,z,t)$ 满足方程

$$\frac{\partial u}{\partial t} - a^2\left(\frac{\partial^2 u}{\partial r^2} + \frac{1}{r}\frac{\partial u}{\partial r} + \frac{\partial^2 u}{\partial z^2}\right) = f(r,z,t), \tag{1.22}$$

其为**二维轴对称问题的热传导方程**.

若进一步假设柱长无穷, 且通过侧表面受周围介质的影响均相同, 又若柱体的初始温度和内部热源只依赖于 r, 那么柱体内温度 $u = u(r,t)$ 满足方程

$$\frac{\partial u}{\partial t} - a^2\left(\frac{\partial^2 u}{\partial r^2} + \frac{1}{r}\frac{\partial u}{\partial r}\right) = f(r,t). \tag{1.23}$$

注　如果物体内部的热源以及它和外界的热交换与时间无关, 这样在相当长时间以后物体内部的温度渐趋于稳定, 即 $\frac{\partial u}{\partial t} = 0$, 从而温度 $u(x,y,z)$ 与时间无关. 由(1.15)推得它满足 Poisson 方程

$$-a^2\Delta u = f(x,y,z), \quad (x,y,z) \in \Omega.$$

三、质量守恒与连续性方程

流体运动服从质量守恒定律. 我们从该定律出发, 推导连续性方程. 在流体

运动的区域 Ω 内任意截取一个区域 D 并考虑时段 $[t_1, t_2]$. 设 v 为流体的运动速度, 因此在 $\mathrm{d}t$ 时段内通过 ∂D 上任意小块 $\mathrm{d}S$ 流入的质量为

$$-\rho v \cdot n \mathrm{d}S \mathrm{d}t,$$

其中 n 表示 ∂D 的单位外法向量. 假设流体在 Ω 内无源(汇), 从而由质量守恒定律,

$$\iiint_D (\rho|_{t=t_2} - \rho|_{t=t_1}) \mathrm{d}x\mathrm{d}y\mathrm{d}z = -\int_{t_1}^{t_2} \mathrm{d}t \oiint_{\partial D} \rho v \cdot n \mathrm{d}S.$$

如果 ρ 和 v 连续可微, 那么由 Gauss 公式可得

$$\int_{t_1}^{t_2} \mathrm{d}t \iiint_D \left[\frac{\partial \rho}{\partial t} + \nabla \cdot (\rho v) \right] \mathrm{d}x\mathrm{d}y\mathrm{d}z = 0.$$

由被积函数在 Ω 内的连续性以及区域 D 和时间段 $[t_1, t_2]$ 的任意性, 我们有

$$\frac{\partial \rho}{\partial t} + \nabla \cdot (\rho v) = 0, \quad \Omega \times (0, \infty) \tag{1.24}$$

或

$$\frac{\partial \rho}{\partial t} + \frac{\partial(\rho u)}{\partial x} + \frac{\partial(\rho v)}{\partial y} + \frac{\partial(\rho w)}{\partial z} = 0, \quad \Omega \times (0, \infty),$$

其中 u, v, w 为 v 的三个分量. 上述方程称为**连续性方程**. 特别地,

(1) 当速度为常向量时, 方程变为

$$\frac{\partial \rho}{\partial t} + v \cdot \nabla \rho = 0. \tag{1.25}$$

这是一个关于 ρ 的一阶偏微分方程.

(2) 当流体不可压缩(ρ 为常数)时, 方程变为

$$\nabla \cdot v = 0. \tag{1.26}$$

(3) 当流体不可压缩且做无旋运动时, 我们有

$$\mathrm{rot}\, v = 0, \tag{1.27}$$

根据数学分析知识可知, 由(1.27)所确定的流场是有速度势的, 即存在函数 φ 使得

$$v = \nabla \varphi.$$

如果区域是单连通的, 那么 φ 是一个单值函数. 当流体不可压缩时, 由(1.26)知 $\nabla \cdot v = 0$, 从而

$$\nabla \cdot \nabla \varphi = \Delta \varphi = 0.$$

这表明对于不可压缩流体, 若运动是无旋的, 则速度势满足 Laplace 方程.

注 1 方程(1.15)虽然被称为热传导方程, 但它不仅仅能描述热传导现象. 事

实上, 自然界中许多现象同样可用方程(1.15)来描述. 例如考虑某类分子在介质中的扩散. 浓度 u 的不均匀产生分子的运动(扩散), 它遵循质量守恒定律. 根据 Nernst(能斯特)实验定律: 分子运动速度与浓度的梯度成正比, 即 $v = -D\nabla u$, 其中 D 为扩散系数. 从而同样可导出分子浓度 u 适合的方程(1.15), 这里 a^2 为一个与扩散系数成正比的常数, f 为反应项. 因此人们也将方程(1.15)称为扩散方程, 其中 $-a^2\Delta u$ 称为扩散项.

注 2　为求解一个具体的流体运动, 我们还须对每一个微分方程附加一定的定解条件. 对此我们将在本书的其他有关章节中讨论.

注 3　在这一节所建立的各类微分方程, 都在一定条件下刻画了某一特定的物理现象. 从求解的观点来看, 我们希望所建立的微分方程越简单越好. 因此对于一个实际问题, 首先要从物理上分析清楚产生和影响这个物理现象的主要因素, 然后按照这些条件将方程简化, 以求出它的解答. 我们绝不能满足于方程的一般形式, 因为方程越一般, 它的形式也就越复杂, 求解也就越困难. 因此从这个意义上讲, 建立方程的过程也就是根据一定条件进行简化的过程. 明确这一点, 对于解决实际问题来说是很重要的.

第二节　变 分 原 理

实函数是从实数域到实数域的映射. 如果将函数的定义域扩大为某种集合, 值域依然为实数域, 那么这样一个从某种集合到实数的映射称为**泛函**. 例如将 $[a,b]$ 区间上的全体连续函数记为 $C([a,b])$, 则对任意 $f \in C([a,b])$, 映射

$$f \to \int_a^b f(x)\mathrm{d}x$$

就是定义在 $C([a,b])$ 上的一个泛函. 变分问题就是求某一特定泛函在定义域内的极值.

很多实际问题都可转化为变分问题, 作为它的必要条件, 我们将导出刻画该实际问题的微分方程定解问题. 为此, 给出下面的定义和结论.

定义 2.1　设 Ω 为 $\mathbb{R}^2$ 中的区域, 定义在 Ω 上的无穷次可微且在 Ω 的边界附近为零的函数的全体, 记为 $C_0^\infty(\Omega)$.

例 2.1　函数

$$\rho(x,y) = \begin{cases} k\mathrm{e}^{-1/[1-(x^2+y^2)]}, & x^2+y^2 < 1, \\ 0, & x^2+y^2 \geqslant 1 \end{cases}$$

属于 $C_0^\infty(\mathbb{R}^2)$, 其中 k 为常数. 我们可以选取适当的 k 使得

$$\iint_{\mathbb{R}^2} \rho(x,y)\mathrm{d}x\mathrm{d}y = 1.$$

对任意 $n > 0$, 定义

$$\rho_n(x,y) = n^2\rho(nx, ny),$$

那么

$$\rho_n(x,y) \in C_0^\infty(\mathbb{R}^2), \qquad \iint_{\mathbb{R}^2} \rho_n(x,y)\mathrm{d}x\mathrm{d}y = 1,$$

且当 $\sqrt{x^2+y^2} \geqslant \dfrac{1}{n}$ 时 $\rho_n(x,y) = 0$.

引理 2.1　假设函数 $f(x,y)$ 在 $\mathbb{R}^2$ 中的有界区域 Ω 上连续. 如果对任意 $\varphi(x,y) \in C_0^\infty(\Omega)$, 均有

$$\iint_\Omega f(x,y)\varphi(x,y)\mathrm{d}x\mathrm{d}y = 0, \tag{2.1}$$

那么 $f(x,y)$ 在 Ω 上恒为零.

证明　假设 $f(x,y)$ 在 Ω 上不恒为零, 那么存在 $(x_0, y_0) \in \Omega$ 使得 $f(x_0, y_0) \neq 0$, 不妨设 $f(x_0, y_0) > 0$. 由于 $f(x,y)$ 在 Ω 上连续, 于是存在以 (x_0, y_0) 为心的 δ 邻域 $\overline{B}_\delta \subset \Omega$, 使得

$$f(x,y) > 0, \quad \forall (x,y) \in B_\delta.$$

对于上述 δ, 选取 n 使得 $1/n \leqslant \delta$, 则在(2.1)中取

$$\varphi(x,y) = \rho_n(x-x_0, y-y_0) \in C_0^\infty(\Omega).$$

那么

$$0 = \iint_\Omega f(x,y)\varphi(x,y)\mathrm{d}x\mathrm{d}y = \iint_{B_\delta} f(x,y)\rho_n(x-x_0, y-y_0)\mathrm{d}x\mathrm{d}y > 0,$$

这与(2.1)矛盾, 因此引理结论成立.

一、极小曲面问题

如图 2.1, 考虑平面上边界充分光滑的有界区域 Ω, 在其边界上定义一条空间闭曲线

$$l := \{(x,y,u) \mid x = x(s), y = y(s), u = \varphi(s), 0 \leqslant s \leqslant s_0\},$$

其中 $x = x(s), y = y(s)$ 为平面闭曲线 $\partial\Omega$ 的方程, $x(0) = x(s_0)$, $y(0) = y(s_0)$, $\varphi(0) = \varphi(s_0)$. 求一张定义在 $\overline{\Omega}$ 上的曲面 S, 使得 S 以闭曲线 l 为边界, 并且 S 的表面积最

小. 即给定函数集合

$$M_\varphi = \left\{ v \middle| v \in C^1(\bar{\Omega}), v\big|_{\partial\Omega} = \varphi \right\},$$

求 $u \in M_\varphi$ 使得

$$J(u) = \min_{v \in M_\varphi} J(v), \tag{2.2}$$

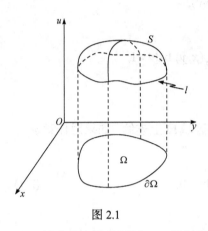

图 2.1

其中

$$J(v) = \iint_\Omega \sqrt{1 + v_x^2 + v_y^2}\, dxdy,$$

它是定义在函数集合 M_φ 上的一个泛函, u 是泛函 $J(v)$ 在集合 M_φ 上达到极小值的 "点". 这样一个求泛函的极值问题称为**变分问题**. 函数集合 M_φ 称为变分问题(2.2)的**允许函数类**, 或泛函 $J(v)$ 的定义域. "点" u 称为变分问题(2.2)的解.

首先考虑 u 使泛函 $J(v)$ 取极值的必要条件. 设 u 为变分问题(2.2)的解. 任意取定 $v \in M_0$, 其中 $M_0 = \left\{ v \middle| v \in C^1(\bar{\Omega}), v\big|_{\partial\Omega} = 0 \right\}$, 则对任意 $\varepsilon \in (-\infty, \infty)$ 均有 $u + \varepsilon v \in M_\varphi$. 我们记 $j(\varepsilon) = J(u + \varepsilon v)$, 则它是一个定义在 $\mathbb{R}$ 上的可微函数. 由(2.2)知 $j(\varepsilon) \geqslant j(0), \forall \varepsilon \in \mathbb{R}$, 即函数 $j(\varepsilon)$ 作为 ε 的函数在 $\varepsilon = 0$ 达到最小值, 从而有

$$j'(0) = 0. \tag{2.3}$$

直接计算可得

$$j'(\varepsilon) = \iint_\Omega \frac{(u + \varepsilon v)_x v_x + (u + \varepsilon v)_y v_y}{\sqrt{1 + (u_x + \varepsilon v_x)^2 + (u_y + \varepsilon v_y)^2}}\, dxdy.$$

将其代入(2.3)得

$$\iint_\Omega \left[\frac{u_x}{\sqrt{1 + u_x^2 + u_y^2}} v_x + \frac{u_y}{\sqrt{1 + u_x^2 + u_y^2}} v_y \right] dxdy = 0, \quad \forall v \in M_0.$$

如果 $u \in C^2(\bar{\Omega})$, 由 Green(格林)公式得到

$$-\iint_\Omega \left\{ \frac{\partial}{\partial x}\left[\frac{u_x}{\sqrt{1 + u_x^2 + u_y^2}} \right] + \frac{\partial}{\partial y}\left[\frac{u_y}{\sqrt{1 + u_x^2 + u_y^2}} \right] \right\} v dxdy + \oint_{\partial\Omega} \frac{v}{\sqrt{1 + u_x^2 + u_y^2}} \cdot \frac{\partial u}{\partial \boldsymbol{n}} dS = 0.$$

由于 $v|_{\partial\Omega}=0$，因此上式左端第二个积分为 0，从而由被积函数的连续性以及 v 的任意性，

$$\frac{\partial}{\partial x}\left[\frac{u_x}{\sqrt{1+u_x^2+u_y^2}}\right]+\frac{\partial}{\partial y}\left[\frac{u_y}{\sqrt{1+u_x^2+u_y^2}}\right]=0, \tag{2.4}$$

它称为变分问题(2.2)的 **Euler(欧拉)方程**. 因此定义在 $\bar{\Omega}$ 上且以空间曲线 l 为边界的极小曲面 $u=u(x,y)$ 必定在 Ω 内满足微分方程(2.4)且在边界 $\partial\Omega$ 上满足边界条件

$$u|_{\partial\Omega}=\varphi(x,y). \tag{2.5}$$

由于(2.3)只是必要条件，因此人们自然关心边值问题(2.4)和(2.5)的解是否就是变分问题(2.2)的解. 也就是条件(2.4)是否充分? 为此，计算 $j''(\varepsilon)$ 可得

$$j''(\varepsilon)=\iint_\Omega\frac{v_x^2+v_y^2+[v_y(u_x+\varepsilon v_x)_x-v_x(u_y+\varepsilon v_y)]^2}{[1+(u_x+\varepsilon v_x)^2+(u_y+\varepsilon v_y)^2]^{3/2}}\,\mathrm{d}x\mathrm{d}y,$$

因此 $j''(\varepsilon)>0$. 故上面问题的答案是肯定的，即边值问题(2.4)和(2.5)的解 $u(x,y)$ 如果存在且属于 $C^1(\bar{\Omega})\bigcap C^2(\Omega)$，那么它必是变分问题(2.2)的解. 这样我们就证明了变分问题(2.2)与边值问题(2.4)和(2.5)等价.

注 方程(2.4)可改写成

$$(1+u_y^2)u_{xx}-2u_xu_y\cdot u_{xy}+(1+u_x^2)u_{yy}=0,$$

它不是未知函数 u 及方程中出现的各阶导数的一个线性关系，这一点与前面推导的弦振动方程、热传导方程、Poisson 方程等有本质的不同，即方程(2.5)是非线性的. 若假设

$$|u_x|,|u_y|\ll 1,$$

则我们可以将它线性化. 事实上，由上面的假设，略去上述方程中高阶小量可得

$$u_{xx}+u_{yy}=0.$$

因此在该假设下，极小曲面 $u=u(x,y)$ 可近似地看作是 Laplace 方程第一边值问题的解.

二、膜的平衡问题

物理模型

考虑一张绷紧的薄膜，它的部分边界固定在一框架上，而在另一部分边界上受到外力的作用. 若整个薄膜在垂直于平衡位置的外力作用下处于平衡状态，试

求薄膜的形状.

如图 2.2，我们取薄膜的水平位置为平面 xOy 上的区域 Ω，取 u 轴垂直于 xOy 平面且与 x,y 轴组成右手系. 设 Ω 的边界 $\partial\Omega = \gamma + \Gamma$，在 γ 上已知薄膜的位移为 φ，在 Γ 上薄膜受到外力的作用，设它垂直于薄膜的分量为 $p(x,y)$.

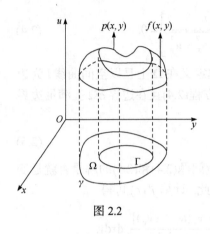

图 2.2

从力学上讲，我们可以从不同的角度来刻画这个平衡状态，例如力的平衡原理、虚功原理等. 我们在这里将采用**最小势能原理**.

最小势能原理　受外力作用的弹性体，在满足已知边界位移约束的一切可能位移中，以达到平衡状态的位移使物体的总势能为最小.

为了对薄膜的平衡问题写出上述原理的数学形式，我们须弄清楚两个概念.

(1) 什么是总势能? 对于薄膜来说，总势能的数学表达式是什么?

(2) 什么是"满足已知边界位移约束的一切可能位移"?

对于第一个问题，按照弹性力学理论：总势能等于应变能与外力做功的差. 处于某一位置的薄膜所具有的应变能就是把薄膜从水平位置转移到这个位置，为了抵抗张力所做功的总和. 根据弹性力学的理论，假设膜的形状为 $u = v(x,y)$，那么当 $|v_x|, |v_y| \ll 1$ 时，薄膜的应变能(忽略高阶无穷小量)可以写为张力与由变形所产生薄膜面积的增量的乘积. 因此，当 $|v_x|, |v_y| \ll 1$ 时，

$$
\begin{aligned}
\text{应变能} &= T\Delta\sigma \\
&= T\left[\iint_\Omega \left(\sqrt{1 + v_x^2 + v_y^2} - 1\right)\mathrm{d}x\mathrm{d}y\right] \\
&= \frac{T}{2}\iint_\Omega (v_x^2 + v_y^2)\mathrm{d}x\mathrm{d}y.
\end{aligned}
$$

这里所有等号都忽略高阶无穷小量.

如果薄膜所受的垂直方向的外力有两个：一个为作用在膜内的 $f(x,y)$；另一个是作用在膜的边界 Γ 上的 $p(x,y)$，在它们的作用下，膜上各点的位移为 $v(x,y)$，则

$$
\text{外力做功} = \iint_\Omega f(x,y)v(x,y)\mathrm{d}x\mathrm{d}y + \int_\Gamma p(s)v(s)\mathrm{d}s.
$$

由此，我们可得薄膜的总势能

$$J(v) = \frac{T}{2}\iint_{\Omega}(v_x^2 + v_y^2)\mathrm{d}x\mathrm{d}y - \iint_{\Omega}f(x,y)v(x,y)\mathrm{d}x\mathrm{d}y - \int_{\Gamma}p(s)v(s)\mathrm{d}s. \qquad (2.6)$$

对于第二个问题, 所有可能位移即表示这样一个函数集合:

(1) 满足已知位移约束, 即 $v|_{\gamma} = \varphi$;

(2) 使得总势能 $J(v)$ 有意义.

为此, 我们令

$$M_{\varphi} = \left\{ v \,\middle|\, v \in C^1(\overline{\Omega}), v\big|_{\gamma} = \varphi \right\}.$$

那么最小势能原理可以表述为: 若 $u \in M_{\varphi}$ 是膜达到平衡状态的位移场, 那么

$$J(u) = \min_{v \in M_{\varphi}} J(v). \qquad (2.7)$$

因此, 薄膜达到平衡状态的位移 u 是变分问题(2.7)的解.

现在我们导出 u 使 $J(v)$ 取极值的必要条件, 即(2.7)的 Euler 方程. 任意取定 $v \in M_0 = \{v \,|\, v \in C^1(\overline{\Omega}), v|_{\gamma} = \varphi\}$, 则对于任意 $\varepsilon \in \mathbb{R}$ 有 $u + \varepsilon v \in M_{\varphi}$, 故函数 $j(\varepsilon) = J(u + \varepsilon v)$ 在 $\varepsilon = 0$ 处达到最小值, 从而有 $j'(0) = 0$, 即 $u \in M_{\varphi}$, 且

$$T\iint_{\Omega}\left(\frac{\partial u}{\partial x}\frac{\partial v}{\partial x} + \frac{\partial u}{\partial y}\frac{\partial v}{\partial y}\right)\mathrm{d}x\mathrm{d}y - \iint_{\Omega}fv\mathrm{d}x\mathrm{d}y - \int_{\Gamma}pv\mathrm{d}s = 0, \quad \forall v \in M_0. \qquad (2.8)$$

这就是 u 使 $J(v)$ 取极值的必要条件, 它称为变分问题(2.7)的 **Euler 方程的积分形式**. 容易证明, 条件(2.8)也是充分的, 设 $u \in M_{\varphi}$ 且 $\forall v \in M_0$, (2.8)成立, 则 $\forall w \in M_{\varphi}$,

$$\begin{aligned}
J(w) - J(u) &= \frac{T}{2}\iint_{\Omega}|\nabla(w-u)|^2\,\mathrm{d}x\mathrm{d}y + T\iint_{\Omega}\nabla u \cdot \nabla(w-u)\mathrm{d}x\mathrm{d}y \\
&\quad - \iint_{\Omega}f(w-u)\mathrm{d}x\mathrm{d}y - \int_{\Gamma}p(w-u)\mathrm{d}s \\
&= \frac{T}{2}\iint_{\Omega}|\nabla(w-u)|^2\,\mathrm{d}x\mathrm{d}y \geqslant 0.
\end{aligned}$$

上面的推导用到了 $(w-u) \in M_0$ 的事实. 由于边界条件 $(w-u)|_{\Gamma} = 0$, 上述不等式中等号成立当且仅当 $w = u$, 从而变分问题(2.7)与问题(2.8)等价.

如果 $u \in C^2(\Omega)$, 应用 Green 公式并注意到 $v|_{\gamma} = 0$, 可知

$$-\iint_{\Omega}(T\Delta u + f)v\mathrm{d}x\mathrm{d}y + \int_{\Gamma}\left(T\frac{\partial u}{\partial \boldsymbol{n}} - p\right)v\mathrm{d}s = 0. \qquad (2.9)$$

由 $v \in M_0$ 的任意性, 先取 $v \in C_0^{\infty}(\Omega)$, 显然这样选取的 v 必属于 M_0, 那么根据(2.9)可知

$$-\iint_{\Omega}(T\Delta u + f)v\mathrm{d}x\mathrm{d}y = 0.$$

因为上式对任意 $v \in C_0^{\infty}(\Omega)$ 都成立, 从而由 $T\Delta u + f$ 在 Ω 内连续, 故

$$-T\Delta u = f. \tag{2.10}$$

将它代入(2.9)得

$$\int_{\Gamma}\left(T\frac{\partial u}{\partial \boldsymbol{n}} - p\right)v\mathrm{d}s = 0, \quad \forall v \in M_0.$$

由于对任意一个属于 M_0 的函数, 它在 Γ 上的值可以是任意连续可微函数, 从而

$$T\frac{\partial u}{\partial \boldsymbol{n}} = p. \tag{2.11}$$

至此我们证明了若 $u \in C^2(\Omega)\bigcap C^1(\overline{\Omega})$ 是变分问题(2.7)的解, 则它必是边值问题(2.10), (2.11)以及

$$u|_{\gamma} = \varphi \tag{2.12}$$

的解. 条件(2.12)是因为 $u \in M_{\varphi}$, 所以它在 γ 上必取 φ 值.

反之, 若 $u \in C^2(\Omega)\bigcap C^1(\overline{\Omega})$ 是边值问题(2.10), (2.11)和(2.12)的解, 容易证明它也是问题(2.8)的解, 从而也是变分问题(2.7)的解. (2.10)—(2.12)称为变分问题(2.7)的 **Euler 方程的微分形式**.

注1　从变分问题(2.7)可以看出, 我们对给定在边界上的第一边界条件(2.11)和第二边界条件(2.11)的处理是不相同的, 边界条件(2.12)是作为位移约束强加在允许函数类 M_{φ} 上的, 而边界条件(2.11)并不需要加在允许函数类 M_{φ} 上, 而是作为泛函的一部分, 由取泛函极值的函数自然满足的. 因此, 在变分方法中, 我们通常称第一边界条件为**约束边界条件**或**强制边界条件**, 而称第二边界条件及第三边界条件为**自然边界条件**.

注2　若 $\gamma = \partial\Omega$, 则 $\Gamma = \varnothing$, 那么边值问题(2.10)和(2.12)是 Poisson 方程的第一边值问题. 若 $\Gamma = \partial\Omega$, 则 $\gamma = \varnothing$, 那么边值问题(2.10)和(2.11)是 Poisson 方程的第二边值问题.

第三节　定解问题的适定性

在前面两节, 我们已经用到一些偏微分方程的术语, 这一节给出明确的定义. 关于未知函数 $u = u(x_1, \cdots, x_n)$ 的偏微分方程是指如下形式的方程

$$F(x,u,u_{x_1},\cdots,u_{x_n},u_{x_1x_1},u_{x_1x_2},\cdots)=0,$$

其中 F 是关于 x 和 u 以及 u 的有限个偏导数的已知函数. 如果在 F 中含有 u 的偏导数的最高阶为 m，那么称它为 m 阶偏微分方程. 如果 F 关于 u 及其偏导数是线性的，那么称其为线性方程，否则称为非线性方程. 如果将定义于 Ω 上的函数 $u=u(x)$ 代入上述方程后使得该方程在 Ω 上恒成立，那么称 u 为该方程在 Ω 上的解.

本书主要讨论波动方程、热传导方程和位势方程这三个偏微分方程，即

$$\frac{\partial^2 u}{\partial t^2}-a^2\Delta u=f, \tag{3.1}$$

$$\frac{\partial u}{\partial t}-a^2\Delta u=f, \tag{3.2}$$

$$-\Delta u=f, \tag{3.3}$$

其中 Δ 为 Laplace 算子，$\Delta u=\sum_{i=1}^{n}\frac{\partial^2 u}{\partial x_i^2}$，$f$ 是 $(x_1,\cdots,x_n)$ 或 $(x_1,\cdots,x_n,t)$ 的函数，a^2 是常数. 易见它们都是二阶偏微分方程.

适定性的概念

从前两节定解问题的建立可以看出上面三个方程定解问题的提法是不相同的. 对于波动方程(3.1)和热传导方程(3.2)我们提出的是混合问题和初值问题，而对于位势方程(3.3)我们提出的是边值问题. 这样提出的定解问题在物理上是说得通的，但在数学上是否也正确呢？ 这里"提法正确"在数学上的意义又是什么？事实上，为了使一个偏微分方程的定解问题能反映客观实际，则它有且仅有一个解存在，并且解对定解数据，即出现在定解条件和方程中的已知函数，还具有连续依赖性. 我们也称这种连续依赖性为**解的稳定性**. 如果一个定解问题的解**存在、唯一、稳定**，那么我们就称这个定解问题是**适定的**，在数学上认为它的提法是正确的. 下面我们给出解的存在、唯一、稳定的概念.

定义 3.1　设 u 是一个定义在区域 $\overline{\Omega}$ 上的函数，它在 Ω 内二次连续可微且满足方程. 又设它本身以及出现在定解条件中的导函数连续到给定边界，并满足已给的定解条件，我们称 u 是这个定解问题的解.

按上面的定义，解存在就是在 $\overline{\Omega}$ 上存在这样一个具有上述光滑性的函数，它满足方程和定解条件. 当然解的概念还将随着问题性质的变化和需要做必要的扩充，例如本书第二章第四节的广义解，因此解的存在性问题依赖于按照什么意义来定义解.

　　类似地, 解的唯一性也与一定的函数类相联系. 唯一性问题就是研究定解问题在给定函数类内如果有解, 解是否只有一个. 对于线性定解问题, 即出现在方程和定解条件中的未知函数本身及其各阶微商都是一次的, 唯一性问题将归结为相应的齐次定解问题在给定的函数类内是否只有零解. 这里定解问题是齐次的是指方程是齐次的并且定解条件也是齐次的.

　　因为定解数据(如初值、边值和方程的非齐次项等)一般都是通过实际测量得到的, 它不可能是精确的, 所以人们关心定解数据的微小变化是否会引起解的完全失真. 这就是解的稳定性问题, 即解是否连续依赖于定解数据? 当然讲大小就要先引入度量.

　　定义 3.2　设 G 是一个函数集合, 如果对于任意两个函数 $f_1, f_2 \in G$ 和任意两实数 $a_1, a_2 \in \mathbb{R}$, 均有 $a_1 f_1 + a_2 f_2 \in G$, 那么称 G 为**线性空间**. 如果对于任意 $f \in G$, 都有一个非负的实数 $\|f\|$ 与它对应, 且满足

　　(1) 若 $f_1, f_2 \in G$, 则 $\|f_1 + f_2\| \leqslant \|f_1\| + \|f_2\|$;

　　(2) 若 $f \in G, a \in \mathbb{R}$, 则 $\|af\| = |a|\|f\|$;

　　(3) $\|f\| \geqslant 0$, 其中等号当且仅当 $f = 0$ 时成立,

那么称 G 为**赋范线性空间**, $\|f\|$ 为 f 的**范数**或**模**.

　　对于一个函数集合, 如果按照某种方式引入了"范数", 也就是规定了度量, $\|f_1 - f_2\|$ 的大小就表示在这个度量下 f_1 与 f_2 的接近程度.

　　基于赋范线性空间的概念, 我们给出解的稳定性的定义. 为了简单起见, 我们以弦振动方程(3.1)的混合问题为例进行说明. 称混合问题的解对初值是连续依赖的, 如果把初值 $\{\varphi, \psi\}$ 看作是赋范线性空间 Φ 中的元素, 而把相应的混合问题的解 u 看作是赋范线性空间 U 中的元素, 则对于任意 $\{\varphi_i, \psi_i\} \in \Phi$ 和相应于它们的解 $u_i, i = 1, 2$, 有

$$\forall \varepsilon > 0, \ \exists \delta > 0, \ \text{当} \|\{\varphi_1, \psi_1\} - \{\varphi_2, \psi_2\}\|_{\Phi} < \delta \text{ 时}, \ \|u_1 - u_2\|_U < \varepsilon \text{ 成立}.$$

　　我们可以完全类似地定义混合问题的解对边值和对方程的非齐次项的连续依赖性. 值得注意的是, 在地质勘探、最优控制等领域提出的定解问题可能在通常的意义下并不是适定的, 可参见第三章和第四章相关小节中不适定问题的例子. 由于生产实际的推动, 不适定问题的研究已成为当前偏微分方程研究的一个重要课题.

习　题　一

　　1. 一根长为 l 两端固定的弦, 若在中点处将弦线提起, 使中点离开平衡位置的距离为 a, 然后将弦线轻轻松开, 使弦做微小横振动. 试列出弦振动所满足的定解问题.

2. 设介质的阻力密度与速度的大小成正比, 试推导在此介质中柔软细弦的微小横振动方程.

3. 设长度为 l 的均匀弹性杆的线密度为 ρ, 杨氏模量为 E, 试列出杆的微小纵振动方程.

4. 长度为 l 的弹性杆, 上端固定, 下端悬有重量为 M 的重物, 试列出其边界条件.

5. 试证明均匀细圆锥形杆的微小纵振动方程是

$$\rho\left(1-\frac{x}{h}\right)^2\frac{\partial^2 u}{\partial t^2}=E\frac{\partial}{\partial x}\left[\left(1-\frac{x}{h}\right)^2\frac{\partial u}{\partial x}\right],$$

其中 $u=u(x,t)$ 表示杆上各点的纵向位移, h 是圆锥的高, ρ 和 E 分别是它的密度与杨氏模量, 且均为常数.

6. (1) 证明在自变量代换

$$\xi=x-at,\quad \eta=x+at$$

下, 波动方程 $u_{tt}-a^2u_{xx}=0$ 具有形式

$$u_{\xi\eta}=0.$$

并由此求出波动方程的通解.

(2) 证明在自变量代换

$$\xi=x-\alpha t,\quad \tau=t$$

下方程 $u_t+\alpha u_x=a^2u_{xx}$ 具有形式

$$u_\tau=a^2u_{\xi\xi}.$$

7. 半无界长杆的一端保持常温 u_0, 在杆的侧面上和周围介质发生热交换. 介质为常温 u_1, 杆的初始温度为 $0℃$, 求杆的温度所满足的定解问题. 设杆均匀, 导热系数为 k, 热交换系数为 α.

8. 一条从西向东无穷延伸的传送带, 运转速度为 a, 但开始运转时传送带上空无一物, 然后在带的起点上通过一升降机源源不断地以 $A(1+\sin\omega t)$ 的方式向传送带加煤, 试列出在煤的传输过程中, 煤的质量分布所满足的微分方程和定解条件.

9. 求解变分问题: 求 $u\in M=\{y(x)\big| y\in C^1[0,1],y(1)=0\}$ 使得

$$J(u)=\min_{y\in M}J(y),$$

其中

$$J(y)=\frac{1}{2}\int_0^1(y'(x))^2\mathrm{d}x-2\int_0^1 y(x)\mathrm{d}x-y(0).$$

10. 求 $u\in M=C^1[0,1]$ 使得

$$J(u)=\min_{y\in M}J(y),$$

其中

$$J(y)=\frac{1}{2}\int_0^1[(y'(x))^2+y^2(x)]\mathrm{d}x+\frac{1}{2}[y^2(0)+y^2(1)]-2y(0).$$

11. 若 u 是 Laplace 方程 $\Delta u = 0$ 的解, 如果 $u(x)$ 只是向径 $r = |x|$ 的函数, 即 $u(x) = \tilde{u}(r)$, 请写出 $\tilde{u}(r)$ 满足的微分方程.

12. 如果 u 是热传导方程 $u_t - a^2 u_{xx} = 0$ 的解, 若 u 只是 $\xi = x / \sqrt{t}$ 的函数, 即 $u(x,t) = \tilde{u}(\xi)$, 请写出 $\tilde{u}(\xi)$ 满足的微分方程, 并由此解定解问题

$$
\begin{cases}
\dfrac{\partial u}{\partial t} = a^2 \dfrac{\partial^2 u}{\partial x^2}, & 0 < x < \infty, t > 0, \\
u \mid_{x=0} = 0, & t > 0, \\
u \mid_{t=0} = u_0, & 0 \leqslant x < \infty,
\end{cases}
$$

其中 u_0 为常数.

第二章 波动方程

本章介绍在研究波的传播及弹性体振动时常遇到的一类方程——波动方程. 本章的目的是研究波动方程的适定性. 在随后的四节中每节首先介绍波动方程解的存在性, 随后利用能量不等式证明波动方程解的唯一性和稳定性. 第一节介绍一维波动方程 Cauchy 问题的特征线方法; 第二节介绍一维波动方程的半无界问题的延拓方法; 利用半无界问题的结论, 我们在第三节中介绍了高维波动方程初值问题的求解; 第四节重点介绍波动方程的混合问题的分离变量法.

第一节 一维初值问题

波动方程是一类二阶偏微分方程, 为了求解波动方程的初值问题, 我们首先介绍一阶线性偏微分方程的求解.

一、一阶线性偏微分方程的特征线方法

考虑一阶线性方程 Cauchy 问题

$$\begin{cases} \dfrac{\partial u}{\partial t} + a(x,t)\dfrac{\partial u}{\partial x} + b(x,t)u = f(x,t), & x \in \mathbb{R}, t > 0, \\ u(x,0) = \varphi(x), & x \in \mathbb{R}. \end{cases} \tag{1.1}$$

对于函数 $u = u(x,t)$, 当取 $x = s(t)$ 时, 有 $u = u(s(t),t)$, 关于 t 求导得

$$\frac{\mathrm{d}u(s(t),t)}{\mathrm{d}t} = \frac{\partial u}{\partial t} + \frac{\partial u}{\partial x}s'(t).$$

若取 $s(t)$ 满足 $s'(t) = a(s(t),t)$, 则方程化为

$$\frac{\mathrm{d}u(s(t),t)}{\mathrm{d}t} + b(s(t),t)u(s(t),t) = f(s(t),t), \quad t > 0.$$

记 $\psi(t) = u(s(t),t)$, 则方程进一步化为

$$\frac{\mathrm{d}\psi(t)}{\mathrm{d}t} + b(s(t),t)\psi(t) = f(s(t),t), \quad t > 0.$$

此为一阶线性常微分方程. 问题(1.1)转化为求解一阶常微分方程问题, 我们利用常数变易法求解.

由以上讨论可知, 求解问题(1.1)的关键在于寻找曲线 $x = s(t)$, 满足

$$\frac{\mathrm{d}x}{\mathrm{d}t} = s'(t) = a(s(t),t) = a(x,t) ,$$

这一曲线称为方程(1.1)的特征线, 更精确地有以下定义.

定义 1.1 对于方程(1.1), 常微分方程初值问题

$$\begin{cases} \dfrac{\mathrm{d}x}{\mathrm{d}t} = a(x,t), & t > 0, \\ x(0) = c \end{cases} \tag{1.2}$$

的解称为方程(1.1)的特征线, (1.2)的第一个方程称为(1.1)的特征方程, 其中 c 为任意常数.

沿特征线简化方程, 记特征线方程(1.2)所得的特征线为 $x = x(t,c)$, 又记

$$\psi(t,c) = u(x(t,c),t) .$$

则(1.1)化为

$$\begin{cases} \dfrac{\mathrm{d}\psi(t,c)}{\mathrm{d}t} + b(x(t,c),t)\psi(t,c) = f(x(t,c),t), & t > 0, \\ \psi(0,c) = u(x(0,c),0) = \varphi(x(0,c)) = \varphi(c). \end{cases} \tag{1.3}$$

求解(1.3)得函数 $\psi(t,c)$, 即 $u(x(t,c),t) = \psi(t,c)$. 为求 $u(x,t)$, 只需令 $x(t,c) = x$, 并从此式中解得 $c = c(x,t)$, 将其代入即得 $u(x,t)$.

综上, 特征线法求解一阶线性偏微分方程可分为三步:

(1) 作特征方程并求特征线 $x = x(t,c)$.

(2) 沿特征线简化方程并求解.

(3) 变回原变量, 得解 $u(x,t)$.

例 1.1 求解下列 Cauchy 问题:

$$\begin{cases} \dfrac{\partial u}{\partial t} + (x+t)\dfrac{\partial u}{\partial x} + u = x, & x \in \mathbb{R}, \ t > 0, \\ u(x,0) = x, & x \in \mathbb{R}. \end{cases}$$

解 第一步, 求特征线.

$$\begin{cases} \dfrac{\mathrm{d}x}{\mathrm{d}t} = x+t, & t > 0, \\ x(0) = c, \end{cases}$$

解得 $x(t) = (1+c)\mathrm{e}^t - (t+1)$.

第二步, 令 $\psi(t,c) = u(x(t,c),t), \psi(t,c)$ 满足方程

$$
\begin{cases}
\dfrac{\mathrm{d}\psi(t,c)}{\mathrm{d}t}+\psi(t,c)=(1+c)\mathrm{e}^t-(t+1), & t>0,\\
\psi(0,c)=u(x(0),0)=u(c,0)=c,
\end{cases}
$$

解得

$$
\psi(t,c)=\frac{1}{2}(c+1)\mathrm{e}^t+\frac{1}{2}(c-1)\mathrm{e}^{-t}-t.
$$

第三步，由 $x(t,c)=(1+c)\mathrm{e}^t-(t+1)=x(t)$，得

$$
c=[x(t)+t+1]\mathrm{e}^{-t}-1,
$$

所以

$$
u(x(t),t)=\frac{1}{2}[x(t)+t+1]\mathrm{e}^{-2t}-\mathrm{e}^{-t}+\frac{1}{2}[x(t)-t+1],
$$

即

$$
u(x,t)=\frac{1}{2}(x+t+1)\mathrm{e}^{-2t}-\mathrm{e}^{-t}+\frac{1}{2}(x-t+1).
$$

注 1 如果两条不同的特征线相交，则在交点处解的值不能确定，如图 1.1 所示. 两条特征线 $x=x(t,c_1)$ 与 $x=x(t,c_2)$ 在 (x_0,t_0) 相交. 此时，在该点附近无法由 $x=x(t,c)$ 解出唯一的 $c=c(t,x)$.

注 2 特征线法同样可用来求解一阶高维线性偏微分方程的初值问题：

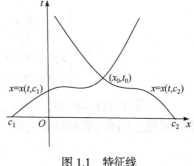

$$
\begin{cases}
\dfrac{\partial u}{\partial t}+\displaystyle\sum_{i=1}^{n}a_i(\boldsymbol{x},t)\dfrac{\partial u}{\partial x_i}+bu=f, & \boldsymbol{x}\in\mathbb{R}^n, t>0,\\
u(\boldsymbol{x},0)=\varphi(\boldsymbol{x}), & \boldsymbol{x}\in\mathbb{R}^n.
\end{cases}
$$

图 1.1 特征线

此时，特征线法满足常微分方程组

$$
\begin{cases}
\dfrac{\mathrm{d}x_i}{\mathrm{d}t}=a_i(\boldsymbol{x},t), & i=1,2,\cdots,n,\\
\boldsymbol{x}(0)=c\in\mathbb{R}^n.
\end{cases}
$$

其解 $\boldsymbol{x}=\boldsymbol{x}(t,c)$ 就是一簇特征曲线，沿特征曲线问题化为

$$
\begin{cases}
\psi'(t,c)+b(\boldsymbol{x}(t,c),t)\psi(t,c)=f(\boldsymbol{x}(t,c),t), & t>0,\\
\psi(0,c)=\varphi(c),
\end{cases}
$$

其中 $\psi(t,c)=u(\boldsymbol{x}(t,c),t)$.

二、一维初值问题的求解

求解一维波动方程的 Cauchy 问题

$$\begin{cases} \Box u = \dfrac{\partial^2 u}{\partial t} - a^2 \dfrac{\partial^2 u}{\partial x^2} = f(x,t), & x \in \mathbb{R}, t > 0, \\ u(x,0) = \varphi(x), & x \in \mathbb{R}, \\ u_t(x,0) = \psi(x), & x \in \mathbb{R}. \end{cases} \tag{1.4}$$

其中 $\Box = \partial_{tt} - a^2 \partial_{xx}$ 表示波算子. 为了简化求解过程, 我们利用线性方程的叠加原理, 将问题(1.4)分解为三个问题:

$$(\text{I}) \begin{cases} \Box u_1 = \dfrac{\partial^2 u_1}{\partial t^2} - a^2 \dfrac{\partial^2 u_1}{\partial x^2} = 0, & x \in \mathbb{R}, t > 0, \\ u_1(x,0) = \varphi(x), & x \in \mathbb{R}, \\ u_{1t}(x,0) = 0, & x \in \mathbb{R}; \end{cases} \tag{1.5}$$

$$(\text{II}) \begin{cases} \Box u_2 = \dfrac{\partial^2 u_2}{\partial t^2} - a^2 \dfrac{\partial^2 u_2}{\partial t^2} = 0, & x \in \mathbb{R}, t > 0, \\ u_2(x,0) = 0, & x \in \mathbb{R}, \\ u_{2t}(x,0) = \psi(x), & x \in \mathbb{R}; \end{cases} \tag{1.6}$$

$$(\text{III}) \begin{cases} \Box u_3 = \dfrac{\partial^2 u_3}{\partial t^2} - a^2 \dfrac{\partial^2 u_3}{\partial x^2} = f(x,t), & x \in \mathbb{R}, t > 0, \\ u_3(x,0) = 0, & x \in \mathbb{R}, \\ u_{3t}(x,0) = 0, & x \in \mathbb{R}. \end{cases} \tag{1.7}$$

设 u 是方程(1.4)的解, $u_i\,(i=1,2,3)$ 分别是方程(1.5), (1.6)和(1.7)的解. 由线性叠加原理, 上述问题的解有关系

$$u = u_1 + u_2 + u_3.$$

事实上, (1.5)—(1.7)的解之间有关系:

定理 1.1 设 $u_2 = M_\psi(x,t)$ 是定解问题(1.6)的解(这里 M_ψ 表示以 ψ 为初值的定解问题(1.6)的解), 则定解问题(1.5),(1.7)的解 u_1, u_3 可分别表示为

$$u_1 = \frac{\partial}{\partial t} M_\varphi(x,t),$$

$$u_3 = \int_0^t M_{f_\tau}(x, t-\tau) \mathrm{d}\tau,$$

其中 $f_\tau = f(x,\tau)$, 并且假定 $M_\varphi(x,t)$ 和 $M_{f_\tau}(x, t-\tau)$ 分别在区域 $\{x \in \mathbb{R},\ 0 \leqslant T < \infty\}$ 和 $\{x \in \mathbb{R},\ 0 \leqslant \tau \leqslant t < \infty\}$ 上对变量 x, t 和 τ 充分光滑.

证明 1° 先证 $u_1 = \dfrac{\partial}{\partial t} M_\varphi(x,t)$ 满足(1.5), 由定义 $M_\varphi(x,t)$ 满足

$$\begin{cases} \dfrac{\partial^2 M_\varphi}{\partial t^2} - a^2 \dfrac{\partial^2 M_\varphi}{\partial x^2} = 0, & x \in \mathbb{R}, t > 0, \\ M_\varphi(x,0) = 0, & x \in \mathbb{R}, \\ (M_\varphi)_t(x,0) = \psi(x), & x \in \mathbb{R}. \end{cases}$$

因此

$$\frac{\partial^2}{\partial t^2}\left[\frac{\partial}{\partial t} M_\varphi(x,t)\right] - a^2 \frac{\partial^2}{\partial x^2}\left[\frac{\partial}{\partial t} M_\varphi(x,t)\right] = \frac{\partial}{\partial t}\left[\frac{\partial^2 M_\varphi(x,t)}{\partial t^2} - a^2 \frac{\partial^2 M_\varphi(x,t)}{\partial x^2}\right] = 0,$$

$$u_1(x,0) = \left[\frac{\partial}{\partial t} M_\varphi(x,t)\right]\Bigg|_{t=0} = \varphi(x),$$

$$\frac{\partial u_1}{\partial t}\Bigg|_{t=0} = \frac{\partial^2 M_\varphi(x,t)}{\partial t^2}\Bigg|_{t=0} = a^2 \frac{\partial^2 M_\varphi(x,t)}{\partial x^2}\Bigg|_{t=0} = a^2 \frac{\partial^2 M_\varphi(x,0)}{\partial x^2} = 0.$$

所以, $u_1 = \dfrac{\partial}{\partial t} M_\varphi(x,t)$ 满足问题(1.5).

2° 证 $u_3 = \displaystyle\int_0^t M_{f_\tau}(x,t-\tau)\mathrm{d}\tau$ 满足(1.7), 注意到 $M_{f_\tau}(x,t)$ 满足

$$\begin{cases} \dfrac{\partial^2 M_{f_\tau}}{\partial t^2} - a^2 \dfrac{\partial^2 M_{f_\tau}}{\partial x^2} = 0, & x \in \mathbb{R}, t > 0, \\ M_{f_\tau}(x,0) = 0, & x \in \mathbb{R}, \\ [M_{f_\tau}(x,t)]_t\big|_{t=0} = f_\tau(x) = f(x,\tau), & x \in \mathbb{R}. \end{cases}$$

于是有

$$u_3(x,t)\big|_{t=0} = \left[\int_0^t M_{f_\tau}(x,t-\tau)\right]\Bigg|_{t=0} = 0,$$

$$u_{3t}(x,t) = (M_{f_\tau}(x,t-\tau))\big|_{\tau=t} + \int_0^t \frac{\partial}{\partial t} M_{f_\tau}(x,t-\tau)\mathrm{d}\tau$$

$$= M_{f_\tau}(x,0) + \int_0^t \frac{\partial}{\partial t} M_{f_\tau}(x,t-\tau)\mathrm{d}\tau$$

$$= \int_0^t \frac{\partial}{\partial t} M_{f_\tau}(x,t-\tau)\mathrm{d}\tau.$$

所以

$$u_{3t}(x,t)\big|_{t=0} = 0,$$

$$\frac{\partial^2 u_3(x,t)}{\partial t^2} = \frac{\partial}{\partial t}\left[\int_0^t \frac{\partial}{\partial t} M_{f_\tau}(x,t-\tau)\mathrm{d}\tau\right]$$

$$= \left(\frac{\partial}{\partial t} M_{f_\tau}(x,t-\tau)\right)\bigg|_{\tau=t} + \int_0^t \frac{\partial^2}{\partial t^2} M_{f_\tau}(x,t-\tau)\mathrm{d}\tau$$

$$= f(x,t) + \int_0^t a^2 \frac{\partial^2}{\partial x^2} M_{f_\tau}(x,t-\tau)\mathrm{d}\tau$$

$$= f(x,t) + a^2 \frac{\partial^2}{\partial x^2}\int_0^t M_{f_\tau}(x,t-\tau)\mathrm{d}\tau$$

$$= f(x,t) + a^2 \frac{\partial^2 u_3(x,t)}{\partial x^2},$$

即

$$\frac{\partial^2 u_3(x,t)}{\partial t^2} - a^2 \frac{\partial^2 u_3(x,t)}{\partial x^2} = f(x,t).$$

微分方程的求解过程往往采用这样的步骤: 先求形式解, 在求解过程中, 不妨先假定所有的运算都是合法的, 然后再讨论定解问题需要加些什么条件才能保证所得的形式解是真正的解, 即具有所需要的连续可微性, 并适合方程和定解条件.

我们首先求方程(1.4)的形式解. 由定理 1.1, 我们只需求解以下问题

$$\begin{cases} \Box u = \dfrac{\partial^2 u}{\partial t^2} - a^2 \dfrac{\partial^2 u}{\partial x^2} = 0, & x\in\mathbb{R}, t>0, \\ u(x,0)=0, & x\in\mathbb{R}, \\ u_t(x,0)=\psi(x), & x\in\mathbb{R}. \end{cases} \tag{1.8}$$

解　将算子分解, 微分算子 $\Box$ 可以分解为

$$\Box = \frac{\partial^2}{\partial t^2} - a^2 \frac{\partial^2}{\partial x^2} = \left(\frac{\partial}{\partial t} + a\frac{\partial}{\partial x}\right)\left(\frac{\partial}{\partial t} - a\frac{\partial}{\partial x}\right).$$

令

$$v = \frac{\partial u}{\partial t} - a\frac{\partial u}{\partial x},$$

则由方程 $\dfrac{\partial^2 u}{\partial t^2} - a^2 \dfrac{\partial^2 u}{\partial x^2} \equiv \left(\dfrac{\partial}{\partial t} + a\dfrac{\partial}{\partial x}\right)\left(\dfrac{\partial}{\partial t} - a\dfrac{\partial}{\partial x}\right)u = 0$, 得

$$\begin{cases} \dfrac{\partial u}{\partial t} - a\dfrac{\partial u}{\partial x} = v, \\ \dfrac{\partial v}{\partial t} + a\dfrac{\partial v}{\partial x} = 0. \end{cases}$$

这就将一个二阶方程化为两个一阶方程, 再由初始条件得

$$\begin{cases} u(x,0)=0, \\ v(x,0)=\left(\dfrac{\partial u}{\partial t}-a\dfrac{\partial u}{\partial x}\right)\Big|_{t=0}=\psi(x). \end{cases}$$

因此, 问题化为求解两个一阶线性微分方程的 Cauchy 问题

$$\begin{cases} \dfrac{\partial v}{\partial t}+a\dfrac{\partial v}{\partial x}=0, & x\in\mathbb{R},t>0, \\ v(x,0)=\psi(x), & x\in\mathbb{R} \end{cases} \tag{1.9}$$

和

$$\begin{cases} \dfrac{\partial u}{\partial t}-a\dfrac{\partial u}{\partial x}=v, & x\in\mathbb{R},t>0, \\ u(x,0)=0, & x\in\mathbb{R}. \end{cases} \tag{1.10}$$

利用特征线法求出

$$v(x,t)=\psi(x-at),$$

代入(1.10), 沿特征线

$$\begin{cases} \dfrac{\mathrm{d}x}{\mathrm{d}t}=-a, & t>0, \\ x(0)=c, \end{cases}$$

即 $x=c-at$, 知方程(1.10)转化为

$$\begin{cases} \dfrac{\mathrm{d}u(x(t,c),t)}{\mathrm{d}t}=\psi(x(t,c)-at)=\psi(c-2at), & x\in\mathbb{R},t>0, \\ u(x(0,c),0)=0, & x\in\mathbb{R}. \end{cases} \tag{1.11}$$

对(1.11)关于时间积分得

$$u(x,t)=\int_0^t\psi(c-2a\tau)\mathrm{d}\tau=-\frac{1}{2a}\int_c^{c-2at}\psi(\xi)\mathrm{d}\xi=\frac{1}{2a}\int_{x-at}^{x+at}\psi(\xi)\mathrm{d}\xi.$$

即为 u_2,

$$u_2(x,t)=M_\psi(x,t)=\frac{1}{2a}\int_{x-at}^{x+at}\psi(s)\mathrm{d}s,$$

再由定理 1.1 求出 u_1 和 u_3,

$$u_1(x,t)=\frac{\partial M_\varphi(x,t)}{\partial t}=\frac{\partial}{\partial t}\left[\frac{1}{2a}\int_{x-at}^{x+at}\varphi(s)\mathrm{d}s\right]=\frac{\varphi(x+at)+\varphi(x-at)}{2},$$

$$u_3(x,t) = \int_0^t M_{f_\tau}(x,t-\tau)\mathrm{d}\tau$$

$$= \int_0^t \left[\frac{1}{2a} \int_{x-a(t-\tau)}^{x+a(t-\tau)} f_\tau(s)\mathrm{d}s \right] \mathrm{d}\tau$$

$$= \frac{1}{2a} \int_0^t \left[\int_{x-a(t-\tau)}^{x+a(t-\tau)} f(s,\tau)\mathrm{d}s \right] \mathrm{d}\tau.$$

因此问题(1.4)的解为

$$u(x,t) = u_1(x,t) + u_2(x,t) + u_3(x,t),$$

即

$$u(x,t) = \frac{\varphi(x+at)+\varphi(x-at)}{2} + \frac{1}{2a}\int_{x-at}^{x+at}\psi(s)\mathrm{d}s + \frac{1}{2a}\int_0^t\int_{x-a(t-\tau)}^{x+a(t-\tau)} f(s,\tau)\mathrm{d}s\mathrm{d}\tau. \quad (1.12)$$

当 $f \equiv 0$ 时，公式(1.12)称为 **D'Alembert**(达朗贝尔)**公式**.

前面所得的解表达式(1.12)为问题(1.4)的形式解，是我们在不考虑运算合理性情况下推导得出的，其合法性尚需验证.

定理 1.2　若 $\varphi \in C^2(-\infty,\infty)$，$\psi \in C^1(-\infty,\infty)$，$f \in C^1(\bar{Q})$，其中 $Q = \{(x,t)\,|\,x \in \mathbb{R}, t > 0\}$，则由表达式(1.12)给出的函数 $u \in C^2(\bar{Q})$，且是定解问题(1.4)的解.

这个定理的证明可从解的表达式直接计算函数 u 的二阶偏导，从而证明函数 u 具有所有二阶连续偏导，再证明函数 u 满足方程及初始条件，证明过程留给读者作为练习.

推论 1.1　若 φ，ψ，f 为 x 的偶(奇、周期)函数，则由表达式(1.12)给出的解 u 也必为 x 的偶(奇、周期)函数.

证明　以周期函数为例. 设 φ，ψ，f 为 x 的周期函数，周期为 l，即 $\varphi(x+l) = \varphi(x)$，$\psi(x+l) = \psi(x)$，$f(x+l,t) = f(x,t)$，由(1.12)，

$$u(x+l,t) = \frac{1}{2}[\varphi(x+l+at) + \varphi(x+l-at)]$$

$$+ \frac{1}{2a}\int_{x+l-at}^{x+l+at}\psi(\xi)\mathrm{d}\xi + \frac{1}{2a}\int_0^t\int_{x+l-a(t-\tau)}^{x+l+a(t-\tau)}f(\xi,\tau)\mathrm{d}\xi\mathrm{d}\tau$$

$$= \frac{1}{2}[\varphi(x+l+at) + \varphi(x+l-at)]$$

$$+ \frac{1}{2a}\int_{x-at}^{x+at}\psi(\eta+l)\mathrm{d}\eta + \frac{1}{2a}\int_0^t\int_{x-a(t-\tau)}^{x+a(t-\tau)}f(\eta+l,\tau)\mathrm{d}\eta\mathrm{d}\tau.$$

从而由 φ，ψ，f 的周期性假设，得

$$u(x+l,t) = u(x,t).$$

同理可证 $u(x,t)$ 是 x 的偶(奇)函数的相应结论.

三、依赖区间、决定区域和影响区域

为讨论问题方便起见，我们考虑一维波动方程 Cauchy 问题

$$\begin{cases} \dfrac{\partial^2 u}{\partial t^2} - a^2 \dfrac{\partial^2 u}{\partial x^2} = f(x,t), & x \in \mathbb{R}, t > 0, \\ u(x,0) = \varphi(x), & x \in \mathbb{R}, \\ u_t(x,0) = \psi(x), & x \in \mathbb{R}. \end{cases}$$

当 $f \equiv 0$ 时，解为 $u(x,t) = \dfrac{\varphi(x+at) + \varphi(x-at)}{2} + \dfrac{1}{2a} \int_{x-at}^{x+at} \psi(s)\mathrm{d}s$，同时 u 可记为通解形式

$$u(x,t) = F(x-at) + G(x-at),$$

其中 $F(x-at)$，$G(x+at)$ 分别表示解中变量为 $x-at$ 和 $x+at$ 的部分.

依赖区间　$u(x,t)$ 表示在 x 点 t 时刻的位移，从上述表达式可以看出，对于上半平面内的任意一固定点 (x,t)，解在该点的值 $u(x,t)$ 仅由 φ 在 $x-at$ 和 $x+at$ 两点及 ψ 在 $[x-at,x+at]$ 上的值唯一确定，而与其他点上的初始条件无关，我们称 x 轴上的区间 $[x-at,x+at]$ 为点 (x,t) 的**依赖区间**，记作 $K(x,t)$，即 $K(x,t) = [x-at, x+at]$，过 (x,t) 点作两条特征线即可找到. 从直角坐标系可以看出 $K(x,t)$ 是过 (x,t) 点分别作斜率为 $\pm \dfrac{1}{a}$ 的直线与 x 轴相交所截得的区间，见图 1.2.

决定区域　对于 x 轴上的任意区间 $[x_1, x_2]$，如果过点 x_1 作斜率为 $\dfrac{1}{a}$ 的直线 $x = x_1 + at$，过点 x_2 作斜率为 $-\dfrac{1}{a}$ 的直线 $x = x_2 - at$，它们和区间 $[x_1, x_2]$ 一起围成一个三角形区域，此三角形中任意一点 (x,t) 的依赖区间都落在区间 $[x_1, x_2]$ 中，因此解在此三角形区域中任意一点的值都完全由区间 $[x_1, x_2]$ 上的初始条件决定，而与此区间外的初始条件无关，这个区域称为区间 $[x_1, x_2]$ 的**决定区域**，记为 $F[x_1, x_2] = \{(x,t) \,|\, K(x,t) \in [x_1, x_2]\}$，见图 1.3.

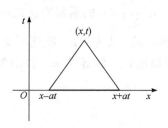

图 1.2　依赖区间

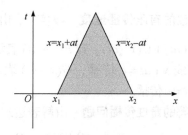

图 1.3　决定区域

影响区域 对于 x 轴上的任意一区间 $[x_1, x_2]$，解在哪些点上的值与 $[x_1, x_2]$ 上的初值 φ, ψ 有关，这些点的全体称为区间 $[x_1, x_2]$ 的**影响区域**，记为 $E[x_1, x_2]$，这时有 $E[x_1, x_2] = \{(x,t) | x_1 - at \leqslant x \leqslant x_2 + at, t > 0\}$，$E[x_1, x_2]$ 是过 $(x_1, 0)$，$(x_2, 0)$ 点分别作斜率为 $-\dfrac{1}{a}$，$\dfrac{1}{a}$ 的直线与 x 轴所围成的无界区域，见图 1.4.

特征线 由前面讨论过程，在空间和时间构成的平面直角坐标系 xOt 中，以 $\pm\dfrac{1}{a}$ 为斜率的直线 $x = c \pm at$（c 为任意常数)起到了很重要的作用，我们称这两族直线为一维波动方程 $\dfrac{\partial^2 u}{\partial t^2} - a^2 \dfrac{\partial^2 u}{\partial x^2} = f(x,t)$，$x \in \mathbb{R}$，$t > 0$ 的**特征线**.

特征锥 若 $f \neq 0$，则初值问题

$$\begin{cases} \dfrac{\partial^2 u}{\partial t^2} - a^2 \dfrac{\partial^2 u}{\partial x^2} = f(x,t), & x \in \mathbb{R}, t > 0, \\ u(x,0) = \varphi(x), & x \in \mathbb{R}, \\ u_t(x,0) = \psi(x), & x \in \mathbb{R} \end{cases}$$

的解 u 在点 (x,t) 上的值，还依赖于 f 在以 (x,t) 为顶点，以 x 轴上区间 $[x-at, x+at]$ 为底边的闭三角形上的值，这个闭三角形就称为该初值问题的**特征锥**，见图 1.5.

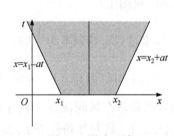

图 1.4 影响区域

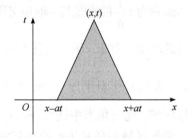

图 1.5 特征锥

波动方程的解与第三章中热传导方程相比有两个不同的性质:

波的有限传播速度 事实上，由方程 $\dfrac{\partial^2 u}{\partial t^2} - a^2 \dfrac{\partial^2 u}{\partial x^2} = 0$ 的通解表达式 $u(x,t) = F(x+at) + G(x-at)$，知 $F(x+at)$ 表示向左传播的波，波速为 a，波速不变，且沿特征线 $x + at = c$ 传播，$G(x-at)$ 表示向右传播的波，波速为 a，且沿特征线 $x - at = c$ 传播.

解的奇性传播问题 由解表达式

$$u(x,t) = \frac{\varphi(x+at) + \varphi(x-at)}{2} + \frac{1}{2a}\int_{x-at}^{x+at} \psi(s)\mathrm{d}s = F(x+at) + G(x-at),$$

当 φ 在 x_0 处有间断时, $F(x+at)=c$ 沿特征线 $x+at=x_0$ 有间断, $G(x-at)$ 沿特征线 $x-at=x_0$ 也有间断. 因此, $u(x,t)$ 沿特征线 $x\pm at=x_0$ 有间断, 这一现象称为: 奇性沿特征线传播. 所以, 当 φ 在 x_0 处有间断时, $u(x,t)$ 的间断会沿特征线向 (x,t) 平面上发展. 类似地, 不难得出: 当 ψ 在 x_0 处有间断时, $u(x,t)$ 的一阶导数也有间断, 且间断会沿特征线向 (x,t) 平面上发展. 对于一般情况, 即 $f\neq 0$ 时, 也有类似结果.

例 1.2 求解达布问题

$$\begin{cases} \dfrac{\partial^2 u}{\partial t^2}-\dfrac{\partial^2 u}{\partial x^2}=0, & 0<x<t, t>0, \\ u(0,t)=\varphi(t), & t\geqslant 0, \\ u(t,t)=\psi(t), & t\geqslant 0, \end{cases}$$

其中 $\varphi(0)=\psi(0)$, 如果 $\varphi(t)$, $\psi(t)$ 都在 $[0,a]$ 上给定, 指出此定解条件的决定区域.

解 此时 $a=1$, 由方程的通解

$$u(x,t)=F(x+at)+G(x-at)=F(x+t)+G(x-t),$$

得

$$\begin{cases} F(t)+G(-t)=\varphi(t), \\ F(2t)+G(0)=\psi(t). \end{cases}$$

因此

$$F(t)=\psi\left(\frac{t}{2}\right)-G(0),$$

$$G(t)=\varphi(-t)-F(-t)=\varphi(-t)-\psi\left(-\frac{t}{2}\right)+G(0).$$

于是

$$u(x,t)=F(x+t)+G(x-t)=\psi\left(\frac{x+t}{2}\right)+\varphi(t-x)-\psi\left(\frac{t-x}{2}\right).$$

直接计算可得, 如果 φ, $\psi\in C^2[0,+\infty)$, 且 $\varphi(0)=\psi(0)$, 则上面给出的函数确为达布问题的解.

四、能量不等式

本节我们将讨论一维波动方程 Cauchy 问题的唯一性及稳定性问题.

设 (x_0,t_0) 为平面直角坐标系 xOt 上任一点, K 为以 (x_0,t_0) 点为顶点的特征锥, 对 $\forall \tau\in[0,t_0]$, 记

$$\Omega_\tau = \overline{K} \bigcap \{(x,t) \,|\, t = \tau\},$$

$$K_\tau = K \bigcap \{(x,t) \,|\, 0 < t < \tau\},$$

$$\Gamma_{\tau_1} = \{(x,t) \,|\, x = x_0 - a(t_0 - t), 0 < t < \tau\},$$

$$\Gamma_{\tau_2} = \{(x,t) \,|\, x = x_0 + a(t_0 - t), 0 < t < \tau\},$$

Γ_{τ_1} 和 Γ_{τ_2} 是等腰梯形 K_τ 的两条腰, 如图 1.6 所示.

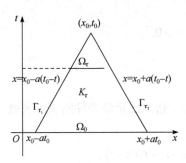

图 1.6

定理 1.3　设 $u \in C^1(\overline{Q}) \bigcap C^2(Q)$ 为以下定解问题(1.13)的解

$$\begin{cases} \square u = \dfrac{\partial^2 u}{\partial t^2} - a^2 \dfrac{\partial^2 u}{\partial x^2} = f(x,t), & x \in \mathbb{R}, t > 0, \\[2mm] u(x,0) = \varphi(x), & x \in \mathbb{R}, \\[2mm] u_t(x,0) = \psi(x), & x \in \mathbb{R}, \end{cases} \tag{1.13}$$

则对于任意的 (x_0, t_0), $t_0 > 0$, 有以下估计:

$$\int_{\Omega_\tau} [u_t^2(x,\tau) + a^2 u_x^2(x,\tau)] \mathrm{d}x \leqslant M \left[\int_{\Omega_0} [\psi^2(x) + a^2 \varphi_x^2(x)] \mathrm{d}x + \iint_{K_\tau} f^2(x,t) \mathrm{d}x \mathrm{d}t \right], \tag{1.14}$$

$$\iint_{K_\tau} [u_t^2(x,t) + a^2 u_x^2(x,t)] \mathrm{d}x \mathrm{d}t \leqslant M \left[\int_{\Omega_0} [\psi^2(x) + a^2 \varphi_x^2(x)] \mathrm{d}x + \iint_{K_\tau} f^2(x,t) \mathrm{d}x \mathrm{d}t \right], \tag{1.15}$$

其中 $0 \leqslant \tau \leqslant t_0$, $M = \exp(t_0)$.

证明　方程两边同时乘以 $\dfrac{\partial u}{\partial t}$, 在 K_τ 上积分得

$$\iint_{K_\tau} \left(\frac{\partial^2 u}{\partial t^2} - a^2 \frac{\partial^2 u}{\partial x^2} \right) \frac{\partial u}{\partial t} \mathrm{d}x \mathrm{d}t = \iint_{K_\tau} \frac{\partial u}{\partial t} f(x,t) \mathrm{d}x \mathrm{d}t. \tag{1.16}$$

应用分部积分公式计算积分

$$\frac{\partial u}{\partial t} \frac{\partial^2 u}{\partial t^2} = \frac{1}{2} \frac{\partial}{\partial t} \left(\frac{\partial u}{\partial t} \right)^2,$$

$$\frac{\partial u}{\partial t} \frac{\partial^2 u}{\partial x^2} = \frac{\partial}{\partial x} \left(\frac{\partial u}{\partial t} \frac{\partial u}{\partial x} \right) - \frac{\partial}{\partial x} \left(\frac{\partial u}{\partial t} \right) \frac{\partial u}{\partial x} = \frac{\partial}{\partial x} \left(\frac{\partial u}{\partial t} \frac{\partial u}{\partial x} \right) - \frac{1}{2} \frac{\partial}{\partial t} \left(\frac{\partial u}{\partial x} \right)^2,$$

代入(1.16)式, 可得

$$\iint_{K_\tau}\left\{\frac{1}{2}\frac{\partial}{\partial t}\left[\left(\frac{\partial u}{\partial t}\right)^2+a^2\left(\frac{\partial u}{\partial x}\right)^2\right]-a^2\frac{\partial}{\partial x}\left(\frac{\partial u}{\partial t}\frac{\partial u}{\partial x}\right)\right\}\mathrm{d}x\mathrm{d}t=\iint_{K_\tau}\frac{\partial u}{\partial t}f\mathrm{d}x\mathrm{d}t, \quad (1.17)$$

等式左端记作 J, 对 J 用 Green 公式得

$$J=-\oint_{\partial K_\tau}\left\{a^2\left(\frac{\partial u}{\partial t}\frac{\partial u}{\partial x}\right)\mathrm{d}t+\frac{1}{2}\left[\left(\frac{\partial u}{\partial t}\right)^2+a^2\left(\frac{\partial u}{\partial x}\right)^2\right]\mathrm{d}x\right\},$$

其中 ∂K_τ 为锥台 K_τ 的边界, 如果用 Γ_{τ_1} 和 Γ_{τ_2} 分别表示锥台的侧面, 则

$$J=\int_{x_0-a(t_0-\tau)}^{x_0+a(t_0-\tau)}\left[\left(\frac{\partial u}{\partial t}\right)^2+a^2\left(\frac{\partial u}{\partial x}\right)^2\right]\mathrm{d}x-\frac{1}{2}\int_{\Omega_0}(\psi^2+a^2\varphi_x^2)\mathrm{d}x$$

$$-\int_{\Gamma_{\tau_1}\cup\Gamma_{\tau_2}}\left\{a^2\left(\frac{\partial u}{\partial t}\frac{\partial u}{\partial x}\right)\mathrm{d}t+\frac{1}{2}\left[\left(\frac{\partial u}{\partial t}\right)^2+a^2\left(\frac{\partial u}{\partial x}\right)^2\right]\mathrm{d}x\right\}$$

$$=J_1+J_2+J_3, \tag{1.18}$$

利用 Γ_{τ_1} 和 Γ_{τ_2} 的具体表达式证明 J_3 非负. 事实上, 在 Γ_{τ_1} 上 $\mathrm{d}x=a\mathrm{d}t$, 在 Γ_{τ_2} 上 $\mathrm{d}x=-a\mathrm{d}t$, 从而

$$J_3=-\frac{a}{2}\int_{\Gamma_{\tau_1}}\left(\frac{\partial u}{\partial t}+a\frac{\partial u}{\partial x}\right)^2\mathrm{d}t+\frac{a}{2}\int_{\Gamma_{\tau_2}}\left(\frac{\partial u}{\partial t}-a\frac{\partial u}{\partial x}\right)^2\mathrm{d}t.$$

注意到沿着 ∂K_τ 的逆时针方向, 在 Γ_{τ_1} 上 $\mathrm{d}t$ 为负, 在 Γ_{τ_2} 上 $\mathrm{d}t$ 为正, 于是有

$$J_3\geqslant 0. \tag{1.19}$$

将(1.18), (1.19)代入(1.17)得到

$$\int_{\Omega_\tau}\left[\left(\frac{\partial u}{\partial t}\right)^2+a^2\left(\frac{\partial u}{\partial x}\right)^2\right]\mathrm{d}x\leqslant\int_{\Omega_0}(\psi^2+a^2\varphi_x^2)\mathrm{d}x+2\iint_{K_\tau}\frac{\partial u}{\partial t}f\mathrm{d}x\mathrm{d}t. \quad (1.20)$$

为了处理最后一项, 根据代数不等式 $2ab\leqslant a^2+b^2$, 把不等式最后一项化为

$$2\iint_{K_\tau}\frac{\partial u}{\partial t}f\mathrm{d}x\mathrm{d}t\leqslant\iint_{K_\tau}\left(\frac{\partial u}{\partial t}\right)^2\mathrm{d}x\mathrm{d}t+\iint_{K_\tau}f^2\mathrm{d}x\mathrm{d}t.$$

则(1.20)为

$$\int_{\Omega_\tau}\left[\left(\frac{\partial u}{\partial t}\right)^2+a^2\left(\frac{\partial u}{\partial x}\right)^2\right]\mathrm{d}x\leqslant\int_{\Omega_0}(\psi^2+a^2\varphi_x^2)\mathrm{d}x+\iint_{K_\tau}f^2+\left(\frac{\partial u}{\partial t}\right)^2\mathrm{d}x\mathrm{d}t. \quad (1.21)$$

令

$$G(\tau)=\iint_{K_\tau}\left[\left(\frac{\partial u}{\partial t}\right)^2+a^2\left(\frac{\partial u}{\partial x}\right)^2\right]\mathrm{d}x\mathrm{d}t=\int_0^\tau\left[\int_{x_0-a(t_0-t)}^{x_0+a(t_0-t)}\left(\left(\frac{\partial u}{\partial t}\right)^2+a^2\left(\frac{\partial u}{\partial x}\right)^2\right)\mathrm{d}x\right]\mathrm{d}t,$$

从不等式(1.21)可得 $G(\tau)$ 满足的微分不等式

$$\frac{\mathrm{d}G(\tau)}{\mathrm{d}\tau} \leqslant G(\tau) + F(\tau),\tag{1.22}$$

其中 $F(\tau) = \int_{\Omega_0}(\psi^2 + a^2\varphi_x^2)\mathrm{d}x + \iint_{K_\tau} f^2\mathrm{d}x\mathrm{d}t$, 它是 τ 的单调增函数.

为了求解微分不等式(1.22), 也为以后需要, 我们先证明一个常用的不等式.

引理 1.1 (Gronwall 不等式)　若非负函数 $G(\tau)$ 在 $[0,T]$ 上连续可微, $G(0) = 0$, 且对 $\tau \in [0,T]$, 有

$$\frac{\mathrm{d}G(\tau)}{\mathrm{d}\tau} \leqslant CG(\tau) + F(\tau),\tag{1.23}$$

其中 $C > 0$ 为常数, $F(\tau)$ 为 $[0,T]$ 上不减的非负可积函数, 则成立

$$\frac{\mathrm{d}G(\tau)}{\mathrm{d}\tau} \leqslant \mathrm{e}^{C\tau}F(\tau),\tag{1.24}$$

$$G(\tau) \leqslant C^{-1}(\mathrm{e}^{C\tau} - 1)F(\tau).\tag{1.25}$$

证明　在(1.23)两边同乘 $\mathrm{e}^{-C\tau}$, 则

$$\frac{\mathrm{d}}{\mathrm{d}\tau}[\mathrm{e}^{-C\tau}G(\tau)] \leqslant \mathrm{e}^{-C\tau}F(\tau),$$

在 $[0,\tau]$ 上积分得

$$\mathrm{e}^{-C\tau}G(\tau) \leqslant \int_0^\tau \mathrm{e}^{-Ct}F(t)\mathrm{d}t \leqslant F(\tau)C^{-1}(1 - \mathrm{e}^{-C\tau}),$$

即

$$G(\tau) \leqslant C^{-1}(\mathrm{e}^{C\tau} - 1)F(\tau).$$

从而(1.25)得证, 将(1.25)代入(1.23)即得(1.24). 回顾定理 1.3 的证明, 由(1.21)(1.22)及引理 1.1 得到估计式(1.14)和(1.15).

能量估计步骤

第一步: 选取未知函数及其偏导数去乘方程, 并在所考虑的区域上积分.

第二步: 计算各积分, 用有关不等式放大或缩小相应积分.

第三步: (必要的时候)利用 Gronwall 不等式, 估计积分.

波动方程 Cauchy 问题解的唯一性和稳定性

定理 1.4　设 $u \in C^1(Q) \bigcap C^2(Q)$ 为以下定解问题的解

$$\begin{cases} \square u = \dfrac{\partial^2 u}{\partial t^2} - a^2\dfrac{\partial^2 u}{\partial x^2} = f(x,t), & x \in \mathbb{R}, t > 0, \\ u(x,0) = \varphi(x), & x \in \mathbb{R}, \\ u_t(x,0) = \psi(x), & x \in \mathbb{R}. \end{cases}\tag{1.26}$$

则对任意 (x_0,t_0)，$t_0 > 0$，有以下估计:

$$\int_{\Omega_\tau} u^2(x,\tau)\mathrm{d}x \leqslant M_1 \left[\int_{\Omega_0} [\varphi^2(x) + \psi^2(x) + a^2\varphi_x^2(x)]\mathrm{d}x + \iint_{K_\tau} f^2(x,t)\mathrm{d}x\mathrm{d}t \right],$$

$$(1.27)$$

$$\iint_{K_\tau} u^2(x,t)\mathrm{d}x\mathrm{d}t \leqslant M_1 \left[\int_{\Omega_0} [\varphi^2(x) + \psi^2(x) + a^2\varphi_x^2(x)]\mathrm{d}x + \iint_{K_\tau} f^2(x,t)\mathrm{d}x\mathrm{d}t \right],$$

$$(1.28)$$

其中 $0 \leqslant \tau \leqslant t_0$，$M_1 = \mathrm{e}^{2t_0}$.

证明　对任意 $0 \leqslant \tau \leqslant t_0$，

$$\begin{aligned}
\int_{\Omega_\tau} [u^2(x,\tau) - u^2(x,0)]\mathrm{d}x &= \int_{\Omega_\tau} \left[\int_0^\tau \frac{\partial}{\partial t} u^2(x,t)\mathrm{d}t \right]\mathrm{d}x \\
&\leqslant \iint_{K_\tau} \left| 2u(x,t)\frac{\partial}{\partial t}u(x,t) \right| \mathrm{d}x\mathrm{d}t \\
&\leqslant \iint_{K_\tau} [u^2(x,t) + u_t^2(x,t)]\mathrm{d}x\mathrm{d}t.
\end{aligned}$$

$$\begin{aligned}
\int_{\Omega_\tau} u^2(x,t)\mathrm{d}x &\leqslant \iint_{K_\tau} [u^2(x,t) + u_t^2(x,t)]\mathrm{d}x\mathrm{d}t + \int_{\Omega_0} u^2(x,0)\mathrm{d}x \\
&= \iint_{K_\tau} u_t^2 \mathrm{d}x\mathrm{d}t + \iint_{K_\tau} u^2 \mathrm{d}x\mathrm{d}t + \int_{\Omega_0} \varphi^2 \mathrm{d}x.
\end{aligned}$$

记

$$F(\tau) = \int_{\Omega_0} \varphi^2 \mathrm{d}x + \iint_{K_\tau} u_t^2 \mathrm{d}x\mathrm{d}t.$$

$$G(\tau) = \iint_{K_\tau} u^2(x,t)\mathrm{d}x\mathrm{d}t = \int_0^\tau \left[\int_{\Omega_t} u^2(x,t)\mathrm{d}x \right]\mathrm{d}t,$$

则 $G(0) = 0$.

由

$$G'(\tau) = \int_{\Omega_\tau} u^2(x,\tau)\mathrm{d}x,$$

利用 Gronwall(格朗沃尔)不等式, 有

$$\int_{\Omega_\tau} u^2(x,\tau)\mathrm{d}x \leqslant \mathrm{e}^{t_0} \left(\int_{\Omega_0} \varphi^2 \mathrm{d}x + \iint_{K_\tau} u_t^2 \mathrm{d}x\mathrm{d}t \right)$$

和

$$\iint_{K_\tau} u^2(x,t)\mathrm{d}x\mathrm{d}t \leqslant \mathrm{e}^{t_0} \left(\int_{\Omega_0} \varphi^2 \mathrm{d}x + \iint_{K_\tau} u_t^2 \mathrm{d}x\mathrm{d}t \right).$$

再将(1.15)中的估计式代入即得估计式(1.27)和(1.28).

本定理即表明问题(1.26)的解的唯一性和稳定性. 事实上, 若有 $u_i \in C^1(\overline{Q}) \bigcap C^2(Q)$ $(i = 1, 2)$ 为如下问题之解:

$$
\begin{cases}
\square u_i = \dfrac{\partial^2 u_i}{\partial t^2} - a^2 \dfrac{\partial^2 u_i}{\partial x^2} = f_i(x, t), & x \in \mathbb{R}, t > 0, \\
u_i(x, 0) = \varphi_i(x), & x \in \mathbb{R}, \\
(u_i)_t(x, 0) = \psi_i(x), & x \in \mathbb{R},
\end{cases}
$$

则对 $u = u_1 - u_2$ 满足

$$
\begin{cases}
\square u = \dfrac{\partial^2 u}{\partial t^2} - a^2 \dfrac{\partial^2 u}{\partial x^2} = f_1(x, t) - f_2(x, t), & x \in \mathbb{R}, t > 0, \\
u(x, 0) = \varphi_1(x) - \varphi_2(x), & x \in \mathbb{R}, \\
u_t(x, 0) = \psi_1(x) - \psi_2(x), & x \in \mathbb{R}.
\end{cases}
$$

由定理 1.4 知

$$
\iint_{K_r} \left| u_1(x, t) - u_2(x, t) \right|^2 \mathrm{d}x\mathrm{d}t = \iint_{K_r} u^2(x, t)\mathrm{d}x\mathrm{d}t
$$

$$
\leqslant M_1 \int_{\Omega_0} \{ [\varphi_1(x) - \varphi_2(x)]^2 + [\psi_1(x) - \psi_2(x)]^2 + a^2 [\varphi_{1x}(x) - \varphi_{2x}(x)]^2 \}\mathrm{d}x
$$

$$
+ M_1 \iint_{K_r} (f_1 - f_2)^2 \mathrm{d}x\mathrm{d}t.
$$

稳定性是对右端项的连续依赖性, 唯一性是对 $\varphi_1 = \varphi_2$, $f_1 = f_2$, $\psi_1 = \psi_2$, 显然.

注 1 由定理 1.3 可证明解的唯一性, 但不能证明稳定性, 因为定理 1.3 没有得到 $u(x, t)$ 本身的估计.

注 2 在物理上, $u(x, t)$ 的平方及其偏导的平方的积分, 对应于各种能量, 因此称有关它们的平方的不等式为能量不等式.

第二节　半无界问题

定义在半无界区间 $\overline{Q} = \{ (x, t) | 0 \leqslant x < \infty, 0 \leqslant t < \infty \}$ 上的定解问题

$$
\begin{cases}
\square u = \dfrac{\partial^2 u}{\partial t^2} - a^2 \dfrac{\partial^2 u}{\partial x^2} = f(x, t), & x > 0, t > 0, \\
u(x, 0) = \varphi(x), & x \geqslant 0, \\
u_t(x, 0) = \psi(x), & x \geqslant 0, \\
u(0, t) = g(t), & t \geqslant 0,
\end{cases}
\tag{2.1}
$$

称为**半无界问题**. 我们结合延拓法和初值问题的解的表达式进行求解.

首先, 考虑 $g(t) \equiv 0$ 的情形. 由第一节推论 1.1 知, 对于波动方程 Cauchy 问题, 当函数 φ, ψ, f 关于 x 为奇函数时, 问题的解也关于 x 为奇函数, 其自然满足 $u\big|_{x=0} = 0$, 即边值 $g(t) = 0$. 由此, 我们得到求解半无界问题的基本思路.

第一步: 将已知函数 $\varphi(x)$, $\psi(x)$, $f(x,t)$ 关于 x 延拓至 $-\infty < x < \infty$, 使得它们关于变量 x 为奇函数, 并以延拓后的函数作为初始条件和非齐次项来求解上半平面的 Cauchy 问题.

第二步: 利用一维波动方程 Cauchy 问题求解公式, 求解该 Cauchy 问题.

第三步: 在 Cauchy 问题解的表达式中, 限定 x, t 的取值范围, 就得到所要求的半无界问题的解.

我们称此方法为**对称延拓法**.

解 令

$$\overline{\varphi}(x) = \begin{cases} \varphi(x), & x \geqslant 0, \\ -\varphi(-x), & x < 0; \end{cases}$$

$$\overline{\psi}(x) = \begin{cases} \psi(x), & x \geqslant 0, \\ -\psi(-x), & x < 0; \end{cases}$$

$$\overline{f}(x,t) = \begin{cases} f(x,t), & x \geqslant 0, t \geqslant 0, \\ -f(-x,t), & x < 0, t \geqslant 0. \end{cases}$$

我们求解一维波动方程 Cauchy 问题

$$\begin{cases} \dfrac{\partial^2 \overline{u}}{\partial t^2} - a^2 \dfrac{\partial^2 \overline{u}}{\partial x^2} = \overline{f}(x,t), & x \in \mathbb{R}, t > 0, \\ \overline{u}(x,0) = \overline{\varphi}(x), & x \in \mathbb{R}, \\ \overline{u}_t(x,0) = \overline{\psi}(x), & x \in \mathbb{R}. \end{cases} \tag{2.2}$$

由一维波动方程 Cauchy 问题解的公式, 得

$$\overline{u}(x,t) = \frac{\overline{\varphi}(x+at) + \overline{\varphi}(x-at)}{2} + \frac{1}{2a}\int_{x-at}^{x+at} \overline{\psi}(s)\mathrm{d}s + \frac{1}{2a}\int_0^t\left[\int_{x-a(t-\tau)}^{x+a(t-\tau)} \overline{f}(s,\tau)\mathrm{d}s\right]\mathrm{d}\tau. \tag{2.3}$$

显然, 当 $x \geqslant 0$, $t \geqslant 0$ 时有 $u(x,t) = \overline{u}(x,t)$.

以下讨论用 φ, ψ, f 来表示解.

$$\begin{aligned} u(x,t) = & \frac{\overline{\varphi}(x+at) + \overline{\varphi}(x-at)}{2} + \frac{1}{2a}\int_{x-at}^{x+at} \overline{\psi}(s)\mathrm{d}s \\ & + \frac{1}{2a}\int_0^t\left[\int_{x-a(t-\tau)}^{x+a(t-\tau)} \overline{f}(s,\tau)\mathrm{d}s\right]\mathrm{d}\tau, \quad x \geqslant 0, \quad t \geqslant 0. \end{aligned}$$

当 $x \geqslant at$ 时, $x - at \geqslant 0$, $x + at \geqslant 0$, 因此

$$u(x,t) = \frac{\varphi(x+at) + \varphi(x-at)}{2} + \frac{1}{2a}\int_{x-at}^{x+at}\psi(s)\mathrm{d}s + \frac{1}{2a}\int_0^t\left[\int_{x-a(t-\tau)}^{x+a(t-\tau)}f(s,\tau)\mathrm{d}s\right]\mathrm{d}\tau.$$

当 $0 < x < at$ 时, $x - at < 0$, $x + at \geqslant 0$.

我们分别计算(2.3)中各项:

$$\frac{\overline{\varphi}(x+at) + \overline{\varphi}(x-at)}{2} = \frac{\varphi(x+at) - \varphi(at-x)}{2},$$

$$\int_{x-at}^{x+at}\overline{\psi}(s)\mathrm{d}s = \int_{x-at}^0\overline{\psi}(s)\mathrm{d}s + \int_0^{x+at}\overline{\psi}(s)\mathrm{d}s$$

$$= -\int_{x-at}^0\psi(-s)\mathrm{d}s + \int_0^{x+at}\psi(s)\mathrm{d}s$$

$$= \int_{at-x}^{x+at}\psi(s)\mathrm{d}s,$$

$$\int_0^t\left[\int_{x-a(t-\tau)}^{x+a(t-\tau)}\overline{f}(s,\tau)\mathrm{d}s\right]\mathrm{d}x$$

$$= \int_{t-\frac{x}{a}}^t\left[\int_{x-a(t-\tau)}^{x+a(t-\tau)}f(s,\tau)\mathrm{d}s\right]\mathrm{d}\tau + \int_0^{t-\frac{x}{a}}\left[\int_0^{x+a(t-\tau)}f(s,\tau)\mathrm{d}s\right]\mathrm{d}\tau$$

$$-\int_0^{t-\frac{x}{a}}\left[\int_{x-a(t-\tau)}^0 f(-s,\tau)\mathrm{d}s\right]\mathrm{d}\tau$$

$$= \int_{t-\frac{x}{a}}^t\left[\int_{x-a(t-\tau)}^{x+a(t-\tau)}f(s,\tau)\mathrm{d}s\right]\mathrm{d}\tau + \int_0^{t-\frac{x}{a}}\left[\int_{a(t-\tau)-x}^{x+a(t-\tau)}f(s,\tau)\mathrm{d}s\right]\mathrm{d}\tau,$$

得解的表达式

$$u(x,t) = \begin{cases} \dfrac{\varphi(x+at) + \varphi(x-at)}{2} + \dfrac{1}{2a}\int_{x-at}^{x+at}\psi(s)\mathrm{d}s \\ \qquad + \dfrac{1}{2a}\int_0^t\left[\int_{x-a(t-\tau)}^{x+a(t-\tau)}f(s,\tau)\mathrm{d}s\right]\mathrm{d}\tau, \quad x \geqslant at, \\ \dfrac{\varphi(x+at) - \varphi(at-x)}{2} + \dfrac{1}{2a}\int_{at-x}^{x+at}\psi(s)\mathrm{d}s \\ \qquad + \dfrac{1}{2a}\int_{t-\frac{x}{a}}^t\left[\int_{x-a(t-\tau)}^{x+a(t-\tau)}f(s,\tau)\mathrm{d}s\right]\mathrm{d}\tau \\ \qquad + \dfrac{1}{2a}\int_0^{t-\frac{x}{a}}\left[\int_{a(t-\tau)-x}^{x+a(t-\tau)}f(s,\tau)\mathrm{d}s\right]\mathrm{d}\tau, \quad 0 < x < at. \end{cases} \quad (2.4)$$

同一维波动方程解Cauchy问题情形类似, 这里我们所得的解表达式(2.4)仅是问题(2.1)的形式解, 仍需要验证. 对于半无界问题来说只对定解加光滑性质还不够, 还必须在定解区域的角点 $(0,0)$ 处加上一些相容性条件.

(1) 相容性条件: 解在 $(0,0)$ 连续,

$$u(0,0) = \lim_{t\to 0} u(0,t) = 0,$$

$$u(0,0) = \lim_{x\to 0} u(x,0) = \lim_{x\to 0} \varphi(x) = \varphi(0), \quad 即 \varphi(0) = 0.$$

解在 $(0,0)$ 关于时间的一阶导数连续,

$$u_t(0,0) = \lim_{t\to 0} u_t(0,t) = 0,$$

$$u_t(0,0) = \lim_{x\to 0} u_t(x,0) = \psi(0), \quad 即 \psi(0) = 0.$$

若要求解在 $(0,0)$ 二阶偏导连续,

$$u_{tt}(0,0) = \lim_{t\to 0} u_{tt}(0,t) = g''(0) = 0,$$

$$u_{tt}(0,0) = \lim_{x\to 0}[a^2 u_{xx}(x,0) + f(x,0)] = a^2 \varphi_{xx}(0) + f(0,0), \quad 即 a^2 \varphi_{xx}(0) + f(0,0) = 0.$$

得到相容性条件

$$\begin{cases} \varphi(0) = 0, \\ \psi(0) = 0, \\ a^2 \varphi_{xx}(0) + f(0,0) = 0. \end{cases}$$

(2) 光滑性条件: 为了使所求得的形式解确为要求的解, 还需要已知数据及其有关导数满足一定的连续性, 以保证形式解及其有关导数的连续性.

定理 2.1 若 $\varphi(x) \in C^2[0,\infty)$, $\psi(x) \in C^1[0,\infty)$, $f(x,t) \in C^1(\bar{Q})$ 且满足相容性条件, 则半无界问题(2.1)必有解 $u(x,t) \in C^2(\bar{Q})$, 且由表达式(2.4)给出, 这里 $Q = \{(x,t) | x > 0, t > 0\}$.

另外, 考虑 $g(t) \neq 0$ 的情形. 作函数变换 $v(x,t) = u(x,t) - g(t)$. 则问题(2.1)化为

$$\begin{cases} \dfrac{\partial^2 v}{\partial t^2} - a^2 \dfrac{\partial^2 v}{\partial x^2} = f(x,t) - g''(t), & x > 0, t > 0, \\ v(x,0) = \varphi(x) - g(0), & x \geqslant 0, \\ v_t(x,0) = \psi(x) - g'(0), & x \geqslant 0, \\ v(0,t) = 0, & t \geqslant 0. \end{cases}$$

从而归结为任意情况, 且有类似的定理.

定理 2.2 若 $\varphi(x) \in C^2[0,\infty)$, $\psi(x) \in C^1[0,\infty)$, $f(x,t) \in C^1(\bar{Q})$, $g(t) \in C^3[0,\infty)$ 且满足相容性条件: $\varphi(0) = g(0)$, $\psi(0) = g'(0)$, $g''(0) - a^2 \varphi''(0) = f(0,0)$, 则半无界

问题(2.1)必有解 $u(x,t) \in C^2(\overline{Q})$.

唯一性和稳定性(能量不等式)

定理 2.3　设 $u \in C^1(\overline{Q}) \bigcap C^2(Q)$ 为以下定解问题的解:

$$
\begin{cases}
\Box u = \dfrac{\partial^2 u}{\partial t^2} - a^2 \dfrac{\partial^2 u}{\partial x^2} = f(x,t), & x > 0, t > 0, \\
u(x,0) = \varphi(x), & x \geqslant 0, \\
u_t(x,0) = \psi(x), & x \geqslant 0, \\
u(0,t) = 0, & t \geqslant 0.
\end{cases}
$$

则对于任意 $x_0 > 0$，$t_0 > 0$ 有以下估计:

$$
\int_0^{x_0 - a\tau} [u_t^2(x,\tau) + a^2 u_x^2(x,\tau)] \mathrm{d}x \leqslant M \left[\int_0^{x_0} [\psi^2(x) + a^2 \varphi_x^2(x)] \mathrm{d}x + \iint_{K_\tau} f^2(x,t) \mathrm{d}x \mathrm{d}t \right],
$$

$$
\iint_{K_\tau} [u_t^2(x,t) + a^2 u_x^2(x,t)] \mathrm{d}x \mathrm{d}t \leqslant M \left[\int_0^{x_0} [\psi^2(x) + a^2 \varphi_x^2(x)] \mathrm{d}x + \iint_{K_\tau} f^2(x,t) \mathrm{d}x \mathrm{d}t \right],
$$

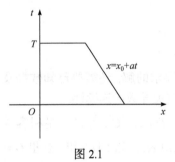

图 2.1

其中 $0 \leqslant \tau \leqslant t_0$，$M = \mathrm{e}^{t_0}$.

证明　稍修改定理 2.3 的证明按图 2.1 即可得本定理的证明.

注　对其他形式的半无界问题可类似前面做法求解. 特别地, 对于边界上给定第二边界条件 $u_x(0,t) = g(t)$，$t \geqslant 0$ 的情形, 可作函数变换 $v(x,t) = u(x,t) - xg(t)$，则 $v_x(0,t) = 0$，将边界化为齐次情形, 再利用对称延拓法(偶延拓)化为 Cauchy 问题.

第三节　高维初值问题

一、解的表达式

三维情形 Cauchy 问题

$$
\begin{cases}
\Box u = \dfrac{\partial^2 u}{\partial t^2} - a^2 \left(\dfrac{\partial^2 u}{\partial x_1^2} + \dfrac{\partial^2 u}{\partial x_2^2} + \dfrac{\partial^2 u}{\partial x_3^2} \right) = f(\boldsymbol{x},t), & \boldsymbol{x} \in \mathbb{R}^3, t > 0, \\
u(\boldsymbol{x},0) = \varphi(\boldsymbol{x}), & \boldsymbol{x} \in \mathbb{R}^3, \\
u_t(\boldsymbol{x},0) = \psi(\boldsymbol{x}), & \boldsymbol{x} \in \mathbb{R}^3.
\end{cases}
\tag{3.1}
$$

我们利用球面平均法求三维波动方程 Cauchy 问题解的表达式.

同一维情形一样, 将问题分解为三个简单问题, 先求解方程

$$\begin{cases} \dfrac{\partial^2 u}{\partial t^2} - a^2 \left(\dfrac{\partial^2 u}{\partial x_1^2} + \dfrac{\partial^2 u}{\partial x_2^2} + \dfrac{\partial^2 u}{\partial x_3^2} \right) = 0, & \boldsymbol{x} \in \mathbb{R}^3, t > 0, \\ u(\boldsymbol{x},0) = 0, & \boldsymbol{x} \in \mathbb{R}^3, \\ u_t(\boldsymbol{x},0) = \psi(\boldsymbol{x}), & \boldsymbol{x} \in \mathbb{R}^3, \end{cases}$$

$\boldsymbol{x} = (x_1, x_2, x_3)$, 设其解为 $u_2(\boldsymbol{x},t) = M_\psi(\boldsymbol{x},t)$, 则问题(3.1)的解为

$$u(\boldsymbol{x},t) = \frac{\partial M_\varphi(\boldsymbol{x},t)}{\partial t} + M_\psi(\boldsymbol{x},t) + \int_0^t M_{f_\tau}(\boldsymbol{x}, t-\tau) \mathrm{d}\tau,$$

其中 $f_\tau(\boldsymbol{x}) = f(\boldsymbol{x},\tau)$.

对于任意的 $r > 0$, 记 $I(\boldsymbol{x},r,u)$ 为上述问题的解 $u_2(\boldsymbol{x},t)$ 在球面 $\{ \boldsymbol{y} \in \mathbb{R}^3 \mid |\boldsymbol{y} - \boldsymbol{x}| = r \}$ 上的平均值, 即

$$\begin{aligned} I(\boldsymbol{x},r,u) &= \frac{1}{4\pi r^2} \iint_{|\boldsymbol{y}-\boldsymbol{x}|=r} u_2(\boldsymbol{y},t) \mathrm{d}S_y = \frac{1}{4\pi r^2} \iint_{|\boldsymbol{z}|=r} u_2(\boldsymbol{x}+\boldsymbol{z},t) \mathrm{d}S_z \\ &= \frac{1}{4\pi} \iint_{|\boldsymbol{y}|=1} u_2(\boldsymbol{x}+r\boldsymbol{y},t) \mathrm{d}S_y, \end{aligned}$$

则可以验证: $I(\boldsymbol{x},r,u)$ 作为 (r,t) 的函数满足

$$\frac{\partial^2 I}{\partial t^2} = \frac{1}{4\pi} \iint_{|\boldsymbol{y}|=1} a^2 \Delta u_2 \mathrm{d}S_y = \frac{1}{4\pi} \iint_{|\boldsymbol{y}|=1} a^2 \left(u_{2rr} + \frac{n-1}{r} u_{2r} \right) \mathrm{d}S_y = a^2 \left(I_{rr} + \frac{2}{r} I_r \right),$$

即

$$\frac{\partial^2}{\partial t^2} [rI(\boldsymbol{x},r,u)] - a^2 \frac{\partial^2}{\partial r^2} [rI(\boldsymbol{x},r,u)] = 0, \quad r > 0, \quad t > 0.$$

记

$$M(\boldsymbol{x},r,t) = rI(\boldsymbol{x},r,u),$$

则

$$\begin{cases} \dfrac{\partial^2 M}{\partial t^2} - a^2 \dfrac{\partial^2 M}{\partial r^2} = 0, & r > 0, t > 0, \\ M(\boldsymbol{x},0,t) = 0, & t \geqslant 0, \\ M(\boldsymbol{x},r,0) = rI(\boldsymbol{x},r,u)\big|_{t=0} = rI(\boldsymbol{x},r,0), & r \geqslant 0, \\ M_t(\boldsymbol{x},r,0) = rI(\boldsymbol{x},r,u_t)\big|_{t=0} = rI(\boldsymbol{x},r,\psi), & r \geqslant 0. \end{cases}$$

这样, $M(\boldsymbol{x},r,t)$ 是半无界问题的解, 可求出其表达式

$$M(\boldsymbol{x},r,t) = \frac{1}{2a}\int_{at-r}^{at+r}\xi I(\boldsymbol{x},\xi,\psi)\mathrm{d}\xi \quad (0 \leqslant r \leqslant at).$$

再由

$$\frac{M(\boldsymbol{x},r,t)}{r} = I(\boldsymbol{x},r,u) = \frac{1}{4\pi r^2}\iint_{|y-x|=r} u_2(\boldsymbol{y},t)\mathrm{d}S_y,$$

在上式令 $r \to 0$,并利用积分中值定理,即可求 $u_2(\boldsymbol{x},t)$.

$$u_2(\boldsymbol{x},t) = \lim_{r\to 0}\frac{1}{r}M(\boldsymbol{x},r,t) = \lim_{r\to 0}\frac{1}{2ar}\int_{at-r}^{at+r}\xi I(\boldsymbol{x},\xi,\psi)\mathrm{d}\xi$$

$$= \frac{1}{a}[\xi I(\boldsymbol{x},\xi,\psi)]\big|_{\xi=at} = tI(\boldsymbol{x},at,\psi)$$

$$= \frac{1}{4\pi a^2 t}\iint_{|y-x|=at}\psi(\boldsymbol{y})\mathrm{d}S_y.$$

按上述方法可以得到原三维问题(3.1)解的表达式为

$$u(\boldsymbol{x},t) = \frac{\partial}{\partial t}\left[\frac{1}{4\pi a^2 t}\iint_{S_{at}(x)}\varphi(\boldsymbol{y})\mathrm{d}S\right] + \frac{1}{4\pi a^2 t}\iint_{S_{at}(x)}\psi(\boldsymbol{y})\mathrm{d}S$$

$$+ \int_0^t\left[\frac{1}{4\pi a^2(t-\tau)}\iint_{S_{a(t-\tau)}(x)}f(\boldsymbol{y},\tau)\mathrm{d}S\right]\mathrm{d}\tau, \tag{3.2}$$

其中 $S_t(\boldsymbol{x}) = \left\{\boldsymbol{y}\in\mathbb{R}^3\,\big|\,|\boldsymbol{y}-\boldsymbol{x}|=t\right\}$.

上述公式称为 **Kirchhoff** (基尔霍夫)**公式**. 积分问题均是在球面上积的,我们称此方法为**球面平均法**.

下面考虑二维情形 Cauchy 问题

$$\begin{cases} \square u = \dfrac{\partial^2 u}{\partial t^2} - a^2\left(\dfrac{\partial^2 u}{\partial x_1^2} + \dfrac{\partial^2 u}{\partial x_2^2}\right) = f(\boldsymbol{x},t), & \boldsymbol{x}\in\mathbb{R}^2, t>0, \\[3mm] u(\boldsymbol{x},0) = \varphi(\boldsymbol{x}), & \boldsymbol{x}\in\mathbb{R}^2, \\[2mm] u_t(\boldsymbol{x},0) = \psi(\boldsymbol{x}), & \boldsymbol{x}\in\mathbb{R}^2. \end{cases} \tag{3.3}$$

二维问题的解也可以看成是三维问题的解,再由三维问题解的表达式,可得出二维问题解的表达式,我们称此方法为**降维法**.

设 u 为问题(3.3)的解,令函数 $\bar{u}(x_1,x_2,x_3,t) = u(x_1,x_2,t)$,则 $\bar{u}$ 满足

$$\begin{cases} \dfrac{\partial^2 \bar{u}}{\partial t^2} - a^2\left(\dfrac{\partial^2 \bar{u}}{\partial x_1^2} + \dfrac{\partial^2 \bar{u}}{\partial x_2^2} + \dfrac{\partial^2 \bar{u}}{\partial x_3^2}\right) = f(x_1,x_2,t), & (x_1,x_2,x_3)\in\mathbb{R}^3, t>0, \\[3mm] \bar{u}(x_1,x_2,x_3,0) = \varphi(x_1,x_2), & (x_1,x_2,x_3)\in\mathbb{R}^3, \\[2mm] \bar{u}_t(x_1,x_2,x_3,0) = \psi(x_1,x_2), & (x_1,x_2,x_3)\in\mathbb{R}^3. \end{cases}$$

由 Kirchhoff 公式

$$\overline{u}(\boldsymbol{x},t) = \frac{\partial}{\partial t}\left[\frac{1}{4\pi a^2 t}\iint_{S_{at}(\boldsymbol{x})}\varphi(y_1,y_2)\mathrm{d}S\right] + \frac{1}{4\pi a^2 t}\iint_{S_{at}(\boldsymbol{x})}\psi(y_1,y_2)\mathrm{d}S$$

$$+ \int_0^t\left[\frac{1}{4\pi a^2(t-\tau)}\iint_{S_{a(t-\tau)}(\boldsymbol{x})}f(y_1,y_2,\tau)\mathrm{d}S\right]\mathrm{d}\tau.$$

我们只对中间一个积分做计算, 其余类似.

由于该积分为曲面积分, 被积函数与 y_3 无关, 积分范围是一球面

$$S_{at}(\boldsymbol{x}): \quad (y_1 - x_1)^2 + (y_2 - x_2)^2 + (y_3 - x_3)^2 = (at)^2,$$

上半球面可表示为

$$S_{at}^+(\boldsymbol{x}): \quad y_3 = x_3 + \sqrt{(at)^2 - (y_1 - x_1)^2 - (y_2 - x_2)^2},$$

它在 xOy 面上的投影为

$$\sum_{at}(x_1, x_2): \quad (y_1 - x_1)^2 + (y_2 - x_2)^2 \leqslant (at)^2.$$

因此, 积分可以表示为

$$\iint_{S_{at}(\boldsymbol{x})}\psi(y_1,y_2)\mathrm{d}S = 2\iint_{S_{at}^+(\boldsymbol{x})}\psi(y_1,y_2)\mathrm{d}S$$

$$= 2\iint_{\sum_{at}(x_1,x_2)}\psi(y_1,y_2)\sqrt{1 + (y_{3y_1})^2 + (y_{3y_2})^2}\,\mathrm{d}y_1\mathrm{d}y_2$$

$$= 2\iint_{\sum_{at}(x_1,x_2)}\psi(y_1,y_2)\sqrt{1 + \frac{(y_1 - x_1)^2 + (y_2 - x_2)^2}{(at)^2 - (y_1 - x_1)^2 - (y_2 - x_2)^2}}\,\mathrm{d}y_1\mathrm{d}y_2$$

$$= 2\iint_{\sum_{at}(x_1,x_2)}\psi(y_1,y_2)\frac{at}{\sqrt{(at)^2 - (y_1 - x_1)^2 - (y_2 - x_2)^2}}\,\mathrm{d}y_1\mathrm{d}y_2.$$

于是

$$u_2(x_1,x_2,t) = \frac{1}{4\pi a^2 t}\iint_{S_{at}(x_1,x_2)}\psi(y_1,y_2)\mathrm{d}S$$

$$= \frac{1}{2\pi a^2 t}\iint_{\sum_{at}(x_1,x_2)} at\frac{\psi(y_1,y_2)}{\sqrt{(at)^2 - (y_1 - x_1)^2 - (y_2 - x_2)^2}}\,\mathrm{d}y_1\mathrm{d}y_2$$

$$= \frac{1}{2\pi a}\iint_{\sum_{at}(x_1,x_2)}\frac{\psi(y_1,y_2)}{\sqrt{(at)^2 - (y_1 - x_1)^2 - (y_2 - x_2)^2}}\,\mathrm{d}y_1\mathrm{d}y_2,$$

从而得原问题的解为

$$u(x_1,x_2,t)=\frac{1}{2\pi a}\frac{\partial}{\partial t}\iint_{\Sigma_{at}(x)}\frac{\psi(y)}{\sqrt{(at)^2-(y_1-x_1)^2-(y_2-x_2)^2}}\mathrm{d}y$$

$$+\frac{1}{2\pi a}\iint_{\Sigma_{at}(x)}\frac{\psi(y)}{\sqrt{(at)^2-(y_1-x_1)^2-(y_2-x_2)^2}}\mathrm{d}y$$

$$+\frac{1}{2\pi a}\int_0^t\left[\iint_{\Sigma_{a(t-\tau)}(x)}\frac{f(y,\tau)}{\sqrt{(at)^2-(y_1-x_1)^2-(y_2-x_2)^2}}\mathrm{d}y\right]\mathrm{d}\tau,\quad(3.4)$$

这里

$$\boldsymbol{x}=(x_1,x_2),\quad \boldsymbol{y}=(y_1,y_2),\quad \mathrm{d}\boldsymbol{y}=\mathrm{d}y_1\mathrm{d}y_2.$$

当 $f(\boldsymbol{x},t)\equiv0$ 时，公式(3.4)称为 Poisson 公式，注意积分均是在圆盘上积的.

公式(3.2),(3.4)仅为问题(3.1),(3.3)的形式解，可进一步验证如下定理.

定理 3.1 若 $\varphi(\boldsymbol{x})\in C^3(\mathbb{R}^n)$，$\psi(\boldsymbol{x})\in C^2(\mathbb{R}^n)$，$f(\boldsymbol{x},t)\in C^2(\overline{Q})$，其中 $Q=\{(\boldsymbol{x},t)\mid \boldsymbol{x}\in\mathbb{R}^n,t>0\}$. 则由(3.2),(3.4)给出的函数 $u(\boldsymbol{x},t)\in C^2(\overline{Q})$ 分别是定解问题(3.1)和(3.3)的解，$n=2$ 和 3.

注 高维情形的能量不等式仍成立，因而高维波动方程 Cauchy 问题的解唯一且稳定.

二、特征值与 Huygens 原理

对于二维波动方程 Cauchy 问题

$$\begin{cases}\dfrac{\partial^2u}{\partial t^2}-a^2\left(\dfrac{\partial^2u}{\partial x_1^2}+\dfrac{\partial^2u}{\partial x_2^2}\right)=f(\boldsymbol{x},t),&\boldsymbol{x}\in\mathbb{R}^2,t>0,\\u(\boldsymbol{x},0)=\varphi(\boldsymbol{x}),&\boldsymbol{x}\in\mathbb{R}^2,\\u_t(\boldsymbol{x},0)=\psi(\boldsymbol{x}),&\boldsymbol{x}\in\mathbb{R}^2,\end{cases}$$

$\boldsymbol{x}=(x_1,x_2)$，讨论其依赖区域、决定区域及影响区域.

1. 依赖区域

由解公式可得，解 u 在任意一点 $P_0(x_0,y_0,t_0)$ 的值仅依赖于以这一点为顶点的锥体

$$K_{P_0}=\left[(x,y,t)\Big|\sqrt{(x-x_0)^2+(y-y_0)^2}\leqslant a(t_0-t),0\leqslant t\leqslant t_0\right]$$

内的定解数值，具体来说，其上任意一点 (x_0,y_0) 在时刻 $t=t_0$ 的位移值 $u(x_0,y_0,t_0)$ 只依赖于区域

$$K_{P_0} \bigcap \{t = 0\} = \sum_{at}(x_0, y_0) \equiv D_{P_0}$$

上的初始值 φ, ψ 和 K_{P_0} 内的外力 f, 我们称区域 K_{P_0} 为点 P_0 对初值的依赖区域, 即

$$D_{P_0} = \left\{ (x, y, 0) \middle| \sqrt{(x - x_0)^2 + (y - y_0)^2} \leqslant at_0 \right\},$$

称锥体 K_{P_0} 为问题(3.1)的特征锥.

2. 决定区域

对于 xOy 平面上的任意一区域 D, 在 $f = 0$ 时, 给定 φ, ψ 在 D 上的值, 问上半空间中哪些点上的位移 $u(x, y, t)$ 可由 D 中的 φ, ψ 的值唯一确定. 显然, 这样的点全体构成的集合可表示为

$$F_D = \{P(x, y, t) | D_P \subset D\},$$

我们称集合 F_D 为 xOy 平面上的决定区域.

3. 影响区域

对于 xOy 平面上的任意区域 D, 在 $f = 0$ 时, 给定 φ, ψ 在 D 上的值, 问上半空间中哪些点上的位移 $u(x, y, t)$ 可由 D 中的 φ, ψ 的值影响. 显然, 这样的点全体构成的集合可表示为

$$J_D = \{P(x, y, t) | D_P \bigcap D \neq \varnothing\},$$

集合 J_D 为 xOy 平面上的区域 D 的影响区域.

注 对三维波动方程 Cauchy 问题

$$\begin{cases} \dfrac{\partial^2 u}{\partial t^2} - a^2 \left(\dfrac{\partial^2 u}{\partial x_1^2} + \dfrac{\partial^2 u}{\partial x_2^2} + \dfrac{\partial^2 u}{\partial x_3^2} \right) = f(\boldsymbol{x}, t), & \boldsymbol{x} \in \mathbb{R}^3, t > 0, \\ u(\boldsymbol{x}, 0) = \varphi(\boldsymbol{x}), & \boldsymbol{x} \in \mathbb{R}^3, \\ u_t(\boldsymbol{x}, 0) = \psi(\boldsymbol{x}), & \boldsymbol{x} \in \mathbb{R}^3, \end{cases}$$

点 $P_0(x_0, y_0, z_0, t)$ 关于初值的依赖区域为球面 $S_{at_0}(x_0, y_0, z_0)$, 即

$$D_{P_0} = \left\{ (x, y, z) \middle| \sqrt{(x - x_0)^2 + (y - y_0)^2 + (z - z_0)^2} = at_0 \right\},$$

特征锥是 $xyzt$ 四维空间的以 D_{P_0} 为底, P_0 为顶的锥面. 区域 D 的决定区域为 $F_D = \{P(x, y, z, t) | D_P \subset D\}$. 影响区域为 $J_D = \{P(x, y, z, t) | D_P \bigcap D \neq \phi\}$, 波的传播速度为 a.

Huygens(惠更斯)原理 我们讨论在 $f = 0$ 时, 二、三维波动传播特点. 由前面

讨论知, 在 $n = 3$ 时, 解 u 在 $P_0(x_0, y_0, z_0, t_0)$ 点上的值只依赖于在以 (x_0, y_0, z_0) 为心, at_0 为半径的球面

$$D_{P_0} = \left\{ (x, y, z) \left| \sqrt{(x-x_0)^2 + (y-y_0)^2 + (z-z_0)^2} = at_0 \right. \right\}$$

上的初值 φ, ψ, 而与它们在 D_{P_0} 内部的值无关.

在 $n = 2$ 时, 解 u 在 $P_0(x_0, y_0, z_0, t_0)$ 上的值依赖于整个圆盘

$$D_{P_0} = \left\{ (x, y, z) \left| \sqrt{(x-x_0)^2 + (y-y_0)^2} = at_0 \right. \right\}$$

上的值 φ, ψ, 这个差别在物理上产生了截然不同的效果.

设在初始时刻, 初值 φ, ψ 只在区域 D_0 内不为 0, 在 D_0 以外考虑一个定点 Q_0, 我们来讨论 D_0 中的波动方程传到 Q_0 点的过程, 这里 $Q_0 = (x_0, y_0)$ 或 $Q_0 = (x_0, y_0, z_0)$. 不妨设想 D_0 为一块声源, 某人位于 Q_0 点, 在初始时刻瞬间 Ω 中的声源发声, 我们来看该人在何时能够听见 D_0 中发出的声音, 记

$$d_{\max} = \max_{Q \in D_0} \mathrm{dist}(Q_0, Q), \qquad d_{\min} = \min_{Q \in D_0} \mathrm{dist}(Q_0, Q).$$

这里的 $\mathrm{dist}(Q_0, Q)$ 表示 Q_0, Q 之间的距离.

$n = 2$ 的情形: 记 $P_0 = (x_0, y_0, t_0)$, $D_{P_0} = \left\{ (x, y) \left| \sqrt{(x-x_0)^2 + (y-y_0)^2} \leqslant at_0 \right. \right\}$.

当 $0 < at_0 < d_{\min}$ 时, $D_{P_0} \bigcap D_0 = \varnothing$, 因此 $u(x_0, y_0, t_0) = 0$, $t_0 < \dfrac{d_{\min}}{a}$;

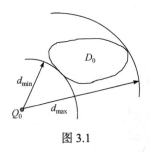

图 3.1

当 $at_0 > d_{\min}$ 时, $D_{P_0} \supset D_0 \neq \varnothing$, 因此 $u(x_0, y_0, t_0) \neq 0$, $t_0 > \dfrac{d_{\min}}{a}$, 即位于 Q_0 点的人, 从时刻 $t_0 = \dfrac{d_{\min}}{a}$ 开始就一直听见 Ω 中在 $t = 0$ 时发出的声音(直到声音随时间减弱感觉不到为止), 如图 3.1 所示. 即在二维情形, 波的传播只有波前而无波后. 如水面上的水波, 可近似看作平面波.

$n = 3$ 的情形: 记 $P_0 = (x_0, y_0, z_0, t_0)$,

当 $0 < at_0 < d_{\min}$ 时, $\partial D_{P_0} \bigcap D_0 = \varnothing$, $u(x_0, y_0, z_0, t_0) = 0$;

当 $d_{\min} < at_0 < d_{\max}$ 时, $\partial D_{P_0} \bigcap D_0 \neq \varnothing$, $u(x_0, y_0, z_0, t_0) \neq 0$;

当 $at_0 > d_{\max}$ 时, $\partial D_{P_0} \bigcap D_0 = \varnothing$, $u(x_0, y_0, z_0, t_0) = 0$.

即位于 Q_0 点的人, 从时刻 $t_0 = \dfrac{d_{\min}}{a}$ 开始就一直听见 Ω 中在 $t = 0$ 时发出的声音,

到时刻 $t_0 = \dfrac{d_{\max}}{a}$ 时又听不见声音. 在三维情形, 波的传播有清晰的波前及波后,

这一现象, 保证了人们可以清晰地听见人的说话声, 如空气中的声波.

在波的传播过程中, 这种有清晰前阵面和后阵面的现象为 **Huygens 原理**或者**无后效现象**, 如空气中的声波. 在波的传播过程中, 只有清晰前阵面而无后阵面的现象称为**波的弥漫**或**波有后效现象**, 如水面波.

第四节 混 合 问 题

分离变量法是偏微分方程中求解混合问题的一类重要方法, 它不仅适用于波动方程的混合问题, 也适用于热传导方程和位势方程的混合问题, 以及某些更复杂的微分方程或微分方程组. 这一节我们以一维波动方程的混合问题为例, 来阐述分离变量法的具体求解过程和物理背景.

一、分离变量法

一维波动方程混合问题为

$$
\begin{cases}
\Box u = \dfrac{\partial^2 u}{\partial t^2} - a^2 \dfrac{\partial^2 u}{\partial x^2} = 0, & 0 < x < l, t > 0, & (4.1) \\
u(x,0) = \varphi(x), & 0 \leqslant x \leqslant l, & (4.2) \\
u_t(x,0) = \psi(x), & 0 \leqslant x \leqslant l, & (4.3) \\
u(0,t) = 0, & t \geqslant 0, & (4.4) \\
u(l,t) = 0, & t \geqslant 0. & (4.5)
\end{cases}
$$

假设存在具有变量分离形式的非零解满足方程(4.1)和齐次边界条件(4.4), (4.5), 表示为

$$u(x,t) = X(x)T(t).$$

将变量分离形式解 $u(x,t) = X(x)T(t)$ 代入方程(4.1)得

$$X(x)T''(t) - a^2 X''(x)T(t) = 0,$$

两边同除以 $a^2 X(x)T(t)$ 得

$$\frac{T''(t)}{a^2 T(t)} = \frac{X''(x)}{X(x)}. \tag{4.6}$$

式(4.6)中, 左式仅依赖于 t, 它与 x 无关, 而右式则相反, 由二式相等知它们与 x, t 均无关, 因而为常数, 记作 $-\lambda$, 即

$$\frac{T''(t)}{a^2 T(t)} = \frac{X''(x)}{X(x)} = -\lambda.$$

于是得

$$X''(x) + \lambda X(x) = 0 \qquad (4.7)$$

与

$$T''(t) + a^2 \lambda T(t) = 0, \qquad (4.8)$$

由边界条件(4.4), (4.5)知

$$X(0)T(t) = X(l)T(t) = 0, \qquad (4.9)$$

由于我们关心的是非零解, 因此 $T(t) \neq 0$, 于是

$$X(0) = X(l) = 0, \qquad (4.10)$$

得

$$\begin{cases} X''(x) + \lambda X(x) = 0, \\ X(0) = X(l) = 0 \end{cases}$$

与

$$T''(t) + a^2 \lambda T(t) = 0 .$$

而函数 $u(x,t) = X(x)T(t)$ 满足

$$\begin{cases} \dfrac{\partial^2 u}{\partial t^2} - a^2 \dfrac{\partial^2 u}{\partial x^2} = 0, & 0 < x < l, t > 0, \\ u(0,t) = 0, & t \geqslant 0, \\ u(l,t) = 0 & t \geqslant 0. \end{cases}$$

但 $u(x,t) = X(x)T(t)$ 一般不满足初始条件(4.2)和(4.3), 为了求出定解问题(4.1)—(4.5)的解, 我们希望能够选取(4.1), (4.4), (4.5)的一列解 $u_n(x,t)(n = 1, 2, \cdots)$, 使得它们的和函数 $u(x,t) = \sum\limits_{n=1}^{\infty} u_n(x,t)$ 还满足初始条件(4.2)和(4.3). 为此, 我们仔细研究(4.7), (4.10)的非零解, 即方程

$$\begin{cases} X''(x) + \lambda X(x) = 0, & 0 < x < l, \\ X(0) = X(l) = 0 \end{cases}$$

的非零解的问题, 即求不恒为零的函数 $X(x)$ 和数 λ, 使得(4.7)和(4.10)成立, 这样的问题称为**特征问题**, λ 称为**特征值**, $X(x)$ 称为相应于特征值 λ 的**特征函数**.

更一般地, 有下述定义.

定义 4.1 对于齐次常微分方程定解问题

$$\begin{cases} X''(x) + \lambda X(x) = 0, & 0 < x < l, \\ -\alpha_1 X'(0) + \beta_1 X(0) = 0, \\ \alpha_2 X'(l) + \beta_2 X(l) = 0, \end{cases} \quad (4.11)$$

使得(4.11)有非零解的那些 λ 值称为该边值问题的**特征值**, 相应于 λ 的非零解 $X(x)$ 称为对应于这个特征值 λ 的**特征函数**. 寻求齐次边值问题(4.11)的所有特征值和特征函数的问题称为**特征问题**或称为 Sturm-Liouville(施图姆-刘维尔)问题. 对于特征问题(4.11), 我们有以下结果.

定理 4.1 设 $\alpha_i \geqslant 0$, $\beta_i \geqslant 0$, $\alpha_i + \beta_i > 0 (i = 1, 2)$, 则特征问题(4.11)具有下述性质:

（Ⅰ）所有特征值都是非负实数. 当 $\beta_1 + \beta_2 > 0$ 时, 所有特征值都是正数.

（Ⅱ）所有特征值组成一个单调递增趋于 $+\infty$ 的序列

$$0 \leqslant \lambda_1 < \lambda_2 < \cdots < \lambda_n < \cdots, \quad \lim_{n \to +\infty} \lambda_n = +\infty.$$

（Ⅲ）不同特征值对应的特征函数必正交, 即对于不同特征值 λ_n, λ_m 有

$$\int_0^l X_n(x) X_m(x) \mathrm{d}x = 0,$$

其中 X_n, X_m 为 λ_n, λ_m 对应的特征函数.

（Ⅳ）任意函数 $f(x) \in L^2[0, L]$ 可按特征函数展开, 即

$$f(x) = \sum_{n=1}^{\infty} C_n X_n(x),$$

其中 $C_n = \dfrac{\displaystyle\int_0^l f(x) X_n(x) \mathrm{d}x}{\displaystyle\int_0^l X_n^2(x) \mathrm{d}x}$.

下面我们求解特征问题(4.7), (4.10), 即以下方程:

$$\begin{cases} X''(x) + \lambda X(x) = 0, & 0 < x < l, \\ X(0) = X(l) = 0. \end{cases}$$

可以分三种情况来求解.

(1) $\lambda < 0$, 此时(4.7)的通解为

$$X(x) = C_1 \mathrm{e}^{\sqrt{-\lambda} x} + C_2 \mathrm{e}^{-\sqrt{-\lambda} x}.$$

将边界条件(4.10)代入, 得 $C_1 = C_2 = 0$, 因此 $X(x) \equiv 0$. 此时, 特征问题(4.7), (4.10)无解.

(2) $\lambda = 0$, 此时(4.7)的通解为 $X(x) = C_1 x + C_2$, 由边界条件(4.10)得 $C_1 = C_2 =$

0, 因此 $X(x) \equiv 0$. 即 $\lambda = 0$ 时, 特征问题(4.7), (4.10)无解.

(3) $\lambda > 0$, 此时(4.7)的通解为

$$X(x) = C_1 \cos\sqrt{\lambda}x + C_2 \sin\sqrt{\lambda}x.$$

由(4.10)得

$$C_1 = 0, \quad C_2 \sin\sqrt{\lambda}l = 0.$$

令

$$\sqrt{\lambda}l = n\pi, \quad n = 1, 2, \cdots,$$

从而有

$$\lambda_n = \left(\frac{n\pi}{l}\right)^2, \quad n = 1, 2, \cdots.$$

对应特征函数为

$$X_n(x) = C_n \sin\frac{n\pi}{l}x, \quad n = 1, 2, \cdots,$$

其中 $C_n \neq 0$. 我们取 $C_n = 1$. 即对应于特征值 $\lambda_n = \left(\frac{n\pi}{l}\right)^2$, $n = 1, 2, \cdots$ 的特征函数为

$X_n(x) = \sin\frac{n\pi}{l}x,\ n = 1, 2, \cdots$.

接下来我们要求 $T(t)$, 而 $T(t)$ 满足方程(4.8),

$$T''(t) + a^2\lambda T(t) = 0, \quad \lambda = \lambda_n = \left(\frac{n\pi}{l}\right)^2, \quad n = 1, 2, \cdots.$$

解得

$$T_n(t) = A_n \sin\frac{an\pi}{l}t + B_n \cos\frac{an\pi}{l}t, \quad n = 1, 2, \cdots,$$

其中 $A_n, B_n (n = 1, 2, \cdots)$ 是常数. 由 $u(x,t) = X(x)T(t)$, 我们得到一列变量分离解 $u_n(x,t) = X_n(x)T_n(t)$, 即

$$u_n(x,t) = \sin\frac{n\pi}{l}x\left(A_n \sin\frac{an\pi}{l}t + B_n \cos\frac{an\pi}{l}t\right), \quad n = 1, 2, \cdots,$$

满足

$$\begin{cases} \dfrac{\partial^2 u_n}{\partial t^2} - a^2\dfrac{\partial^2 u_n}{\partial x^2} = 0, & 0 < x < l, t > 0, \\ u_n(0,t) = 0, & t \geqslant 0, \\ u_n(l,t) = 0, & t \geqslant 0. \end{cases}$$

现在我们叠加变量分离解 $u_n(x,t)$，使其满足初始条件(4.2)和(4.3). 由初值确定其系数 $A_n,B_n(n=1,2,\cdots)$，令

$$u(x,t)=\sum_{n=1}^{\infty}u_n(x,t)=\sum_{n=1}^{\infty}\sin\frac{n\pi}{l}x\left(A_n\sin\frac{an\pi}{l}t+B_n\cos\frac{an\pi}{l}t\right),\quad n=1,2,\cdots \quad (4.12)$$

满足(4.1)—(4.5). 我们需要选取适当的 A_n，$B_n(n=1,2,\cdots)$，使得 $u(x,t)$ 满足初始条件

$$\begin{cases}u(x,0)=\varphi(x), & 0\leqslant x\leqslant l,\\ u_t(x,0)=\psi(x), & 0\leqslant x\leqslant l,\end{cases}$$

即

$$\begin{cases}u(x,0)=\sum_{n=1}^{\infty}B_n\sin\frac{n\pi}{l}x=\varphi(x),\\ u_t(x,0)=\sum_{n=1}^{\infty}A_n\frac{an\pi}{l}\sin\frac{n\pi}{l}x=\psi(x).\end{cases}$$

由 Fourier 级数知

$$A_n=\frac{2}{an\pi}\int_0^l\psi(x)\sin\frac{n\pi}{l}x\mathrm{d}x,\quad B_n=\frac{2}{l}\int_0^l\varphi(x)\sin\frac{n\pi}{l}x\mathrm{d}x.$$

这里我们给出分离变量法步骤(齐次方程及齐次边界条件情形).

第一步: 令 $u(x,t)=X(x)T(t)$ 代入方程及边界条件中, 导出相应的特征值问题以及 $T(t)$ 满足的方程.

第二步: 解特征问题, 求出所有特征值 λ_n 和相应的特征函数 $X_n(x)$，任意取定 $X_n(x)$ 表达式中的任意常数.

第三步: 对所有的 $X_n(x)T_n(t)$ 求和, 记 $u(x,t)=\sum X_n(x)T_n(t)$，代入初始条件求出相应的 $T_n(t)$，就得到问题的形式解.

定理 4.2 若 $\varphi(x)\in C^3[0,l]$，$\psi(x)\in C^2[0,l]$，且 $\varphi(x)$，$\psi(x)$ 在定解区域的角点 $(0,0)$ 和 $(l,0)$ 适合相容性条件

$$\varphi(0)=\varphi(l)=\varphi''(0)=\varphi''(l)=0，\psi(0)=\psi(l)=0.$$

则由(4.12)确定的函数 $u(x,t)$ 确是混合问题(4.1)—(4.5)的解, 且 $u(x,t)\in C^2(\bar{Q})$，其中 $Q=(0,l)\times(0,\infty)$.

证明 我们首先证明光滑性和相容性, 再证明 $u(x,t)$ 满足方程、边界条件和初始条件.

1° 光滑性.

$$u(x,t) = \sum_{n=1}^{\infty} u_n(x,t) = \sum_{n=1}^{\infty} \sin\frac{n\pi}{l}x\left(A_n\sin\frac{an\pi}{l}t + B_n\cos\frac{an\pi}{l}t\right), \quad n = 1,2,\cdots,$$

其中

$$\begin{cases} A_n = \dfrac{2}{an\pi}\displaystyle\int_0^l \psi(x)\sin\dfrac{n\pi}{l}x\mathrm{d}x, & n = 1,2,\cdots, \\ B_n = \dfrac{2}{l}\displaystyle\int_0^l \varphi(x)\sin\dfrac{n\pi}{l}x\mathrm{d}x, & n = 1,2,\cdots. \end{cases}$$

我们先利用已知条件将 $A_n, B_n (n = 1,2,\cdots)$ 变形

$$\begin{aligned} A_n &= \frac{2}{an\pi}\int_0^l \psi(x)\sin\frac{n\pi}{l}x\mathrm{d}x \\ &= -\frac{2l}{an^2\pi^2}\psi(x)\cos\frac{n\pi}{l}x\bigg|_0^l + \frac{2l}{an^2\pi^2}\int_0^l \psi'(x)\cos\frac{n\pi}{l}x\mathrm{d}x \\ &= \frac{2l^2}{an^3\pi^3}\psi'(x)\sin\frac{n\pi}{l}x\bigg|_0^l - \frac{2l^2}{an^3\pi^3}\int_0^l \psi''(x)\sin\frac{n\pi}{l}x\mathrm{d}x \\ &= -\frac{2l^2}{an^3\pi^3}\int_0^l \psi''(x)\sin\frac{n\pi}{l}x\mathrm{d}x \\ &= -\frac{l^3}{a(n\pi)^3}a_n, \end{aligned}$$

其中 $a_n = \dfrac{2}{l}\displaystyle\int_0^l \psi''(x)\sin\dfrac{n\pi}{l}x\mathrm{d}x$.

同理, $B_n = -\dfrac{l^3}{(n\pi)^3}b_n$, 其中 $b_n = \dfrac{2}{l}\displaystyle\int_0^l \varphi'''(x)\sin\dfrac{n\pi}{l}x\mathrm{d}x$.

因此,

$$\begin{cases} A_n = -\dfrac{l^3}{a(n\pi)^3}a_n = O\left(\dfrac{1}{n^3}\right), & n = 1,2,\cdots, \\ B_n = -\dfrac{l^3}{(n\pi)^3}b_n = O\left(\dfrac{1}{n^3}\right), & n = 1,2,\cdots, \end{cases}$$

a_n 是 $\psi''(x)$ 在 $[0,l]$ 上正弦 Fourier 级数 Taylor 展开式的系数, b_n 是 $\varphi'''(x)$ 在 $[0,l]$ 上余弦 Fourier 级数 Taylor 展开式的系数, 且 Fourier 级数收敛. 因此, 由 Fourier 级数的性质知, 数项级数 $\displaystyle\sum_{n=1}^{\infty}|a_n|^2$, $\displaystyle\sum_{n=1}^{\infty}|b_n|^2$ 均为收敛的. 因此我们有

$$|u_n(x,t)| \leqslant |A_n| + |B_n| = O\left(\frac{1}{n^3}\right).$$

为记号简洁, 我们用 Du_n 表示 u_n 的任意一个一阶偏导, 用 D^2u_n 表示 u_n 的任意一个二阶偏导, 则有

$$\left|Du_n(x,t)\right| \leqslant \frac{n\pi(a+1)}{l}\left(\left|A_n\right|+\left|B_n\right|\right) = O\left(\frac{1}{n^2}\right),$$

$$\left|D^2u_n(x,t)\right| \leqslant \left(\frac{n\pi(a+1)}{l}\right)^2\left(\left|A_n\right|+\left|B_n\right|\right) = \left(\frac{n\pi(a+1)}{l}\right)^2\left(\left|\frac{l^3}{an^3\pi^3}a_n\right|+\left|\frac{l^3}{n^3\pi^3}b_n\right|\right)$$

$$= (a+1)^2\left(\left|\frac{l}{an\pi}a_n\right|+\left|\frac{l}{n\pi}b_n\right|\right) \leqslant \frac{\left|a_n\right|^2+\left|b_n\right|^2}{2} + \frac{l^2(a+1)^4(a^2+1)}{2a^2\pi^2}\left(\frac{1}{n}\right)^2.$$

因此,

$$u_n(x,t) \leqslant O\left(\frac{1}{n^3}\right),$$

$$\left|Du_n(x,t)\right| \leqslant O\left(\frac{1}{n^2}\right),$$

$$\left|D^2u_n(x,t)\right| \leqslant \left|a_n\right|^2+\left|b_n\right|^2 + O\left(\frac{1}{n^2}\right),$$

而 $\sum_{n=1}^{\infty}\left|a_n\right|^2$, $\sum_{n=1}^{\infty}\left|b_n\right|^2$, $\sum_{n=1}^{\infty}\frac{1}{n^2}$, $\sum_{n=1}^{\infty}\frac{1}{n^3}$ 均为收敛的正项级数, 由 Weierstrass(魏尔斯特拉斯)判别法知, $\sum_{n=1}^{\infty}u_n(x,t)$, $\sum_{n=1}^{\infty}Du_n(x,t)$, $\sum_{n=1}^{\infty}D^2u_n(x,t)$ 均在 $\bar{Q}$ 上绝对一致收敛, 并且它们的前一项都是 $\bar{Q}$ 中的连续函数, 而 $u(x,t) = \sum_{n=1}^{\infty}u_n(x,t)$, 由函数项级数的性质知 $Du(x,t)$, $D^2u(x,t)$ 在 $\bar{Q}$ 中存在连续且 $Du(x,t) = \sum_{n=1}^{\infty}Du_n(x,t)$, $D^2u(x,t) = \sum_{n=1}^{\infty}D^2u_n(x,t)$.

2° 相容性条件.

对于角点 $(0,0)$, $u(x,t)$ 在 $(0,0)$ 连续,

$$u(0,0) = \lim_{x\to 0}u(x,0) = \lim_{x\to 0}\varphi(x) = \varphi(0), \quad u(0,0) = \lim_{t\to 0}u(0,t) = 0.$$

因此

$$\varphi(0) = 0.$$

由 $u(x,t)$ 在 $(0,0)$ 的一阶导数连续得

$$u_t(0,0) = \lim_{x \to 0} u_t(x,0) = \lim_{x \to 0} \psi(x) = \psi(0), \quad u_t(0,0) = \lim_{t \to 0} u_t(0,t) = 0,$$

因此

$$\psi(0) = 0.$$

由 $u(x,t)$ 在 $(0,0)$ 的二阶导数连续得

$$u_{tt}(0,0) = \lim_{x \to 0} u_{tt}(x,0) = \lim_{x \to 0} a^2 u_{xx}(x,0) = \lim_{x \to 0} a^2 \varphi''(x) = a^2 \varphi''(0),$$

$$u_{tt}(0,0) = \lim_{t \to 0} u_{tt}(0,t) = 0.$$

因此,

$$\varphi''(0) = 0.$$

对于角点 $(l,0)$ 也有类似的结果.

在 $(l,0)$ 连续得: $\varphi(l) = 0$;

在 $(l,0)$ 一阶导数连续得: $\psi(l) = 0$;

在 $(l,0)$ 二阶导数连续得: $\varphi''(l) = 0$.

另外,

$$u_{tt} - a^2 u_{xx} = \sum_{n=1}^{\infty}(u_{n,tt} - a^2 u_{n,xx}) = 0, \quad (x,t) \in \bar{Q},$$

$$u(0,t) = \sum_{n=1}^{\infty} u_n(0,t) = 0, \quad t \geqslant 0,$$

$$u(l,t) = \sum_{n=1}^{\infty} u_n(l,t) = 0, \quad t \geqslant 0,$$

$$u(x,0) = \sum_{n=1}^{\infty} u_n(x,0) = \sum_{n=1}^{\infty} B_n \sin \frac{n\pi}{l} x = \varphi(x), \quad 0 \leqslant x \leqslant l,$$

$$u_t(x,0) = \sum_{n=1}^{\infty} u_{n,t}(x,0) = \sum_{n=1}^{\infty} A_n \frac{an\pi}{l} \sin \frac{n\pi}{l} x = \psi(x), \quad 0 \leqslant x \leqslant l.$$

对一般情况的非齐次混合问题求解,

$$\begin{cases} \dfrac{\partial^2 u}{\partial t^2} - a^2 \dfrac{\partial^2 u}{\partial x^2} = f(x,t), & 0 < x < l, t > 0, \\ u(x,0) = \varphi(x), & 0 \leqslant x \leqslant l, \\ u_t(x,0) = \psi(x), & 0 \leqslant x \leqslant l, \\ -\alpha_1 u_x(0,t) + \beta_1 u(0,t) = g_1(t), & t \geqslant 0, \\ \alpha_2 u_x(l,t) + \beta_2 u(l,t) = g_2(t), & t \geqslant 0. \end{cases} \tag{4.13}$$

边界条件齐次化. 作函数变换

$$v(x,t) = u(x,t) + w(x,t), \qquad (4.14)$$

其中 $w(x,t)$ 是特定的已知函数, 通过适当选取 $w(x,t)$, 可使(4.13)中边值条件化为齐次的, 使

$$\begin{cases} -\alpha_1 v_x(0,t) + \beta_1 v(0,t) = 0, & t \geqslant 0, \\ \alpha_2 v_x(l,t) + \beta_2 v(l,t) = 0, & t \geqslant 0, \end{cases} \qquad \begin{matrix} (4.15) \\ (4.16) \end{matrix}$$

即

$$\begin{cases} -\alpha_1 w_x(0,t) + \beta_1 w(0,t) = g_1(t), & t \geqslant 0, \\ \alpha_2 w_x(0,t) + \beta_2 w(0,t) = g_2(t), & t \geqslant 0. \end{cases}$$

为此, 可选取 $w(x,t)$ 为如下形式的函数:

$$w(x,t) = p_1(x)g_1(t) + p_2(x)g_2(t),$$

使

$$\begin{cases} [\alpha_1 p_1'(0) - \beta_1 p_1(0)]g_1(t) + [\alpha_1 p_2'(0) - \beta_1 p_2(0)]g_2(t) = g_1(t), \\ [-\alpha_2 p_1'(l) - \beta_2 p_1(l)]g_1(t) + [\alpha_2 p_2'(l) - \beta_2 p_2(l)]g_2(t) = g_2(t), \end{cases}$$

其中 $p_i(x) = a_i x^2 + b_i x + c_i$, $i = 1, 2$.

因此, 在函数变换

$$v(x,t) = u(x,t) + p_1(x)g_1(t) + p_2(x)g_2(t)$$

下, 问题(4.13)化为

$$\begin{cases} \dfrac{\partial^2 v}{\partial t^2} - a^2 \dfrac{\partial^2 v}{\partial x^2} = \overline{f}(x,t), & 0 < x < l, t > 0, \\ v(x,0) = \overline{\varphi}(x), & 0 \leqslant x \leqslant l, \\ v_t(x,0) = \overline{\psi}(x), & 0 \leqslant x \leqslant l, \\ -\alpha_1 v_x(0,t) + \beta_1 v(0,t) = 0, & t \geqslant 0, \\ \alpha_2 v_x(l,t) + \beta_2 v(l,t) = 0, & t \geqslant 0, \end{cases} \qquad \begin{matrix} (4.17) \\ (4.18) \\ (4.19) \\ (4.20) \\ (4.21) \end{matrix}$$

其中 $\overline{f}(x,t)$, $\overline{\varphi}(x)$ 和 $\overline{\psi}(x)$ 是已知函数.

(1) 求解混合问题(4.17)—(4.21). 将 $v(x,t) = X(t)T(t)$ 代入方程(4.17)对应的齐次方程及边界条件(4.20)和(4.21), 导出特征问题

$$\begin{cases} X''(x) + \lambda X(x) = 0, \\ -\alpha_1 X'(0) + \beta_1 X(0) = 0, \\ \alpha_2 X'(l) + \beta_2 X(l) = 0. \end{cases}$$

(2) 解特征问题. 求出所有特征值 λ_n 和相应的特征函数 $X_n(x)$, 并确定

$X_n(x)$ 中的任意常数.

(3) 将问题中所有的已知、未知函数均按特征函数系数展开, 令(4.17)—(4.21) 的解为

$$v(x,t) = \sum X_n(x)T_n(t),$$

其中 $T_n(t)$ 为待定函数. 为了求出 $T_n(t)$, 我们将方程的非齐次项 $\bar{f}(x,t)$, 初值 $\bar{\varphi}(x)$, $\bar{\psi}(x)$ 都按特征函数系展开,

$$\bar{f}(x,t) = \sum X_n(x)\bar{f}_n(t),$$
$$\bar{\varphi}(x) = \sum \bar{\varphi}_n X_n(x),$$
$$\bar{\psi}(x) = \sum \bar{\psi}_n X_n(x).$$

由定理 4.1(Ⅳ)知

$$\bar{f}_n(t) = \frac{\int_0^l \bar{f}(x,t)X_n(x)\mathrm{d}x}{\int_0^l X_n^2(x)\mathrm{d}x}, \quad \bar{\varphi}_n = \frac{\int_0^l \bar{\varphi}(x)X_n(x)\mathrm{d}x}{\int_0^l X_n^2(x)\mathrm{d}x}, \quad \bar{\psi}_n = \frac{\int_0^l \bar{\psi}(x)X_n(x)\mathrm{d}x}{\int_0^l X_n^2(x)\mathrm{d}x}.$$

(4) 导出 $T_n(t)$ 应满足的常微分方程以及初始条件, 求出 $T_n(t)$. 将上一步的各展开式, 代入方程(4.17)和初始条件(4.18), (4.19), 并令该三个等式两边 $X_n(x)$ 的系数分别相等, 即得 $T_n(t)$ 满足的常微分方程以及初始条件, 并由此求出 $T_n(t)$, 这样就得出定解问题(4.17)—(4.21)的解

$$v(x,t) = \sum X_n(x)T_n(t),$$

代回原变量

$$u(x,t) = v(x,t) - w(x,t)$$

得原问题的解.

分离变量法求解步骤总结(一般情形).

第一步: 边界条件齐次化. 作函数变换 $v(x,t) = u(x,t) + w(x,t)$, 其中 $w(x,t)$ 适当选取, 使得 $v(x,t)$ 满足齐次边界条件.

第二步: 将 $v(x,t) = X(x)T(t)$ 代入与方程对应的齐次方程与边界条件, 导出关于 $X(x)$ 的相应特征问题.

第三步: 解特征问题, 求出所有特征值 λ_n 和特征函数 $X_n(x)$.

第四步: 按特征函数系展开. 将问题中所有的已知、未知函数用特征函数展开, 代入方程及初始条件, 建立 $T_n(t)$ 所满足的常微分方程的定解问题.

第五步: 求解 $T_n(t)$, 得 $v(x,t)$, 从而得原问题的解.

例 4.1　求解下述混合问题:

$$\begin{cases} u_{tt} - a^2 u_{xx} = 0, & 0 < x < l, t > 0, \\ u(x,0) = x(x-2l) - x, & 0 \leqslant x \leqslant l, \\ u_t(x,0) = 0, & 0 \leqslant x \leqslant l, \\ u(0,t) = 0, & t \geqslant 0, \\ u_x(l,t) = -1, & t \geqslant 0. \end{cases}$$

解　(1) 边界条件齐次化. 令 $v(x,t) = u(x,t) + w(x,t)$, 得

$$\begin{cases} v(0,t) = 0 + w(0,t) = 0, \\ v_x(l,t) = -1 + w_x(l,t) = 0. \end{cases}$$

取 $w(x,t) = x$, 即 $v(x,t) = u(x,t) + x$, 满足

$$\begin{cases} v_{tt} - a^2 v_{xx} = 0, & 0 < x < l, t > 0, \\ v(x,0) = x(x-2l), & 0 \leqslant x \leqslant l, \\ v_t(x,0) = 0, & 0 \leqslant x \leqslant l, \\ v(0,t) = 0, & t \geqslant 0, \\ v_x(l,t) = 0, & t \geqslant 0. \end{cases}$$

(2) 导出特征问题. 令 $v(x,t) = X(x)T(t)$, 代入相应的齐次方程

$$v_{tt} - a^2 v_{xx} = 0,$$

得

$$T''(t)X(x) - a^2 T(t)X''(x) = 0,$$

写成

$$\frac{T''(t)}{a^2 T(t)} = \frac{X''(x)}{X(x)} = -\lambda,$$

即

$$X''(x) + \lambda X(x) = 0, \quad 0 \leqslant x \leqslant l.$$

再由边界条件 $v(0,t) = v_x(l,t) = 0$ 及 $T(t) \neq 0$, 得

$$X(0) = X'(l) = 0.$$

所以, 特征问题为

$$\begin{cases} X''(x) + \lambda X(x) = 0, & 0 \leqslant x \leqslant l, \\ X(0) = X'(l) = 0. \end{cases}$$

(3) 求解特征问题得

$$\lambda = \lambda_n = \left(\frac{2n+1}{2l}\right)^2 \pi^2, \quad X_n = C_1 \sin\left(\frac{2n+1}{2l}\pi x\right), \quad C_1 \neq 0, \quad n = 0, 1, \cdots.$$

取 $C_1 = 1$,

$$X_n = \sin\left(\frac{2n+1}{2l}\pi x\right), \quad n = 0, 1, \cdots.$$

(4) 令

$$v(x,t) = \sum_{n=0}^{\infty} v_n(x,t) = \sum_{n=0}^{\infty} T_n(t)X_n(x) = \sum_{n=0}^{\infty} T_n(t)\sin\left(\frac{2n+1}{2l}\pi x\right).$$

用非齐次项和初始条件求出 $T_n(t)$. 由

$$v_{tt} - a^2 v_{xx} = \sum_{n=0}^{\infty} T_n''(t)X_n(x) - a^2 T_n(t)X_n''(x) = \sum_{n=0}^{\infty}[T_n''(t) + a^2\lambda_n T_n(t)]X_n(x) = 0,$$

得 $T_n(t)$ 满足

$$T_n''(t) + a^2\lambda_n T_n(t) = 0, \quad t > 0, \quad n = 0, 1, \cdots.$$

注 若是非齐次方程 $v_{tt} - a^2 v_{xx} = f$, 则也要将 f 按 $\{X_n(x)\}$ 展开, 此时 $T_n(t)$ 与 f 有关.

下求 $T_n(t)$ 满足的初始条件:

$$0 = v_t(x,0) = \sum_{n=0}^{\infty} T_n'(0)X_n(x).$$

因此

$$T_n'(0) = 0, \quad n = 0, 1, \cdots.$$

又

$$x(x-2l) = v(x,0) = \sum_{n=0}^{\infty} T_n(0)X_n(x),$$

而

$$x(x-2l) = \sum_{n=0}^{\infty} c_n X_n(x),$$

其中

$$c_n = \frac{\int_0^l x(x-2l)X_n(x)\mathrm{d}x}{\int_0^l X_n^2(x)\mathrm{d}x} = \frac{\int_0^l x(x-2l)\sin\left(\frac{2n+1}{2l}\pi x\right)\mathrm{d}x}{\int_0^l \sin^2\left(\frac{2n+1}{2l}\pi x\right)\mathrm{d}x} = \frac{2^5 l^2}{(2n+1)^3\pi^3},$$

其中 $n = 0, 1, 2, \cdots$. 因此,

$$\sum_{n=0}^{\infty} (T_n(0) - c_n) X_n(x) = 0.$$

于是

$$T_n(0) = c_n, \quad n = 0,1,2,\cdots.$$

从而得到 $T_n(t)$ 满足的常微分方程初值问题

$$\begin{cases} T_n''(t) + a^2 \lambda_n T_n(t) = 0, & t > 0, \\ T_n(0) = c_n, \\ T_n'(0) = 0, \end{cases}$$

得

$$T_n(t) = c_n \cos\left(at\sqrt{\lambda_n}\right) = c_n \cos\left[\frac{(2n+1)a\pi t}{2l}\right] \quad (n = 0,1,\cdots).$$

于是

$$v(x,t) = \sum_{n=0}^{\infty} T_n(t) X_n(x) = \sum_{n=0}^{\infty} \frac{2^5 l^2}{(2n+1)^3 \pi^3} \cos\left[\frac{(2n+1)a\pi t}{2l}\right] \sin\left[\frac{(2n+1)\pi x}{2l}\right].$$

因此

$$u(x,t) = -x + \sum_{n=0}^{\infty} \frac{2^5 l^2}{(2n+1)^3 \pi^3} \cos\left[\frac{(2n+1)a\pi t}{2l}\right] \sin\left[\frac{(2n+1)\pi x}{2l}\right].$$

二、能量不等式

为研究波动方程混合问题解的唯一性和稳定性, 本节我们将对一维波动方程混合问题建立能量不等式.

对任意 $T > 0$, $0 \leqslant \tau \leqslant T$. 记 $Q_\tau = \left\{ (x,t) \middle| 0 < x < l, 0 < t < \tau \right\}$, 本节讨论 Q_T 上的混合问题

$$\begin{cases} \Box u = \dfrac{\partial^2 u}{\partial t^2} - a^2 \dfrac{\partial^2 u}{\partial x^2} = f(x,t), & (x,t) \in Q_T, \\ u(x,0) = \varphi(x), & 0 \leqslant x \leqslant l, \\ u_t(x,0) = \psi(x), & 0 \leqslant x \leqslant l, \\ u(0,t) = u(l,t) = 0, & 0 \leqslant x \leqslant l. \end{cases} \tag{4.22}$$

定理 4.3 设 $u \in C^1(\overline{Q_T}) \cap C^2(Q_T)$ 为定解问题(4.22)的解, 则存在只依赖于 T 的常数 M, 使得

$$\int_0^l [u_t^2(x,\tau) + a^2 u_x^2(x,\tau)] \mathrm{d}x \leqslant M \left[\int_0^l [\psi^2(x) + a^2 \varphi_x^2(x)] \mathrm{d}x + \iint_{Q_\tau} f^2(x,t) \mathrm{d}x \mathrm{d}t \right],$$

$$\iint_{Q_\tau} [u_t^2(x,t) + a^2 u_x^2(x,t)] \mathrm{d}x \mathrm{d}t \leqslant M \left[\int_0^l [\psi^2(x) + a^2 \varphi_x^2(x)] \mathrm{d}x + \iint_{Q_\tau} f^2(x,t) \mathrm{d}x \mathrm{d}t \right],$$

其中 $0 \leqslant \tau \leqslant T$, 当 $f \equiv 0$ 时, 第一个不等式为等式, $M = 1$; 当 $f \not\equiv 0$ 时, $M = \mathrm{e}^T$.

证明 方程两边同乘以 u_t, 并且在 Q_τ 上积分

$$\iint_{Q_\tau} \left(\frac{\partial^2 u}{\partial t^2} - a^2 \frac{\partial^2 u}{\partial x^2} \right) \frac{\partial u}{\partial t} \mathrm{d}x \mathrm{d}t = \iint_{Q_\tau} \frac{\partial u}{\partial t} f(x,t) \mathrm{d}x \mathrm{d}t,$$

分别计算左边积分项

$$\iint_{Q_\tau} \frac{\partial^2 u}{\partial t^2} \frac{\partial u}{\partial t} \mathrm{d}x \mathrm{d}t = \frac{1}{2} \int_0^l \int_0^\tau \frac{\partial}{\partial t} \left(\frac{\partial u}{\partial t} \right)^2 \mathrm{d}x \mathrm{d}t$$

$$= \frac{1}{2} \int_0^l \left(\frac{\partial u}{\partial t}(x,\tau) \right)^2 \mathrm{d}x - \frac{1}{2} \int_0^l \left(\frac{\partial u}{\partial t}(x,0) \right)^2 \mathrm{d}x$$

$$= \frac{1}{2} \int_0^l \left(\frac{\partial u}{\partial t}(x,\tau) \right)^2 \mathrm{d}x - \frac{1}{2} \int_0^l \psi^2(x) \mathrm{d}x,$$

$$\iint_{Q_\tau} \frac{\partial^2 u}{\partial x^2} \frac{\partial u}{\partial t} \mathrm{d}x \mathrm{d}t = \int_0^\tau \int_0^l \frac{\partial^2 u}{\partial x^2} \frac{\partial u}{\partial t} \mathrm{d}x \mathrm{d}t$$

$$= \int_0^\tau \left[\frac{\partial u}{\partial x} \frac{\partial u}{\partial t} \right]_{x=0}^{x=l} \mathrm{d}t - \int_0^\tau \int_0^l \frac{\partial u}{\partial x} \frac{\partial^2 u}{\partial t \partial x} \mathrm{d}x \mathrm{d}t.$$

由边界条件 $u(0,t) = u(l,t) = 0$, 得 $u_t(0,t) = u_t(l,t) = 0$.

因此

$$\iint_{Q_\tau} \frac{\partial^2 u}{\partial x^2} \frac{\partial u}{\partial t} \mathrm{d}x \mathrm{d}t = -\int_0^\tau \int_0^l \frac{\partial u}{\partial x} \frac{\partial^2 u}{\partial t \partial x} \mathrm{d}x \mathrm{d}t$$

$$= -\frac{1}{2} \int_0^\tau \int_0^l \frac{\partial}{\partial t} \left(\frac{\partial u}{\partial x} \right)^2 \mathrm{d}x \mathrm{d}t$$

$$= -\frac{1}{2} \int_0^l \int_0^\tau \frac{\partial}{\partial t} \left(\frac{\partial u}{\partial x} \right)^2 \mathrm{d}t \mathrm{d}x$$

$$= -\frac{1}{2} \int_0^l \left(\frac{\partial u}{\partial x}(x,\tau) \right)^2 \mathrm{d}x + \frac{1}{2} \int_0^l \left(\frac{\partial u}{\partial x}(x,0) \right)^2 \mathrm{d}x,$$

代入方程

$$\iint_{Q_\tau}\left(\frac{\partial^2 u}{\partial t^2}-a^2\frac{\partial^2 u}{\partial x^2}\right)\frac{\partial u}{\partial t}\mathrm{d}x\mathrm{d}t=\iint_{Q_\tau}\frac{\partial u}{\partial t}f(x,t)\mathrm{d}x\mathrm{d}t,$$

得

$$\frac{1}{2}\int_0^l\left(\frac{\partial u}{\partial t}(x,\tau)\right)^2\mathrm{d}x+\frac{a^2}{2}\int_0^l\left(\frac{\partial u}{\partial x}(x,\tau)\right)^2\mathrm{d}x$$

$$=\frac{1}{2}\int_0^l[\psi^2(x)+a^2\varphi_x^2(x)]\mathrm{d}x+\iint_{Q_\tau}\frac{\partial u}{\partial t}f(x,t)\mathrm{d}x\mathrm{d}t.$$

如果 $f\equiv0$, 则

$$\int_0^l\left(\frac{\partial u}{\partial t}(x,\tau)\right)^2\mathrm{d}x+a^2\int_0^l\left(\frac{\partial u}{\partial x}(x,\tau)\right)^2\mathrm{d}x=\int_0^l[\psi^2(x)+a^2\varphi_x^2(x)]\mathrm{d}x.$$

对上式在 $[0,\tau]$ 上积分,

$$\iint_{Q_\tau}[u_t^2(x,t)+a^2u_x^2(x,t)]\mathrm{d}x\mathrm{d}t\leqslant T\int_0^l[\psi^2(x)+a^2\varphi_x^2(x)]\mathrm{d}x.$$

因此, 当 $f\equiv0$ 时定理成立.

如果 $f\not\equiv0$, 利用 Gronwall 不等式, 由前面的计算有

$$\int_0^l\left[\left(\frac{\partial u}{\partial t}(x,\tau)\right)^2+a^2\left(\frac{\partial u}{\partial x}(x,\tau)\right)^2\right]\mathrm{d}x=\int_0^l[\psi^2(x)+a^2\varphi_x^2(x)]\mathrm{d}x+\iint_{Q_\tau}2\frac{\partial u}{\partial t}f(x,t)\mathrm{d}x\mathrm{d}t,$$

因此,

$$\int_0^l\left[\left(\frac{\partial u}{\partial t}(x,\tau)\right)^2+a^2\left(\frac{\partial u}{\partial x}(x,\tau)\right)^2\right]\mathrm{d}x$$

$$\leqslant\int_0^l[\psi^2(x)+a^2\varphi_x^2(x)]\mathrm{d}x+\int_0^\tau\int_0^l\left[\left(\frac{\partial u}{\partial t}\right)^2+f^2(x,t)\right]\mathrm{d}x\mathrm{d}t.$$

记

$$F(\tau)=\int_0^l(\psi^2+a^2\varphi_x^2)\mathrm{d}x+\iint_{Q_\tau}f^2(x,t)\mathrm{d}x\mathrm{d}t,$$

$$G(\tau)=\int_0^\tau\left\{\int_0^l\left[\left(\frac{\partial u}{\partial t}\right)^2+a^2\left(\frac{\partial u}{\partial x}\right)^2\right]\mathrm{d}x\right\}\mathrm{d}t.$$

上式化为

$$G'(\tau)\leqslant F(\tau)+G(\tau),$$

且 $G(0) = 0$，$F(\tau)$ 关于 τ 非减，两边同乘以 $e^{-\tau}$，

$$\frac{\mathrm{d}}{\mathrm{d}\tau}[e^{-\tau}G(\tau)] \leqslant e^{-\tau}F(\tau),$$

在 $[0,\tau]$ 上积分

$$e^{-\tau}G(\tau) \leqslant \int_0^\tau e^{-s}F(s)\mathrm{d}s.$$

因此，

$$G(\tau) \leqslant \int_0^\tau e^{\tau-s}F(s)\mathrm{d}s \leqslant F(\tau)\int_0^\tau e^{\tau-s}\mathrm{d}s \leqslant F(\tau)(e^\tau - 1)$$

且

$$G'(\tau) \leqslant F(\tau) + G(\tau) \leqslant e^T F(\tau).$$

即得定理中的两个能量不等式，其中 $M = e^T$.

注　本定理表明问题(4.22)的解在 $C^1(\overline{Q_T}) \bigcap C^2(Q_T)$ 中的唯一性和稳定性.

三、广义解

定义 4.2　若函数 u 满足某偏微分方程及定解条件，u 的偏导数在区域 Ω 中连续，且初始条件中出现的 u 及其偏导数从 Ω 中连续到相应边界，我们称 u 是该方程及定解问题的**古典解**.

例 4.2　对于定解问题

$$\begin{cases} -\Delta u = f(x,y), & (x,y) \in \Omega, \\ u(x,y)\big|_{(x,y)\in\gamma} = \varphi(x,y), & (x,y) \in \gamma, \\ T\dfrac{\partial u}{\partial \boldsymbol{n}}\bigg|_{(x,y)\in\Gamma} = p(x,y), & (x,y) \in \Gamma, \end{cases}$$

若 $u \in C^2(\Omega)\bigcap C(\Omega\bigcup\gamma)\bigcap C^1(\Omega\bigcup\Gamma)$，且满足上面三个方程，则称 u 是上述定解问题的古典解. 但当已知数据不满足有关相容性条件及光滑性条件时，古典解不存在. 此时，该定解问题应该如何理解？如下述定解问题

$$\begin{cases} \dfrac{\partial^2 u}{\partial t^2} - a^2 \dfrac{\partial^2 u}{\partial x^2} = 0, & 0 < x < l, 0 < t < T, \\ u(x,0) = \varphi(x), & 0 \leqslant x \leqslant l, \\ u_t(x,0) = \psi(x), & 0 \leqslant x \leqslant l, \\ u(0,t) = 0, & 0 \leqslant x \leqslant T, \\ u(l,t) = 0, & 0 \leqslant x \leqslant T. \end{cases} \qquad (4.23)$$

由古典解的定义知, $u \in C^2(\Omega_T) \cap C(\overline{Q_T})$, $u_t \in C(Q \cup ([0,l] \times \{0\}))$, 并满足方程及初边值条件, 这里 $Q_T = (0,l) \times (0,T)$, 要求初始条件满足相容性条件 $\varphi(0) = 0$, $\varphi(l) = 0$ 和光滑性条件 $\varphi \in C[0,l]$, $\psi \in C[0,l]$. 然而, 古典解中对解的光滑性要求太强了, 为了使解能满足这样的光滑性和相容性, 要对定解问题中的初边值和非齐次项等加上很强的光滑性. 从物理上看, 这些条件似乎过于人为, 在具体应用时, 会带来一定的束缚. 甚至有些物理上提出的很简单的定解问题, 在严格的古典解定义下都是无解的. 因此, 我们要放松对解的光滑性的要求, 扩大解的定义的函数类. 这样扩大了的函数类得到的解我们称为**广义解**.

许多描述实际物理现象的偏微分方程定解问题没有古典解. 如弦振动方程 Cauchy 问题

$$\begin{cases} \dfrac{\partial^2 u}{\partial t^2} - a^2 \dfrac{\partial^2 u}{\partial x^2} = 0, & -\infty < x < +\infty, 0 < t < T, \\ u(x,0) = \varphi(x), & -\infty < x < +\infty, \\ u_t(x,0) = 0, & -\infty < x < +\infty \end{cases} \tag{4.24}$$

的唯一解为

$$u(x,t) = \frac{\varphi(x+at) + \varphi(x-at)}{2}. \tag{4.25}$$

如果弦的初始状态呈折线, 即 $\varphi(x)$ 连续但在一些点上没有导数, 则(4.25)中定义的 $u(x,t)$ 只在 $\varphi(x)$ 有二阶导数的那些点上满足方程(4.24), 它不是 Cauchy 问题(4.24)在经典意义下的解, 但它却是在初始状态下弦的真实物理状态, 因此称它为 Cauchy 问题(4.24)的广义解.

广义解必须与古典解相协调, 否则应用上就要出现问题. 首先, 因为广义解的要求比古典解的要求弱, 故古典解必是广义解. 其次, 如果广义解达到了古典解的光滑性要求, 则广义解就应该是古典解, 这种意义下, 我们说广义解与古典解是等价的.

定义广义解的方式有很多, 最自然的方式是回到物理原型, 如弦振动方程可以通过守恒律得到的相关积分等式推出, 因此我们可以考虑用积分形式来定义广义解.

我们以(4.23)中的定解问题为例. 任取 $\zeta(x,t) \in C^2(\overline{Q_T})$, 这里 $Q_T = (0,l) \times (0,T)$, 用 ζ 乘方程 $u_{tt} - a^2 u_{xx} = 0$, 然后在 $\overline{Q_T}$ 上积分, 得

$$0 = \iint_{Q_T} (u_{tt} - a^2 u_{xx}) \zeta \, \mathrm{d}x \mathrm{d}t$$

$$= \int_0^l \int_0^T u_{tt} \zeta \, \mathrm{d}t \mathrm{d}x - a^2 \int_0^T \int_0^l u_{xx} \zeta \, \mathrm{d}x \mathrm{d}t$$

$$= \int_0^l [u_t\zeta]\Big|_{t=0}^{t=T} \mathrm{d}x - \int_0^l \int_0^T u_t\zeta_t \mathrm{d}t\mathrm{d}x - a^2 \int_0^T [u_x\zeta]\Big|_{x=0}^{x=l} \mathrm{d}t + a^2 \int_0^T \int_0^l u_x\zeta_x \mathrm{d}x\mathrm{d}t$$

$$= \int_0^l [u_t\zeta]\Big|_{t=0}^{t=T} \mathrm{d}x - \int_0^l [u\zeta_t]\Big|_{t=0}^{t=T} \mathrm{d}x + \int_0^l \int_0^T u\zeta_{tt} \mathrm{d}t\mathrm{d}x - a^2 \int_0^T [u_x\zeta]\Big|_{x=0}^{x=l} \mathrm{d}t$$

$$+ a^2 \int_0^T [u\zeta_x]\Big|_{x=0}^{x=l} \mathrm{d}t - a^2 \int_0^T \int_0^l u\zeta_{xx} \mathrm{d}x\mathrm{d}t,$$

代入初边值条件, 可得

$$\int_0^l \int_0^T u(\zeta_{tt} - a^2\zeta_{xx})\mathrm{d}t\mathrm{d}x + \int_0^l \varphi(x)\zeta_t(x,0)\mathrm{d}x - \int_0^l \psi(x)\zeta(x,0)\mathrm{d}x + \int_0^l u_t(x,T)\zeta(x,T)\mathrm{d}x$$

$$-\int_0^l u(x,T)\zeta_t(x,T)\mathrm{d}x - a^2 \int_0^T u_x(l,t)\zeta(l,t)\mathrm{d}t + a^2 \int_0^T u_x(0,t)\zeta(0,t)\mathrm{d}t = 0,$$

上式中, 进一步取

$$\zeta(x,T) = \zeta_t(x,T) = \zeta(0,t) = \zeta(l,t) = 0.$$

则上式可化简为

$$\int_0^l \int_0^T u(\zeta_{tt} - a^2\zeta_{xx})\mathrm{d}t\mathrm{d}x + \int_0^l \varphi(x)\zeta_t(x,0)\mathrm{d}x - \int_0^l \psi(x)\zeta(x,0)\mathrm{d}x = 0. \tag{4.26}$$

对 $\forall \zeta(x,t) \in D$ 成立, 其中

$$D = \{\zeta \in C^2(\overline{Q_T}) \big| \zeta(x,T) = \zeta_t(x,T) = \zeta(0,t) = \zeta(l,t) = 0\}.$$

另一方面, 如果

$$u \in C^2(\Omega_T) \bigcap C(\overline{Q_T}), \quad u_t \in C(Q \bigcup ([0,l] \times \{0\})),$$

且满足积分等式(4.26), 我们可以将上述推导过程反推过去, 使 u 满足定解问题 (4.23). 因此,

$$\iint_{Q_T} u(\zeta_{tt} - a^2\zeta_{xx})\mathrm{d}t\mathrm{d}x + \int_0^l \varphi(x)\zeta_t(x,0)\mathrm{d}x - \int_0^l \psi(x)\zeta(x,0)\mathrm{d}x = 0, \quad \forall \zeta(x,t) \in D,$$

$$\uparrow u \text{ 是古典解} \qquad \downarrow u \text{ 满足古典解的光滑性}$$

$$\tag{4.27}$$

$$\begin{cases} u_{tt} - a^2u_{xx} = 0, & 0 < x < l, 0 < t < T, \\ u(x,0) = \varphi(x), u_t(x,0) = \psi(x), & 0 \leqslant x \leqslant l, \\ u(0,t) = 0, u_t(l,t) = 0, & 0 \leqslant t \leqslant T. \end{cases} \tag{4.28}$$

而问题(4.27)只要 $u \in L^1(Q)$, $\varphi \in L^1([0,l])$, $\psi \in L^1([0,l])$ 就有意义, 因此问题 (4.27)可以作为(4.28)的广义解.

定义 4.3 设 $\varphi \in L^1([0,l])$, $\psi \in L^1([0,l])$, 则称 $u(x,t)$ 是偏微分方程定解问题

(4.23)的广义解, 如果 $u \in L^1(Q)$ 且对 $\forall \zeta(x,t) \in D$ 成立

$$\iint_{Q_T} u(\zeta_{tt} - a^2\zeta_{xx})\mathrm{d}t\mathrm{d}x + \int_0^l \varphi(x)\zeta_t(x,0)\mathrm{d}x - \int_0^l \psi(x)\zeta(x,0)\mathrm{d}x = 0,$$

其中

$$D = \left\{ \zeta \in C^2(\overline{Q_T}) \middle| \zeta(x,T) = \zeta_t(x,T) = \zeta(0,t) = \zeta(l,t) = 0 \right\}.$$

注 我们在下一章还要定义更弱的解, 即在广义函数意义下的解, 这样的解甚至是不可积的(即积分不存在).

广义解的适定性 与古典解一样, 广义解若有意义, 还需广义解是适定的. 即广义解存在唯一, 且关于定解数据是连续依赖的. 可以证明, 我们前面对定解问题(4.23)定义的广义解确实是存在唯一的, 且在适当意义下关于定解数据 $\varphi(x)$ 和 $\psi(x)$ 是连续依赖的.

习 题 二

1. 用特征线法求解以下初值问题:

(1) $\begin{cases} u_t + 2u_x = 0, & x \in \mathbb{R}, t > 0, \\ u(x,0) = x^2, & x \in \mathbb{R}. \end{cases}$

(2) $\begin{cases} u_t + 2u_x + u = xt, & x \in \mathbb{R}, t > 0, \\ u(x,0) = 2 - x, & x \in \mathbb{R}. \end{cases}$

(3) $\begin{cases} u_t = u_x - xu, & x \in \mathbb{R}, t > 0, \\ u(x,0) = xe^{x^2/2}, & x \in \mathbb{R}. \end{cases}$

(4) $\begin{cases} u_t + (1+x^2)u_x - u = 0, & x \in \mathbb{R}, t > 0, \\ u(x,0) = \arctan x, & x \in \mathbb{R}. \end{cases}$

2. 证明方程

$$\frac{\partial}{\partial x}\left[\left(1 - \frac{x}{h}\right)^2 \frac{\partial u}{\partial x}\right] = \frac{1}{a^2}\left(1 - \frac{x}{h}\right)^2 \frac{\partial^2 u}{\partial t^2} \quad (h > 0 \text{ 为常数})$$

的通解可以写成

$$u = \frac{F(x - at) + G(x + at)}{h - x},$$

其中 F, G 为任意的具有二阶连续导数的单变量函数, 并由此求解它的初值问题:

$$\begin{cases} \dfrac{\partial}{\partial x}\left[\left(1 - \dfrac{x}{h}\right)^2 \dfrac{\partial u}{\partial x}\right] = \dfrac{1}{a^2}\left(1 - \dfrac{x}{h}\right)^2 \dfrac{\partial^2 u}{\partial t^2}, & x \in \mathbb{R}, t > 0, \\ u(x,0) = \varphi(x), u_t(x,0) = \psi(x), & x \in \mathbb{R}. \end{cases}$$

3. 当初值 $u(x,0) = \varphi(x)$, $u_t(x,0) = \psi(x)$ 满足什么条件时, 齐次波动方程的初值问题仅由右

传播波组成?

4. 利用延拓法求半有界弦问题

$$\begin{cases} u_{tt} - a^2 u_{xx} = 0, & 0 < x < +\infty, t > 0, \\ u(x,0) = \varphi(x), u_t(x,0) = \psi(x), & 0 \leqslant x < +\infty, \\ u(0,t) = 0, & t \geqslant 0. \end{cases}$$

5. 利用通解法求以下问题:

$$\begin{cases} u_{tt} - u_{xx} = 0, & 0 < t < kx, x > 0, k > 1, \\ u(x,0) = f(x), u_t(x,0) = g(x), f(0) = g(0). \\ u(x,kx) = h(x). \end{cases}$$

6. 用分离变量法求解以下问题:

(1) $$\begin{cases} u_{tt} - u_{xx} = 0, & 0 < x < l, t > 0, \\ u(x,0) = \sin x, u_t(x,0) = 2\sin 2x, & 0 \leqslant x \leqslant l, \\ u(0,t) = 0, u(l,t) = 0, & t \geqslant 0. \end{cases}$$

(2) $$\begin{cases} u_{tt} - a^2 u_{xx} = 0, & 0 < x < 1, t > 0, \\ u(x,0) = \varphi(x), u_t(x,0) = \psi(x), & 0 \leqslant x \leqslant 1, \\ u_x(0,t) = 0, (u_x + \sigma u)(1,t) = 0, & t \geqslant 0, \end{cases}$$

其中 $\sigma > 0$.

(3) $$\begin{cases} u_{tt} - u_{xx} + \alpha u = 0, & 0 < x < l, t > 0, \\ u(x,0) = \varphi(x), u_t(x,0) = \psi(x), & 0 \leqslant x \leqslant l, \\ u(0,t) = 0, u(l,t) = 0, & t \geqslant 0, \end{cases}$$

其中 $\alpha > 0$.

(4) $$\begin{cases} u_{tt} - a^2(u_{xx} + u_{yy}) = 0, & 0 < x < l_1, 0 < y < l_2, t > 0, \\ u(x,y,0) = \varphi(x,y), u_t(x,y,0) = \psi(x,y), & 0 \leqslant x \leqslant l_1, 0 \leqslant y \leqslant l_2, \\ u(x,y,t) = 0, & x = 0, l_1, t \geqslant 0, \\ u(x,y,t) = 0, & y = 0, l_2, t \geqslant 0. \end{cases}$$

(5) $$\begin{cases} u_{tt} - a^2 u_{xx} = bx, & 0 < x < l, t > 0, \\ u(x,0) = 0, u_t(x,0) = Bx/l, & 0 \leqslant x \leqslant l, \\ u(0,t) = 0, u(l,t) = Bt, & t \geqslant 0, \end{cases}$$

其中 B, b 为常数.

(6) $$\begin{cases} u_{tt} - a^2 u_{xx} = 2, & 0 < x < l, t > 0, \\ u(x,0) = 2(x-1), u_t(x,0) = 0, & 0 \leqslant x \leqslant l, \\ u_x(0,t) = 2, u_x(l,t) = 2, & t \geqslant 0. \end{cases}$$

7. 求解以下高维问题的解:

$$\begin{cases} u_{tt} - a^2 \Delta u = 0, & \boldsymbol{x} = (x_1, x_2, x_3) \in \mathbb{R}^3, \\ u(x_1, x_2, x_3, 0) = x_1^2 + x_2^2 + x_3^2, & \boldsymbol{x} \in \mathbb{R}^3. \end{cases}$$

8. 求解以下高维问题的解:

$$\begin{cases} u_{tt} - a^2 \Delta u = 0, & t > 0, r = \sqrt{x_1^2 + x_2^2 + x_3^2} > 1, \\ u(r,0) = \alpha(r), u_t(r,0) = \beta(r), & r \geqslant 1, \\ \dfrac{\partial u}{\partial \boldsymbol{n}} = 0, & r = 1. \end{cases}$$

9. 试用降维法导出弦振动方程的 D'Alembert 公式.

10. 利用 Fourier 变换法求解初值问题

$$\begin{cases} u_{tt} - a^2 u_{xx} = 0, & x \in \mathbb{R}, t > 0, \\ u(x,0) = \varphi(x), u_t(x,0) = \psi(x), & x \in \mathbb{R}. \end{cases}$$

11. 利用 Fourier 变换法求解以下问题:

(1) $$\begin{cases} u_{xx} + u_{yy} = 0, & (x,y) \in \mathbb{R}^2, \\ u(x,0) = f(x), & x \in \mathbb{R}, \\ \lim\limits_{r \to \infty} u(x,y) = 0, & r = \sqrt{x^2 + y^2}. \end{cases}$$

(2) $$\begin{cases} u_{tt} + a^2 u_{xxxx} = 0, & x \in \mathbb{R}, t > 0, \\ u(x,0) = \varphi(x), u_t(x,0) = a\psi''(x), & x \in \mathbb{R}. \end{cases}$$

12. 用能量不等式证明一维波动方程带有第三边值条件的初边值问题解的唯一性.

13. 证明函数 $f(x,t)$ 在 $G: 0 \leqslant x \leqslant l, 0 \leqslant t \leqslant T$ 作微小改变时, 方程

$$\frac{\partial^2 u}{\partial t^2} = \frac{\partial}{\partial x}\left(k(x)\frac{\partial u}{\partial x} \right) - q(x)u + f(x,t),$$

其中 $k(x) > 0$, $q(x) > 0$ 和 $f(x,t)$ 都是一些充分光滑的函数, 具固定端点边界条件的初边值问题的解在 G 内的改变也是很微小的.

14. 试对下述非齐次方程的混合问题:

$$\begin{cases} u_{tt} - a^2 u_{xx} = f(x,t), & 0 < x < l, 0 < t < T, \\ u(x,0) = \varphi(x), u_t(x,0) = \psi(x), & 0 \leqslant x \leqslant l, \\ u(0,t) = u(l,t) = 0, & 0 \leqslant t \leqslant T \end{cases}$$

定义广义解. 并讨论对 φ, ψ, f 加什么条件才能保证由 Fourier 方法所得的解是古典解. 试证明.

第三章　热传导方程

在第一章已经给出热传导方程的推导, 本章将进一步研究热传导方程解的性质: 解的存在性、唯一性及连续依赖性. 第一节讨论了热传导方程初值问题的求解, 运用 Fourier 变换得到了解的表达式 Poisson 公式. 第二节对初边值问题运用分离变量法得到了解的表达式, 我们主要分为齐次边界条件和非齐次边界条件进行了介绍. 第三节证明了解的唯一性和稳定性, 我们将首先给出极值原理, 进一步推导出解的最大模估计, 进而得到边值问题和初值问题解的唯一性和稳定性.

第一节　初　值　问　题

设一维热传导方程的初值问题:

$$\begin{cases} \dfrac{\partial u}{\partial t} - a^2 \dfrac{\partial^2 u}{\partial x^2} = f(x,t), & x \in \mathbb{R}, t > 0, \qquad (1.1) \\ u(x,0) = \varphi(x), & x \in \mathbb{R}. \qquad\qquad (1.2) \end{cases}$$

本节将介绍用 Fourier 变换求解初值问题(1.1)—(1.2), 给出解的表达式及基本解等. 首先介绍 Fourier 变换的定义和性质.

一、Fourier 变换

本小节将着重介绍 Fourier 变换的基本理论, Fourier 变换是求解线性偏微分方程的强有力工具, 其特点是可以将微分方程的导数转换为乘子, 进而将微分方程转换为可解的代数方程.

我们知道周期函数 $f(x+2l) = f(x)$ 的性质是, x 每增大 $2l$, 函数值就重复一次, 在一定条件下可以将其展开为 Fourier 级数. 然而, 非周期函数没有这个性质, 我们是不能展开为 Fourier 级数的, 但可以认为它是周期为 $2l \to \infty$ 的周期函数. 所以, 我们也可以把非周期函数展开为所谓 "Fourier 积分".

回顾 Fourier 级数的复数形式:

$$f(x) = \sum_{k=-\infty}^{+\infty} c_k \mathrm{e}^{\mathrm{i}\frac{k\pi x}{l}}, \quad k = 0, \pm 1, \pm 2, \cdots,$$

其中, $c_k = \dfrac{1}{2l}\displaystyle\int_{-l}^{l} f(x)\mathrm{e}^{-\mathrm{i}\frac{k\pi x}{l}}\,\mathrm{d}x$.

引入不连续参量 $w_k = \dfrac{k\pi}{l}(k=0,1,2,\cdots)$, $\Delta w_k = w_k - w_{k-1} = \dfrac{\pi}{l}$, 易知当 $l \to \infty$ 时,

$\Delta w_k \to 0$. 若 $\displaystyle\lim_{l\to\infty}\int_{-l}^{l} f(\xi)\mathrm{d}\xi$ 有限, 则非周期函数可以展开为

$$
\begin{aligned}
f(x) &= \lim_{l\to+\infty}\sum_{k=-\infty}^{+\infty}\left[\frac{1}{2l}\int_{-l}^{l} f(\lambda)\mathrm{e}^{-\mathrm{i}\frac{k\pi\lambda}{l}}\mathrm{d}\lambda\right]\mathrm{e}^{\mathrm{i}\frac{k\pi x}{l}}\\
&= \lim_{l\to+\infty}\sum_{k=-\infty}^{+\infty}\left[\frac{1}{2\pi}\int_{-l}^{l} f(\lambda)\mathrm{e}^{-\mathrm{i}w_k\lambda}\mathrm{d}\lambda\right]\Delta w_k \mathrm{e}^{\mathrm{i}w_k x}\\
&= \frac{1}{2\pi}\int_{-\infty}^{+\infty} f(\lambda)\left[\lim_{l\to+\infty}\sum_{k=-\infty}^{+\infty}\mathrm{e}^{-\mathrm{i}w_k\lambda}\mathrm{e}^{\mathrm{i}w_k x}\Delta w_k\right]\mathrm{d}\lambda\\
&= \frac{1}{2\pi}\int_{-\infty}^{+\infty} f(\lambda)\left[\int_{-\infty}^{+\infty}\mathrm{e}^{-\mathrm{i}w\lambda}\mathrm{e}^{\mathrm{i}wx}\mathrm{d}w\right]\mathrm{d}\lambda\\
&= \frac{1}{2\pi}\int_{-\infty}^{+\infty}\left[\int_{-\infty}^{+\infty} f(\lambda)\mathrm{e}^{-\mathrm{i}w\lambda}\mathrm{d}\lambda\right]\mathrm{e}^{\mathrm{i}wx}\mathrm{d}w,
\end{aligned}\tag{1.3}
$$

我们称(1.3)式右端的积分为 Fourier 积分. 为此, 从上述积分我们给出 Fourier 变换的定义.

定义 1.1 设 $f(x)\in L(-\infty,+\infty)$, 则称变换

$$\hat{f}(\lambda):=\frac{1}{\sqrt{2\pi}}\int_{-\infty}^{+\infty} f(x)\mathrm{e}^{-\mathrm{i}\lambda x}\mathrm{d}x$$

为 Fourier 变换.

称变换

$$\check{f}(x):=\frac{1}{\sqrt{2\pi}}\int_{-\infty}^{+\infty}\hat{f}(\lambda)\mathrm{e}^{\mathrm{i}\lambda x}\mathrm{d}\lambda$$

为 Fourier 逆变换.

注 由定义, 我们有 $\hat{f}(-\lambda)=\check{f}(\lambda)$.

前面我们形式地将 $f(x)$ 展开为 Fourier 积分, Fourier 积分是否收敛到 $f(x)$? 下面我们给出 Fourier 积分定理说明在适当的条件下 Fourier 积分收敛到 $f(x)$, 即一个函数的 Fourier 变换再取逆变换后保持不变, 即 Fourier 变换与其逆变换互为逆运算.

定理 1.1 (Fourier 积分定理) 若函数 $f(x)$ 在区间 $(-\infty,+\infty)$ 上满足条件:

(1) 在任意有限区间满足 Dirichlet 条件;

(2) 在区间 $(-\infty,+\infty)$ 上绝对可积 $\left(\text{即} \int_{-\infty}^{\infty} |f(x)| \mathrm{d}x \text{ 收敛}\right)$,

则 $f(x)$ 可表示为 Fourier 积分, 且 Fourier 积分收敛于 $\dfrac{f(x+0)+f(x-0)}{2}$, 即

$$\frac{1}{\sqrt{2\pi}} \int_{-\infty}^{+\infty} \hat{f}(\lambda)\, \mathrm{e}^{\mathrm{i}\lambda x} \mathrm{d}\lambda = \frac{f(x+0)+f(x-0)}{2}.$$

定理 1.1 的证明比较复杂, 此处省略. 为了读者更容易理解, 下面我们对 $f(x)$ 的条件加强, 给出下列推论并给予证明.

推论 1.1　如果 $f(x) \in L(-\infty,+\infty) \bigcap C^1(-\infty,+\infty)$, 则有

$$f(x) = \frac{1}{\sqrt{2\pi}} \int_{-\infty}^{+\infty} \hat{f}(\lambda)\, \mathrm{e}^{\mathrm{i}\lambda x} \mathrm{d}\lambda,$$

即 $[\hat{f}(\lambda)]^{\vee} = f(x)$.

证明　首先, 由 $f(x) \in L(-\infty,+\infty) \bigcap C^1(-\infty,+\infty)$, 易知 $\hat{f}(\lambda)$ 一致收敛, 且关于 λ 连续. 从而, 积分 $\dfrac{1}{\sqrt{2\pi}} \int_{-l}^{l} \hat{f}(\lambda)\mathrm{e}^{\mathrm{i}\lambda x}\mathrm{d}\lambda$ 有意义. 下面考察该积分在 $l \to +\infty$ 时的极限. 将 $\hat{f}(\lambda)$ 的定义代入, 运用 Euler 公式得

$$\lim_{l\to+\infty} \frac{1}{\sqrt{2\pi}} \int_{-l}^{l} \hat{f}(\lambda)\mathrm{e}^{\mathrm{i}\lambda x}\mathrm{d}\lambda = \lim_{l\to+\infty} \frac{1}{2\pi} \int_{-\infty}^{+\infty} f(y) \int_{-l}^{l} \mathrm{e}^{\mathrm{i}\lambda(x-y)}\mathrm{d}\lambda\mathrm{d}y$$

$$= \frac{1}{2\pi} \int_{-\infty}^{+\infty} f(y) \frac{\mathrm{e}^{\mathrm{i}l(x-y)} - \mathrm{e}^{-\mathrm{i}l(x-y)}}{\mathrm{i}(x-y)}\mathrm{d}y = \frac{1}{\pi} \int_{-\infty}^{+\infty} f(y) \frac{\sin l(x-y)}{x-y}\mathrm{d}y.$$

令 $y-x=u$, 则

$$\lim_{l\to+\infty} \frac{1}{\sqrt{2\pi}} \int_{-l}^{l} \hat{f}(\lambda)\mathrm{e}^{\mathrm{i}\lambda x}\mathrm{d}\lambda = \frac{1}{\pi} \int_{-\infty}^{+\infty} f(x+u) \frac{\sin lu}{u}\mathrm{d}u$$

$$= \frac{1}{\pi}\left(\int_{-\infty}^{-L} + \int_{-L}^{L} + \int_{L}^{+\infty}\right) f(x+u) \frac{\sin lu}{u}\mathrm{d}u$$

$$= I_1 + I_2 + I_3,$$

这里 L 待定.

下面分别考察 I_1, I_2, I_3 的极限. 首先, 由 $|\sin x| \leqslant 1$, 直接放缩可得

$$I_1 + I_3 \leqslant \frac{1}{\pi L}\left(\int_{-\infty}^{-L} |f(x+u)|\mathrm{d}u + \int_{L}^{+\infty} |f(x+u)|\mathrm{d}u\right)$$

$$\leqslant \frac{1}{\pi L} \int_{-\infty}^{+\infty} |f(u)|\mathrm{d}u.$$

对于 I_2, 我们将其分解为两个积分

$$I_2 = \frac{1}{\pi}\int_{-L}^{L}\frac{f(x+u)-f(x)}{u}\sin lu\,du + \frac{1}{\pi}\int_{-L}^{L}f(x)\frac{\sin lu}{u}\,du.$$

因为

$$g(x,u) = \frac{f(x+u)-f(x)}{u} = \int_0^1 f'(x+su)\,ds,$$

故有

$$I_2 = \frac{1}{\pi}\int_{-L}^{L}g(x,u)\sin lu\,du + \frac{1}{\pi}\int_{-lL}^{lL}f(x)\frac{\sin w}{w}\,dw.$$

从而

$$\left|\frac{1}{\sqrt{2\pi}}\int_{-l}^{l}\hat{f}(\lambda)e^{i\lambda x}d\lambda - f(x)\right|$$

$$\leqslant \frac{1}{\pi L}\int_{-\infty}^{+\infty}|f(u)|\,du + \frac{1}{\pi}\left|\int_{-L}^{L}g(x,u)\sin lu\,du\right| + \left|\frac{1}{\pi}\int_{-lL}^{lL}\frac{\sin w}{w}\,dw - 1\right||f(x)|.$$

对任意的 $\varepsilon > 0$，我们选取 $L_0 > 0$，使得当 $L \geqslant L_0 > 0$ 时，第一个积分满足

$$\frac{1}{\pi L}\int_{-\infty}^{+\infty}|f(u)|\,du < \frac{\varepsilon}{3}.$$

对于第二个积分，由 Riemann-Lebesgue 引理知，对固定的 $L > 0$，

$$\lim_{N\to+\infty}\left|\int_{-L}^{L}g(x,u)\sin Nu\,du\right| = 0.$$

从而，存在足够大的 $L_1 > 0$，使得当 $L > L_1 > 0$，该积分小于 $\frac{\varepsilon}{3}$。

对于最后一个积分，根据 $\int_{-\infty}^{\infty}\frac{\sin x}{x}\,dx = \pi$，有

$$\lim_{L\to+\infty}\left|\frac{1}{\pi}\int_{-lL}^{lL}\frac{\sin x}{x}\,du - 1\right| = 0,$$

从而存在足够大的 L_2，使得 $L > L_2 > 0$，该积分小于 $\frac{\varepsilon}{3}$。

最后，对任意的 $\varepsilon > 0$，取 $L^* = \max\{L_0, L_1, L_2\}$，则当 $L > L^* > 0$ 时，

$$\left|\frac{1}{\sqrt{2\pi}}\int_{-l}^{l}\hat{f}(\lambda)e^{i\lambda x}d\lambda - f(x)\right| < \varepsilon. \qquad\text{证毕.}$$

Fourier 变换不是抽象的理论，本身具有很强的物理意义. $\hat{f}(\lambda)$ 为 $f(x)$ 的频率密度函数或频谱函数，它可用来反映各种频率谐波之间振幅的相对大小，并称

$|\hat{f}(\lambda)|$ 为 $f(x)$ 的频谱. 因为 λ 是相对变化的, 所以 $f(x)$ 的频谱是连续谱. 而

$$f(x) = \frac{1}{\sqrt{2\pi}} \int_{-\infty}^{+\infty} \hat{f}(\lambda) \, e^{i\lambda x} d\lambda$$

可解释为无穷多个振幅(复振幅)为无限小的、频率为连续的谐波的连续和.

下面介绍 Fourier 变换的性质, 利用这些性质我们可以运用 Fourier 变换求解微分方程.

性质 1 (线性性质) 对任意的常数 α, β 和函数 $f(x), g(x) \in L(-\infty, +\infty)$, 记 $f(x), g(x)$ 的 Fourier 变换为 $F(\lambda), G(\lambda)$, 则有

$$(\alpha f(x) + \beta g(x))^\wedge(\lambda) = \alpha \hat{f}(\lambda) + \beta \hat{g}(\lambda),$$

$$(\alpha F(\lambda) + \beta G(\lambda))^\vee(x) = \alpha f(x) + \beta g(x).$$

该性质可由定义直接得到.

性质 2 (微商性质) 若 $f(x), f'(x) \in L(-\infty, +\infty)$, 且 $f(x) \in C^1(-\infty, +\infty)$, 则

$$[f'(x)]^\wedge = i\lambda \hat{f}(\lambda),$$

$$[f^{(m)}(x)]^\wedge = (i\lambda)^m \hat{f}(\lambda), \qquad m \in \mathbb{Z}^+.$$

证明 由分部积分, 有

$$[f'(x)]^\wedge = \lim_{N \to +\infty} \frac{1}{\sqrt{2\pi}} \int_{-N}^{N} f'(x) e^{-i\lambda x} dx$$

$$= \lim_{N \to +\infty} f(x) e^{-i\lambda x} \Big|_{-N}^{N} + \lim_{N \to +\infty} \frac{i\lambda}{\sqrt{2\pi}} \int_{-N}^{N} f(x) e^{-i\lambda x} dx.$$

因 $f(x) \in C^1(-\infty, +\infty)$, 则

$$f(x) = f(0) + \int_0^x f'(t) dt,$$

又 $f'(x) \in L(-\infty, +\infty)$, 则积分 $\int_0^\infty f'(t) dt$ 收敛, 从而 $\lim\limits_{x \to \pm\infty} f(x)$ 存在. 再由 $f(x) \in L(-\infty, +\infty)$, 运用反证法我们易得 $\lim\limits_{x \to \pm\infty} f(x) = 0$. 假定 $\lim\limits_{x \to +\infty} f(x) = a$, 不妨设 $a > 0$, 则对 $\varepsilon = 2a$, 由定义存在 $X > 0$, 使得当 $x > X > 0$ 时有

$$|f(x) - a| \geq \varepsilon.$$

进而

$$\int_{-\infty}^{+\infty} |f(x)| \, dx \geq \lim_{N \to +\infty} \int_X^N |f(x)| \, dx \geq \lim_{N \to +\infty} (\varepsilon - a)(N - X) = +\infty,$$

这与 $f(x) \in L(-\infty, +\infty)$ 矛盾. 同理, 可得 $\lim\limits_{x \to -\infty} f(x) = 0$.

因此, 我们可得

$$[f'(x)]^\wedge = i\lambda \hat{f}(\lambda).$$

对高阶导数可以类似重复证明. 证毕.

性质 3 (乘多项式性质) 若 $f(x), xf(x) \in L(-\infty, +\infty)$, 有

$$[xf(x)]^\wedge = i\frac{\mathrm{d}}{\mathrm{d}\lambda}\hat{f}(\lambda).$$

证明 我们从右边出发证明, 由定义

$$\frac{\mathrm{d}}{\mathrm{d}\lambda}\hat{f}(\lambda) = \frac{1}{\sqrt{2\pi}}\int_{-\infty}^{+\infty}\frac{\mathrm{d}}{\mathrm{d}\lambda}f(x)e^{-i\lambda x}\mathrm{d}x$$

$$= -i\frac{1}{\sqrt{2\pi}}\int_{-\infty}^{+\infty}xf(x)e^{-i\lambda x}\mathrm{d}x = -i(xf(x))^\wedge.$$

性质 4 (平移性质) 若 $f(x) \in L(-\infty, +\infty)$, $a \in \mathbb{R}$, 则

$$[f(x-a)]^\wedge = e^{-i\lambda a}\hat{f}(\lambda),$$

$$[e^{iax}f(x)]^\wedge = \hat{f}(\lambda - a).$$

证明 由定义及换元法, 有

$$[f(x-a)]^\wedge = \frac{1}{\sqrt{2\pi}}\int_{-\infty}^{+\infty}f(x-a)e^{-i\lambda x}\mathrm{d}x$$

$$\xlongequal{x-a=u} \frac{1}{\sqrt{2\pi}}\int_{-\infty}^{+\infty}f(u)e^{-i\lambda(u+a)}\mathrm{d}x = e^{-i\lambda a}\hat{f}(\lambda).$$

第二个公式可类似得到. 证毕.

性质 5 (伸缩性质) 若 $f(x) \in L(-\infty, +\infty)$, $a \in \mathbb{R}$, 则

$$\left[f\left(\frac{x}{a}\right)\right]^\wedge = |a|\hat{f}(a\lambda),$$

$$\left[f\left(\frac{\lambda}{a}\right)\right]^\vee = |a|\check{f}(ax).$$

该性质可类似性质 4 证明.

性质 6 (对称性质) 若 $f(x) \in L(-\infty, +\infty)$, 则

$$[f(x)]^\wedge(-\lambda) = [f(-x)]^\wedge(\lambda).$$

该性质直接由定义可得.

下面给出 Fourier 变换卷积的性质, 首先给出两个函数的卷积的定义.

定义 1.2　若 $f(x), g(x) \in L(-\infty, +\infty)$, 则称下列积分

$$\int_{-\infty}^{+\infty} f(x-y)g(y)\mathrm{d}y$$

为 $f(x), g(x)$ 的卷积, 记为 $f * g(x)$.

注　在条件 $f(x), g(x) \in L(-\infty, +\infty)$ 下, 保证了 $f(x), g(x)$ 的卷积也是绝对可积的, 即 $f * g(x) \in L(-\infty, +\infty)$, 该结果直接可由 Fubini(富比尼)定理和 $f(x), g(x)$ 绝对可积条件可得.

性质 7(卷积性质)　若 $f(x), g(x) \in L(-\infty, +\infty)$, 则

$$[f * g(x)]^{\wedge}(\lambda) = \sqrt{2\pi}\, \hat{f}\, \hat{g}.$$

证明
$$\begin{aligned}
[f * g(x)]^{\wedge}(\lambda) &= \frac{1}{\sqrt{2\pi}} \int_{-\infty}^{+\infty} \int_{-\infty}^{+\infty} f(x-y)g(y)\mathrm{d}y\, \mathrm{e}^{-ix\lambda}\mathrm{d}x \\
&= \frac{1}{\sqrt{2\pi}} \int_{-\infty}^{+\infty} \int_{-\infty}^{+\infty} f(x-y)\mathrm{e}^{-ix\lambda}\mathrm{d}x\, g(y)\mathrm{d}y \\
&= \frac{1}{\sqrt{2\pi}} \int_{-\infty}^{+\infty} \mathrm{e}^{-iy\lambda}g(y)\mathrm{d}y \int_{-\infty}^{+\infty} f(u)\mathrm{e}^{-iu\lambda}\mathrm{d}u \\
&= \sqrt{2\pi}\, \hat{f}\, \hat{g}. \qquad\qquad\qquad\qquad\qquad\qquad 证毕.
\end{aligned}$$

卷积性质说明两函数卷积后的 Fourier 变换等于它们 Fourier 变换的乘积, 该性质能使 Fourier 分析中许多问题的处理得到简化. 在求解微分方程中, 我们经常使用该性质, 即求得方程解的 Fourier 变换的表达式后, 再作逆变换求原解时需要用到下列形式的性质:

$$\left(\hat{f}\, \hat{g}\right)^{\vee}(x) = \frac{1}{\sqrt{2\pi}} f * g(x).$$

类似一元函数, 我们可以定义多元函数的 Fourier 变换.

定义 1.3　设 $f(x) \in L(\mathbb{R}^n)$, 则称变换

$$\hat{f}(\lambda) := \int_{-\infty}^{+\infty} f(x)\, \mathrm{e}^{-i\lambda \cdot x}\mathrm{d}x$$

为 Fourier 变换, 其中, $x = (x_1, x_2, \cdots, x_n)$, $\lambda = (\lambda_1, \lambda_2, \cdots, \lambda_n)$, $x \cdot \lambda = \sum_{i=1}^{n} x_i \lambda_i$, $\mathrm{d}x = \mathrm{d}x_1 \mathrm{d}x_2 \cdots \mathrm{d}x_n$. 称变换

$$\check{f}(x) := \int_{-\infty}^{+\infty} \hat{f}(\lambda)\mathrm{e}^{i\lambda \cdot x}\mathrm{d}\lambda$$

为 Fourier 逆变换.

我们也有类似 Fourier 积分公式的结论.

定理 1.2 (反演公式) 如果 $f(x) \in L(\mathbb{R}^n) \cap C^1(\mathbb{R}^n)$，则有

$$[\hat{f}(\lambda)]^{\vee} = \lim_{N \to +\infty} \int_{|\lambda| < N} \hat{f}(\lambda) \, e^{i\lambda \cdot x} d\lambda = f(x),$$

即 $[\hat{f}(\lambda)]^{\vee} = f(x)$，其中，$|\lambda|^2 = \lambda_1^2 + \lambda_2^2 + \cdots + \lambda_n^2$.

注 对于多元函数的 Fourier 变换，以上一元函数的 Fourier 变换的性质完全平移到多元函数也成立，这里不再赘述.

例 1.1 求矩形脉冲函数

$$f(x) = \begin{cases} 1, & |x| \leqslant a, \\ 0, & |x| > a \end{cases}$$

的 Fourier 变换.

解 $\hat{f}(\lambda) = \dfrac{1}{\sqrt{2\pi}} \int_{-a}^{a} e^{-i\lambda x} dx = \dfrac{1}{i\lambda\sqrt{2\pi}}(e^{i\lambda a} - e^{-i\lambda a}) = \dfrac{\sqrt{2}}{\lambda\sqrt{\pi}} \sin \lambda a$.

例 1.2 求速降函数

$$f(x) = \begin{cases} e^{-\beta x}, & x > 0, \\ 0, & x \leqslant 0 \end{cases}$$

的 Fourier 变换，其中 $\beta > 0$.

解 $\hat{f}(\lambda) = \dfrac{1}{\sqrt{2\pi}} \int_0^{+\infty} e^{-\beta x} e^{-i\lambda x} dx = -\dfrac{1}{(\beta + i\lambda)\sqrt{2\pi}} e^{-(\beta + i\lambda)x} \Big|_0^{+\infty} = \dfrac{1}{\sqrt{2\pi}(\beta + i\lambda)}$.

例 1.3 求函数 $f(x) = e^{-2|x|}$ 的 Fourier 变换.

解 令

$$g(x) = \begin{cases} e^{-2x}, & x > 0, \\ 0, & x \leqslant 0, \end{cases}$$

则 $f(x) = g(x) + g(-x)$，由线性性质和伸缩性质，

$$\hat{f}(\lambda) = [g(x)]^{\wedge}(\lambda) + [g(-x)]^{\wedge}(\lambda) = \hat{g}(\lambda) + \hat{g}(-\lambda)$$
$$= \frac{1}{\sqrt{2\pi}(2 + i\lambda)} + \frac{1}{\sqrt{2\pi}(2 - i\lambda)} = \frac{1}{\sqrt{2\pi}} \frac{4}{4 + \lambda^2}.$$

例 1.4 已知 $\hat{f}(\lambda) = F(\lambda)$，证明：

$$[F(\lambda)\cos \lambda at]^{\vee} = \frac{1}{2}(f(x + at) + f(x - at)).$$

证明　因

$$F(\lambda)\cos\lambda at = \frac{F(\lambda)}{2}(\mathrm{e}^{\mathrm{i}\lambda at} + \mathrm{e}^{-\mathrm{i}\lambda at}),$$

由 Fourier 逆变换的线性性质和平移性质, 可得

$$[F(\lambda)\cos\lambda at]^{\vee} = \frac{1}{2}[F(\lambda)\mathrm{e}^{\mathrm{i}\lambda at}]^{\vee} + \frac{1}{2}[F(\lambda)\mathrm{e}^{-\mathrm{i}\lambda at}]^{\vee}$$

$$= \frac{1}{2}f(x+at) + \frac{1}{2}f(x-at). \qquad\qquad \text{证毕.}$$

例 1.5　设 $f(x) = \mathrm{e}^{-x^2}$. 已知 $\hat{f}(\lambda) = \frac{1}{\sqrt{2}}\mathrm{e}^{-\frac{\lambda^2}{4}}$, 求 $x\mathrm{e}^{-ax^2}\ (a>0)$ 的 Fourier 变换.

解　因为 $\dfrac{\mathrm{d}}{\mathrm{d}x}\mathrm{e}^{-ax^2} = -2ax\mathrm{e}^{-ax^2}$, 由微商性质有

$$[x\mathrm{e}^{-ax^2}]^{\wedge} = -\frac{1}{2a}\left[\frac{\mathrm{d}}{\mathrm{d}x}\mathrm{e}^{-ax^2}\right]^{\wedge} = -\frac{1}{2a}\mathrm{i}\lambda[\mathrm{e}^{-ax^2}]^{\wedge}.$$

又 $\mathrm{e}^{-ax^2} = f(\sqrt{a}x)$, 因此由伸缩性质可得

$$[f(\sqrt{a}x)]^{\wedge} = \frac{1}{\sqrt{a}}\hat{f}\left(\frac{\lambda}{\sqrt{a}}\right) = \frac{1}{\sqrt{2a}}\mathrm{e}^{-\frac{\lambda^2}{4a}},$$

故

$$[x\mathrm{e}^{-ax^2}]^{\wedge} = -\frac{\mathrm{i}\lambda}{\sqrt{8a^3}}\mathrm{e}^{-\frac{\lambda^2}{4a}}.$$

注　结论 $[\mathrm{e}^{-x^2}]^{\wedge} = \dfrac{1}{\sqrt{2}}\mathrm{e}^{-\frac{\lambda^2}{4}}$ 可由定义及乘多项式性质可得, 读者可自己证明.

二、Poisson 公式

本小节运用 Fourier 变换求解一维热传导方程的初值问题(1.1)—(1.2). 在运用 Fourier 变换进行求解时, 由于事先假定 u 满足 Fourier 变换运算的条件, 故由 Fourier 变换得到的解只是形式解. 因此, 在得到解的表达式之后, 我们进一步验证得该形式解是方程(1.1)—(1.2)的解.

对方程(1.1)—(1.2)两边关于空间变量作 Fourier 变换, 这里将时间作为参数,

$$\begin{cases} \left[\dfrac{\partial u}{\partial t}\right]^{\wedge} - a^2\left[\dfrac{\partial^2 u}{\partial x^2}\right]^{\wedge} = \hat{f}(\lambda,t), \\[3mm] [u(x,0)]^{\wedge} = \hat{\varphi}(\lambda). \end{cases}$$

由求导和积分可交换及 Fourier 变换的微商性质, 可得

$$\begin{cases} \dfrac{\partial \hat{u}}{\partial t} + \lambda^2 a^2\, \hat{u} = \hat{f}(\lambda,t), \\ \hat{u}(\lambda,0) = \hat{\varphi}(\lambda), \end{cases}$$

注意到若把方程中 λ 看作常数, 则该方程是关于 t 的一阶线性非齐次常微分方程, 通过求解得到

$$\hat{u}(\lambda,t) = \mathrm{e}^{-a^2\lambda^2 t}\, \hat{\varphi}(\lambda) + \int_0^t \mathrm{e}^{-a^2\lambda^2(t-\tau)} f(\lambda,\tau)\mathrm{d}\tau.$$

为了得到 $u(x,t)$, 只需对上式作 Fourier 逆变换,

$$u(x,t) = [\mathrm{e}^{-a^2\lambda^2 t}\varphi(\lambda)]^{\vee}(x) + \left[\int_0^t \mathrm{e}^{-a^2\lambda^2(t-\tau)} f(\lambda,\tau)\mathrm{d}\tau\right]^{\vee}(x)$$

$$= [\mathrm{e}^{-a^2\lambda^2 t}\varphi(\lambda)]^{\vee}(x) + \int_0^t [\mathrm{e}^{-a^2\lambda^2(t-\tau)} f(\lambda,\tau)]^{\vee}(x)\mathrm{d}\tau.$$

由卷积的性质及下列结论:

$$[\mathrm{e}^{-a^2\lambda^2 t}]^{\vee}(x) = \frac{1}{a\sqrt{2t}} \mathrm{e}^{-\frac{x^2}{4a^2 t}} \quad \text{(读者可根据定义直接证明)},$$

我们可得

$$u(x,t) = \frac{1}{\sqrt{2\pi}}[\mathrm{e}^{-a^2\lambda^2 t}]^{\vee}(x) * \varphi(x) + \frac{1}{\sqrt{2\pi}}\int_0^t [\mathrm{e}^{-a^2\lambda^2(t-\tau)}]^{\vee}(x) * f(x,\tau)\mathrm{d}\tau$$

$$= \frac{1}{2a\sqrt{\pi t}} \mathrm{e}^{-\frac{x^2}{4a^2 t}} * \varphi(x) + \int_0^t \frac{1}{2a\sqrt{\pi(t-\tau)}} \mathrm{e}^{-\frac{x^2}{4a^2(t-\tau)}} * f(x,\tau)\mathrm{d}\tau.$$

进一步, 利用卷积定义有

$$u(x,t) = \frac{1}{2a\sqrt{\pi t}}\int_{-\infty}^{+\infty} \mathrm{e}^{-\frac{(x-\xi)^2}{4a^2 t}} \varphi(\xi)\mathrm{d}\xi + \int_0^t \frac{1}{2a\sqrt{\pi(t-\tau)}}\int_{-\infty}^{+\infty} \mathrm{e}^{-\frac{(x-\xi)^2}{4a^2(t-\tau)}} f(\xi,\tau)\mathrm{d}\xi\mathrm{d}\tau.$$

$$(1.4)$$

记

$$K(x,t) = \begin{cases} \dfrac{1}{2a\sqrt{\pi t}} \mathrm{e}^{-\frac{x^2}{4a^2 t}}, & t > 0, \\ 0, & t \leqslant 0, \end{cases}$$

则(1.4)可表示为

$$u(x,t) = \int_{-\infty}^{+\infty} K(x-\xi,t)\varphi(\xi)\mathrm{d}\xi + \int_0^t \int_{-\infty}^{+\infty} K(x-\xi,t-\tau)f(\xi,\tau)\mathrm{d}\xi\mathrm{d}\tau, \qquad (1.5)$$

我们称 $\Gamma(x,t;\xi,\tau) \equiv K(x-\xi,t-\tau)$ 为方程(1.1)—(1.2)的基本解. 我们将在后面的小节进一步介绍基本解.

前面得到的解(1.5)只是形式解, 我们下面进一步验证(1.5)的确是初值问题(1.1)—(1.2)的解. 为简单起见, 我们对齐次方程组进行验证, 有如下结论:

定理 1.3 设 $Q = (-\infty, +\infty) \times (0, +\infty)$, $f(x,t) = 0$. 如果 $\varphi(x)$ 在 $(-\infty, +\infty)$ 上连续且有界, 则(1.5)是初值问题(1.1)—(1.2)的有界解, 且满足 $u \in C^{2,1}(Q) \bigcap C(\overline{Q})$.

证明 当 $f(x,t) = 0$ 时,

$$u(x,t) = \int_{-\infty}^{+\infty} K(x-\xi,t)\varphi(\xi)\mathrm{d}\xi. \qquad (1.6)$$

证明(1.5)是方程(1.1)—(1.2)的解只需要代入验证, 为此需要对(1.5)关于时间和空间求导. 为了保证求导和积分可以交换, 由广义含参积分的可导性, 我们需要验证积分号下求导的广义积分的一致收敛性.

以对 t 的一阶导数为例,

$$\int_{-\infty}^{+\infty} \frac{\partial}{\partial t} K(x-\xi,t)\varphi(\xi)\mathrm{d}\xi.$$

通过计算可得

$$\frac{\partial K(x-\xi,t)}{\partial t} = \left(-1 + \frac{(x-\xi)^2}{2a^2 t}\right) \frac{1}{4at\sqrt{\pi t}} \mathrm{e}^{-\frac{(x-\xi)^2}{4a^2 t}}.$$

则对任意有界矩形区域 $D = \{(x,t) | a \leqslant x \leqslant b, 0 < \delta \leqslant t \leqslant t_0\}$, 我们有

$$\left| \frac{\partial K(x-\xi,t)}{\partial t} \right| \leqslant C\mathrm{e}^{-d\xi^2},$$

其中 d 为某个正常数. 因 $\int_{-\infty}^{+\infty} \mathrm{e}^{-\xi^2}\mathrm{d}\xi$ 收敛, 由 Weierstrass 判别法, 易知积分

$$\int_{-\infty}^{+\infty} \frac{\partial}{\partial t} K(x-\xi,t)\varphi(\xi)\mathrm{d}\xi$$

一致收敛且连续. 因此, 导数和积分可交换顺序, 故

$$\frac{\partial u(x,t)}{\partial t} = \frac{\partial}{\partial t} \int_{-\infty}^{+\infty} K(x-\xi,t)\varphi(\xi)\mathrm{d}\xi = \int_{-\infty}^{+\infty} \frac{\partial}{\partial t} K(x-\xi,t)\varphi(\xi)\mathrm{d}\xi$$

且 $\dfrac{\partial u}{\partial t}$ 在 D 中连续, 又由 D 的任意性, 我们可得 $\dfrac{\partial u}{\partial t} \in C(Q)$.

相似地,

$$\frac{\partial^2 u}{\partial x^2} = \frac{\partial^2}{\partial x^2} \int_{-\infty}^{+\infty} K(x-\xi,t)\varphi(\xi)\mathrm{d}\xi = \int_{-\infty}^{+\infty} \frac{\partial^2}{\partial x^2} K(x-\xi,t)\varphi(\xi)\mathrm{d}\xi$$

且 $\dfrac{\partial^2 u}{\partial x^2} \in C(Q)$.

又易证

$$\frac{\partial}{\partial t} K(x-\xi,t) - a^2 \frac{\partial^2}{\partial x^2} K(x-\xi,t) = 0.$$

因此, 我们证明了(1.5)满足方程(1.1) ($f(x,t)=0$)且 $u \in C^{2,1}(\Omega) \bigcap C(\bar{\Omega})$.

下面验证解(1.5)满足初始条件(1.1)—(1.2). 作换元 $\eta = \dfrac{\xi-x}{2a\sqrt{t}}$, 则

$$u(x,t) = \frac{1}{2a\sqrt{\pi t}} \int_{-\infty}^{+\infty} \mathrm{e}^{-\frac{(x-\xi)^2}{4a^2 t}} \varphi(\xi)\mathrm{d}\xi$$

$$= \frac{1}{\sqrt{\pi}} \int_{-\infty}^{+\infty} \mathrm{e}^{-\eta^2} \varphi(x+2a\sqrt{t}\eta)\mathrm{d}\eta, \tag{1.7}$$

由 $\varphi(x)$ 的连续有界性知(1.7)一致收敛且连续, 从而

$$\lim_{t\to 0^+} u(x,t) = \frac{1}{\sqrt{\pi}} \int_{-\infty}^{+\infty} \mathrm{e}^{-\eta^2} \lim_{t\to 0^+} \varphi(x+2a\sqrt{t}\eta)\mathrm{d}\eta = \varphi(x). \tag{1.8}$$

由此, 我们证明(1.5)的确是方程(1.1)—(1.2) ($f(x,t)=0$)的解. 最后, 解的有界性直接由(1.7)和 $\varphi(x)$ 的有界性可得. 证毕.

注 可类似证明, (1.5)给出的公式满足非齐次热传导方程(1.1)—(1.2).

定义 1.4 我们称公式(1.4)为 Poisson 公式, 其右端的积分为 Poisson 积分.

最后由 Poisson 公式的表达式, 我们可以进一步推出解的三大性质: 奇偶性和周期性, 无穷传播速度, 无限次可微.

1. 奇偶性和周期性

若 $f(x,t),\varphi(x)$ 关于 x 是奇函数, 或偶函数, 或周期为 l 的函数, 则问题(1.1)的解也关于 x 是奇函数, 或偶函数, 或周期为 l 的函数.

证明 我们仅对 $f(x,t)=0$ 进行证明, 非齐次可类似得到. 不妨设 $\varphi(x)$ 是奇函数, 则

$$u(-x,t) = \frac{1}{2a\sqrt{\pi t}} \int_{-\infty}^{+\infty} \mathrm{e}^{-\frac{(-x-\xi)^2}{4a^2 t}} \varphi(\xi)\mathrm{d}\xi \quad (\xi = -\eta)$$

$$= \frac{1}{2a\sqrt{\pi t}} \int_{-\infty}^{+\infty} \mathrm{e}^{-\frac{(x-\eta)^2}{4a^2 t}} \varphi(-\eta)\mathrm{d}\eta = -u(x,t). \qquad \text{证毕.}$$

该性质表明热传导方程的解保持和热源强度及初始温度同样的奇偶性和周期性, 只要热源强度及初始温度奇偶性相同或周期相同.

2. 无穷传播速度

我们考虑 $f(x,t)=0$ 的情形, 设侧面绝热的无限长杆的初始温度满足

$$\varphi(x) > 0,\ x \in (x_1, x_2);\quad \varphi(x) = 0,\ x \notin (x_1, x_2),$$

则

$$u(x,t) = \frac{1}{2a\sqrt{\pi t}} \int_{x_1}^{x_2} e^{-\frac{(x-\xi)^2}{4a^2 t}} \varphi(\xi)\mathrm{d}\xi > 0 .$$

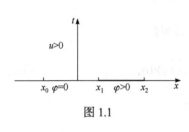

图 1.1

下面我们考察杆上的任意一点 $x_0 \notin (x_1, x_2)$ 的温度. 我们知道, 当 $t=0$ 时, 杆上 x_0 处的初始温度为 0; 然而, 当 $t>0$ 时, 在该点处的温度 $u(x_0, t) > 0$. 这表明杆上 (x_1, x_2) 上的初始热量瞬间传到了 x_0 处, 即热量具有无限传播速度, 也即热量在顷刻间传递到杆上的任意点, 如图 1.1 所示.

3. 无限次可微

由定理 1.3 的证明, 可以看出只要 $\varphi(x) \in C(-\infty, +\infty) \bigcap L^\infty(-\infty, +\infty)$, 就可以类似推得 $u(x,t) \in C^\infty(Q)$, 即不论初值是否可导, 热传导方程初值问题的解都是无限次可微的, 具有很好的光滑性. 这表明初始时刻函数的微商的奇点并不会像波动方程无限传播, 同时也说明了热传导方程具有光滑效果.

三、广义函数

由前一小节我们知道热传导方程(1.1)—(1.2)的解为

$$u(x,t) = \int_{-\infty}^{+\infty} K(x-\xi, t)\varphi(\xi)\mathrm{d}\xi + \int_0^t \int_{-\infty}^{+\infty} K(x-\xi, t-\tau) f(\xi, \tau)\mathrm{d}\xi\mathrm{d}\tau, \qquad (1.9)$$

我们称 $\Gamma(x,t;\xi,\tau) \equiv K(x-\xi, t-\tau)$ 或 $K(x,t)$ 为方程(1.1)—(1.2)的**基本解**. 为了更好地理解基本解, 我们需要研究 $K(x,t)$ 的性质. 由

$$K(x,t) = \begin{cases} \dfrac{1}{2a\sqrt{\pi t}} e^{-\frac{x^2}{4a^2 t}}, & t > 0, \\ 0, & t \leqslant 0, \end{cases}$$

通过计算我们发现 $K(x,t)$ 满足

$$\frac{\partial}{\partial t}K(x,t) - a^2 \frac{\partial^2}{\partial x^2}K(x,t) = 0 \, .$$

如果假定 $\lim\limits_{t\to 0^+}K(x,t)$ 存在, 容易得到

$$K_0(x) = \lim_{t\to 0^+}K(x,t) = \begin{cases} 0, & x \neq 0, \\ \infty, & x = 0, \end{cases} \tag{1.10}$$

$$\int_{-\infty}^{+\infty}K(x,t)\mathrm{d}x = \int_{-\infty}^{+\infty}\frac{1}{2a\sqrt{\pi t}}\mathrm{e}^{-\frac{x^2}{4a^2 t}}\mathrm{d}x = \frac{1}{\sqrt{\pi}}\int_{-\infty}^{+\infty}\mathrm{e}^{-y^2}\mathrm{d}y = 1,$$

即

$$\int_{-\infty}^{+\infty}K_0(x)\mathrm{d}x = 1 \, . \tag{1.11}$$

我们发现 $K_0(x)$ 同时满足(1.10)和(1.11), 这似乎对于我们通常意义下的函数是不成立的. 但事实上, 在实际物理中这种函数是存在的, 下面来看一个实际物理中的这类函数.

单位质点的密度函数　在数轴原点处放一单位质点, 求数轴上的密度 $\rho(x)$.

求解　设数轴上 $(-\infty,x]$ 的质量函数为 $m(x)$, 则

$$m(x) = \begin{cases} 1, & x \geqslant 0, \\ 0, & x < 0. \end{cases}$$

要求在 x 点的密度, 我们运用极限的思想, 考察 $[x-\Delta x, x+\Delta x]$ 的平均密度的极限, 即

$$\rho(x) = \lim_{\Delta x\to 0}\frac{m(x+\Delta x) - m(x-\Delta x)}{2\Delta x} = \begin{cases} +\infty, & x = 0, \\ 0, & x \neq 0. \end{cases}$$

且由质量计算公式知, $\int_{-\infty}^{+\infty}\rho(x)\mathrm{d}x = 1$.

我们发现, 这里的 $\rho(x)$ 和先前的 $K_0(x)$ 一样具有同样的表达式和积分性质, 这不是通常意义的函数. 为了更好地理解这类函数, 我们从更广义的角度进行定义和分析. 由此, 我们定义了广义函数. 在定义广义函数之前, 首先介绍基本空间的概念.

定义 1.5　若 $\varphi(x)$, $\varphi_n(x) \in C_0^\infty(\mathbb{R})$, 且序列 $\varphi_n(x)$ 在 $C_0^\infty(\mathbb{R})$ 上收敛于 $\varphi(x)$, 即满足:

(1) 存在 $M > 0$, 使得当 $|x| \geqslant M$ 时, $\varphi(x) = \varphi_n(x) = 0$;

(2) $\lim\limits_{n\to\infty}\max\limits_{x\in[-M,M]}|\varphi_n^{(k)}(x)-\varphi^{(k)}(x)|=0,\ k=0,1,2,\cdots,$

则称定义了收敛性的线性空间 $C_0^\infty(\mathbb{R})$ 为基本空间, 记为 $\mathfrak{D}(\mathbb{R})$. 基本空间中的函数称为测试函数.

定义 1.6　如果 $f:\mathfrak{D}(\mathbb{R})\to\mathbb{R}$ 是连续线性泛函, 用对偶积表示该泛函的值 $\langle f,\varphi\rangle\,(\varphi\in\mathfrak{D}(\mathbb{R}))$, 即满足

(1) 线性性: 对任意实数 α,β 及测试函数 φ_1,φ_2,

$$\langle f,\alpha\varphi_1+\beta\varphi_2\rangle=\alpha\langle f,\varphi_1\rangle+\beta\langle f,\varphi_2\rangle;$$

(2) 连续性: 对任意测试函数序列 $\{\varphi_n\}$, $\lim\limits_{n\to+\infty}\varphi_n(x)=\varphi(x)$, 都有

$$\lim_{n\to+\infty}\langle f,\varphi_n\rangle=\langle f,\varphi\rangle,$$

则称 f 为广义函数. $\mathbb{R}$ 上的全体广义函数的集合记为 $\mathfrak{D}'(\mathbb{R})$.

下面介绍两类特殊的广义函数.

例 1.6　Dirac 函数也称为 δ 函数, 按如下定义的泛函:

$$\langle\delta,\varphi(x)\rangle=\varphi(0),$$

称为广义 δ 函数. 易验证 $\delta:\varphi\to\varphi(0)$ 是线性连续泛函.

例 1.7　定义 $\mathbb{R}$ 上的局部可积函数 $f(x)$: 对任意 $[a,b]\subset\mathbb{R}$, 如果积分

$$\int_a^b|f(x)|\,\mathrm{d}x$$

都存在. $\mathbb{R}$ 上的全部局部可积函数记为 $L_{\mathrm{loc}}(\mathbb{R})$. 对任意的 $f\in L_{\mathrm{loc}}(\mathbb{R})$, 定义泛函:

$$\langle F,\ \varphi\rangle=\int_{-\infty}^{+\infty}f(x)\varphi(x)\mathrm{d}x,$$

易验证 F 是线性连续泛函, 即泛函 F 是广义函数.

注 1　对任意的 $f\in L_{\mathrm{loc}}(\mathbb{R})$, 按照例 1.7 的定义都存在唯一的广义函数与之对应, 因此可以将局部可积函数 f 与广义函数 F 看成同一函数, 通常也用 f 表示. 因此, 可以将局部可积函数空间 $L_{\mathrm{loc}}(\mathbb{R})$ 看成是广义函数空间 $\mathfrak{D}'(\mathbb{R})$ 的子集, 即 $L_{\mathrm{loc}}(\mathbb{R})\subset\mathfrak{D}'(\mathbb{R})$.

注 2　δ 函数是典型的非局部可积广义函数, 即 $\delta\notin L_{\mathrm{loc}}(\mathbb{R})$, 但 $\delta\in\mathfrak{D}'(\mathbb{R})$.

我们采用反证法, 假定存在 $f\in L_{\mathrm{loc}}(\mathbb{R})$, 使得对于任意的 $\varphi(x)\in\mathfrak{D}(\mathbb{R})$, 有

$$\langle f,\ \varphi(x)\rangle=\int_{-\infty}^{+\infty}f(x)\varphi(x)\mathrm{d}x=\langle\delta,\ \varphi(x)\rangle=\varphi(0),$$

特别地, 取 $\varphi(x)=\rho(nx)$, 其中 $\rho(x)$ 为光滑函数满足

$$0\leqslant\rho(x)\leqslant1,\ |x|\leqslant1;\quad\rho(x)=0,\ |x|>1;\quad\rho(0)=1.$$

则

$$\langle f,\ \rho(nx)\rangle = \int_{-\infty}^{+\infty} f(x)\rho(nx)\mathrm{d}x = \rho(0) = 1.$$

又 $f \in L_{\mathrm{loc}}(\mathbb{R})$，则

$$\left|\int_{-\infty}^{+\infty} f(x)\rho(nx)\mathrm{d}x\right| = \left|\int_{-\frac{1}{n}}^{\frac{1}{n}} f(x)\rho(nx)\mathrm{d}x\right| \leqslant \int_{-\frac{1}{n}}^{\frac{1}{n}} |f(x)|\,\mathrm{d}x.$$

于是 $\lim\limits_{n\to\infty}\int_{-\infty}^{+\infty} f(x)\rho_n(x)\mathrm{d}x = 0 \neq 1$，由此矛盾.

有广义函数的定义后，类似通常的函数，我们也可以定义广义函数的运算：加法、数乘、导数、平移及伸缩.

(1) 线性运算.

对任意的 $\alpha,\beta \in \mathbb{R}$，$f,g \in \mathscr{D}'(\mathbb{R})$，定义泛函 $\alpha f + \beta g$：

$$\langle \alpha f + \beta g, \varphi\rangle = \alpha\langle f,\varphi\rangle + \beta\langle g,\varphi\rangle.$$

按定义易验证 $\alpha f + \beta g \in \mathscr{D}'(\mathbb{R})$.

注　这里定义了广义函数的加法和数乘运算. 然而，广义函数与广义函数的乘积通常无意义.

下面来看广义函数的导数如何定义. 考虑可导函数 $f \in C^1(\mathbb{R})$，则易知 f，$f' \in L_{\mathrm{loc}}(\mathbb{R})$，则

$$\int_{-\infty}^{+\infty} f'(x)\varphi(x)\mathrm{d}x = -\int_{-\infty}^{+\infty} f(x)\varphi'(x)\mathrm{d}x.$$

由局部可积广义函数的定义，我们得到 f' 满足下列关系：

$$\langle f',\ \varphi\rangle = -\langle f,\ \varphi'\rangle.$$

由此，我们把上述关系推广作为一般的广义导数定义.

(2) 广义导数.

设 $f \in \mathscr{D}'(\mathbb{R})$，定义泛函 f'：

$$\langle f',\varphi(x)\rangle = -\langle f,\varphi'(x)\rangle,$$

称 f' 为广义函数 f 的一阶导数. 一般可定义广义函数 f 的 m 阶导数 $f^{(m)}$：

$$\langle f^{(m)},\varphi(x)\rangle = (-1)^m\langle f,\varphi^{(m)}(x)\rangle.$$

易验证 $f^{(m)} \in \mathscr{D}'(\mathbb{R})$.

注1　广义函数有任意阶广义导数.

注2　对任意可导函数 $f \in C^m(\mathbb{R})$，由广义导数的定义可见，其通常意义下的

导数 $f^{(m)}$ 就是广义导数.

我们已经定义了加法运算和导数运算, 还可以定义其他运算, 如平移和伸缩. 那么该如何定义呢? 我们以特殊广义函数 $f \in L_{\mathrm{loc}}(\mathbb{R})$ 为例进行分析.

当 $f \in L_{\mathrm{loc}}(\mathbb{R})$ 时, 将 $f(x)$ 向右平移 a 的函数 $f(x-a) \in L_{\mathrm{loc}}(\mathbb{R})$, 则易得

$$\langle F, \varphi(x) \rangle = \int_{-\infty}^{+\infty} f(x-a)\varphi(x)\mathrm{d}x$$

$$= \int_{-\infty}^{+\infty} f(y)\varphi(y+a)\mathrm{d}y = \langle f, \varphi(x+a) \rangle.$$

如果记 $f(x-a)$ 对应的广义函数 F 也记为 $f(x-a)$, 则有

$$\langle f(x-a), \varphi(x) \rangle = \langle f, \varphi(x+a) \rangle.$$

由此, 我们可以类似地定义广义函数平移.

(3) 平移.

设 $f \in \mathfrak{D}'(\mathbb{R})$, $a \in \mathbb{R}$ 是一个定点, 定义泛函 $f(x-a)$:

$$\langle f(x-a), \varphi(x) \rangle = \langle f, \varphi(x+a) \rangle.$$

特别地, δ 函数的平移:

$$\langle \delta(x-a), \varphi \rangle = \langle \delta, \varphi(x+a) \rangle = \varphi(a).$$

易验证 $f(x-a) \in \mathfrak{D}'(\mathbb{R})$.

(4) 伸缩.

设 $f \in \mathfrak{D}'(\mathbb{R})$, $k \in \mathbb{R}$, $k \neq 0$, 定义泛函 $f(kx)$:

$$\left\langle f(kx),\ \varphi(x) \right\rangle = \left\langle f,\ \frac{1}{|k|}\varphi\left(\frac{x}{k}\right) \right\rangle.$$

易验证 $f(kx) \in \mathfrak{D}'(\mathbb{R})$.

例 1.8　δ 函数的广义导数.

解　由定义, $\langle \delta', \varphi(x) \rangle = -\langle \delta, \varphi'(x) \rangle = -\varphi'(0)$.

例 1.9　考察 Heaviside(赫维赛德)函数

$$H(x) = \begin{cases} 1, & x \geqslant 0, \\ 0, & x < 0 \end{cases}$$

的广义导数.

解　因为 $H(x) \in L_{\mathrm{loc}}(\mathbb{R})$, 由定义

$$\langle H', \varphi(x) \rangle = -\langle H, \varphi'(x) \rangle = -\int_{-\infty}^{+\infty} H(x)\varphi'(x)\mathrm{d}x$$

$$= -\int_{0}^{+\infty} \varphi'(x)\mathrm{d}x = \varphi(0) = \langle \delta,\ \varphi(x) \rangle,$$

即 Heaviside 函数的广义导数是 δ 函数.

例 1.10 将 δ 函数向右平移 a 的广义函数 $\delta(x-a)$, 则

$$\langle \delta(x-a), \varphi(x) \rangle = \langle \delta, \varphi(x+a) \rangle = \varphi(a).$$

接下来我们介绍广义函数序列的极限和含参广义函数的极限.

定义 1.7 设 $f, f_n \in \mathscr{D}'(\mathbb{R})$, 如果对任意的 $\varphi \in \mathscr{D}(\mathbb{R})$, 都有

$$\lim_{n \to \infty} \langle f_n, \varphi(x) \rangle = \langle f, \varphi \rangle,$$

则称广义函数 f 是含参广义函数 $\{f_n\}$ 的当 $n \to \infty$ 时的极限, 记为

$$f_n \xrightarrow{\text{弱}} f \quad (n \to +\infty).$$

定义 1.8 设 $f, f_\lambda \in \mathscr{D}'(\mathbb{R})$, 其中 λ 为参数, 如果对任意的 $\varphi \in \mathscr{D}(\mathbb{R})$, 都有

$$\lim_{\lambda \to \lambda_0} \langle f_\lambda, \varphi(x) \rangle = \langle f, \varphi \rangle,$$

则称广义函数 f 是含参广义函数 f_λ 在 $\lambda \to \lambda_0$ 的极限, 记为 $f_\lambda \xrightarrow{\text{弱}} f(\lambda \to \lambda_0)$.

下面我们来看看 δ 函数的物理意义. 首先, 对于一般的 $f \in \mathscr{D}'(\mathbb{R})$, $\varphi(x) \in \mathscr{D}(\mathbb{R})$, 如果我们把 $\langle f, \varphi(x) \rangle$ 形式地看成积分, 即

$$\langle f, \varphi(x) \rangle = \int_{-\infty}^{+\infty} f(x)\varphi(x)\mathrm{d}x.$$

令 $f = \delta$, 则

$$\langle \delta, \varphi(x) \rangle = \int_{-\infty}^{+\infty} \delta(x)\varphi(x)\mathrm{d}x = \varphi(0).$$

特别地, 如果取 $\varphi(x) = 1$, 我们可得

$$\int_{-\infty}^{+\infty} \delta(x)\mathrm{d}x = \langle \delta, 1 \rangle = 1.$$

其形式上类似于我们引例里单位质点密度函数的性质, 那么 δ 函数是否具有这样的物理意义? 现在有了极限的定义, 我们可以说明 δ 函数的确表示位于原点的单位质量所产生的质量密度.

例 1.11 δ 函数表示位于直线上原点的单位质量所产生的质量分布密度.

解 假定在区间 $\left[-\dfrac{1}{n}, \dfrac{1}{n} \right]$ (n 为任意正整数)上均匀放置单位质量, 则其质量分布密度函数为

$$q_n(x) = \begin{cases} \dfrac{n}{2}, & |x| \leqslant \dfrac{1}{n}, \\ 0, & |x| > \dfrac{1}{n}. \end{cases}$$

易知，$q_n(x) \in L_{\mathrm{loc}}(\mathbb{R})$，则

$$\lim_{n \to +\infty} \langle q_n, \varphi(x) \rangle = \lim_{n \to +\infty} \int_{-\infty}^{+\infty} q_n(x)\varphi(x)\mathrm{d}x = \lim_{n \to +\infty} \frac{n}{2} \int_{-\frac{1}{n}}^{\frac{1}{n}} \varphi(x)\mathrm{d}x.$$

因此，由积分中值定理可得

$$\lim_{n \to +\infty} \langle q_n, \varphi(x) \rangle = \varphi(0).$$

于是在广义意义下，当 $n \to +\infty$ 时，$q_n \xrightarrow{\text{弱}} \delta$.

又当 $n \to +\infty$ 时，

$$\lim_{n \to +\infty} q_n(x) = \begin{cases} +\infty, & x = 0, \\ 0, & x \neq 0. \end{cases}$$

故该极限表示在直线上原点处放置单位质量所产生的质量分布密度，这说明 δ 函数表示位于直线上原点的单位质量所产生的质量分布密度.

注 δ 函数表示位于原点的单位质量所产生的质量密度，也可表示位于原点的单位电荷所产生的电势，或位于原点的瞬时单位热源等.

下面来解决本小节开始提出的基本解在 $t \to t_0$ 时的极限问题.

例 1.12 $K(x,t)$ 在 $t \to 0^+$ 的广义极限为 δ 函数.

证明 热传导方程的基本解为

$$K(x,t) = \begin{cases} \dfrac{1}{2a\sqrt{\pi t}} \mathrm{e}^{-\frac{x^2}{4a^2 t}}, & t > 0, \\ 0, & t \leqslant 0. \end{cases}$$

显然，对任意固定的 $t > 0$，$K(x,t) \in L_{\mathrm{loc}}(\mathbb{R})$. 由定理 1.3 的证明的(1.7)及(1.8)，可得

$$\lim_{t \to 0^+} \int_{-\infty}^{+\infty} K(x,t)\varphi(x)\mathrm{d}x = \varphi(0).$$

于是，

$$\lim_{t \to 0^+} \langle K(x,t), \varphi(x) \rangle = \varphi(0) = \langle \delta, \varphi(x) \rangle,$$

即 $t \to 0^+$ 时基本解在广义意义下收敛到 δ 函数.

最后，我们将一元广义函数的定义推广到多元广义函数. 首先，类似定义 1.5，我们可以定义在 $C_0^\infty(\mathbb{R}^n)$ 上的基本空间 $\mathfrak{D}(\mathbb{R}^n)$，进而定义下列多元广义函数.

定义 1.9 如果 $f: \mathfrak{D}(\mathbb{R}^n) \to \mathbb{R}^n$ 是连续线性泛函，则称 f 为 $\mathbb{R}^n$ 上的广义函数. $\mathbb{R}^n$ 上全体广义函数的集合记为 $\mathfrak{D}(\mathbb{R}^n)$.

类似一元广义函数, 也可以定义多元广义函数的加减、数乘、导数等运算, 定义多元广义 δ 函数: $\langle \delta,\ \varphi(\boldsymbol{x}) \rangle = \varphi(0)$, $\boldsymbol{x} = (x_1, x_2, \cdots, x_n)$. 避免重复, 这里不再一一列举.

四、基本解

前一小节我们介绍了广义函数, 给出了特殊的广义函数: δ 函数. 在这个基础上, 本小节将介绍基本解的定义, 进一步说明基本解的物理意义.

定义 1.10 (基本解)   对于任意的 $(\xi, \tau) \in Q$, 如果函数 $u(x, t) \in L_{\text{loc}}(Q) \bigcap C(\bar{Q} \setminus (\xi, \tau))$, 且在广义函数意义下满足下列方程及初始条件:

$$\begin{cases} u_t - a^2 u_{xx} = \delta(x - \xi, t - \tau), & (x, t) \in Q, \\ u(x, 0) = 0, & x \in \mathbb{R}, \end{cases} \tag{1.12}$$

其中, $Q = \{(x, t) | -\infty < x < \infty, t > 0\}$, (ξ, τ) 为 Q 中的任意一定点, 则称 $u(x, t)$ 为热传导方程的基本解, 记为 $\Gamma(x, t; \xi, \tau)$.

注   Possion 公式中的核函数 $K(x - \xi, t - \tau)$ 是方程(1.12)的基本解, 即

$$\Gamma(x, t; \xi, \tau) = K(x - \xi, t - \tau) = \begin{cases} \dfrac{1}{2a\sqrt{\pi(t - \tau)}} e^{-\frac{(x - \xi)^2}{4a^2(t - \tau)}}, & t > \tau, \\ 0, & t \leqslant \tau. \end{cases}$$

为了证明 $K(x - \xi, t - \tau)$ 是基本解, 只需要证明其在广义意义下满足方程(1.12), 即对任意测试函数 $\varphi \in \mathfrak{D}(\mathbb{R}^2)$,

$$\langle \Gamma_t - a^2 \Gamma_{xx}, \varphi(x, t) \rangle = \langle \delta(x - \xi, t - \tau), \varphi(x, t) \rangle,$$

即

$$\langle \Gamma_t - a^2 \Gamma_{xx}, \varphi(x, t) \rangle = \varphi(\xi, \tau).$$

由广义导数的定义和性质,

$$\langle \Gamma_t - a^2 \Gamma_{xx}, \varphi(x, t) \rangle = \langle \Gamma(x, t; \xi, \tau), -\varphi_t - a^2 \varphi_{xx} \rangle.$$

显然, $K(x - \xi, t - \tau) \in L_{\text{loc}}(\mathbb{R}^2) \bigcap C^{\infty}(\mathbb{R}^2 \setminus (\xi, \tau))$, 故

$$\langle \Gamma_t - a^2 \Gamma_{xx}, \varphi(x, t) \rangle = \iint_{\mathbb{R}^2} \Gamma(x, t; \xi, \tau)(-\varphi_t - a^2 \varphi_{xx}) \mathrm{d}x \mathrm{d}t$$

$$= \int_{\tau}^{\infty} \mathrm{d}t \int_{-\infty}^{\infty} K(x - \xi, t - \tau)(-\varphi_t - a^2 \varphi_{xx}) \mathrm{d}x.$$

注意到 $K(x - \xi, t - \tau)$ 在 $t > \tau$ 时关于 x 和 t 的任意可导性以及

$$K_t(x-\xi,t-\tau) - a^2 K_{xx}(x-\xi,t-\tau) = 0, \quad t > \tau, \tag{1.13}$$

结合 $\lim\limits_{x\to\pm\infty}\varphi(x,t) = \lim\limits_{x\to\pm\infty}\varphi_x(x,t) = \lim\limits_{t\to+\infty}\varphi(x,t) = 0$，应用分部积分可得

$$\langle \Gamma_t - a^2\Gamma_{xx}, \varphi(x,t)\rangle = \lim_{\varepsilon\to 0^+}\int_{\tau+\varepsilon}^{+\infty}\mathrm{d}t\int_{-\infty}^{+\infty}K(x-\xi,t-\tau)(-\varphi_t - a^2\varphi_{xx})\mathrm{d}x$$

$$= \lim_{\varepsilon\to 0^+}\int_{-\infty}^{+\infty}K(x-\xi,\varepsilon)\varphi(x,\tau+\varepsilon)\mathrm{d}x.$$

最后，代入 $K(x,t)$ 的表达式，并令 $\eta = \dfrac{x-\xi}{2a\sqrt{\varepsilon}}$，

$$\langle \Gamma_t - a^2\Gamma_{xx}, \varphi(x,t)\rangle = \lim_{\varepsilon\to 0^+}\frac{1}{2a\sqrt{\pi\varepsilon}}\int_{-\infty}^{+\infty}\varphi(x,\tau+\varepsilon)\mathrm{e}^{-\frac{(x-\xi)^2}{4a^2\varepsilon}}\mathrm{d}x$$

$$= \lim_{\varepsilon\to 0^+}\frac{1}{\sqrt{\pi}}\int_{-\infty}^{+\infty}\varphi(\xi+2a\sqrt{\varepsilon}\eta,\tau+\varepsilon)\mathrm{e}^{-\eta^2}\mathrm{d}\eta$$

$$= \frac{1}{\sqrt{\pi}}\int_{-\infty}^{+\infty}\varphi(\xi,\tau)\mathrm{e}^{-\eta^2}\mathrm{d}\eta = \varphi(\xi,\tau).$$

因此，对任意的 $\varphi\in\mathfrak{D}(\mathbb{R}^2)$，我们得到

$$\langle \Gamma_t - a^2\Gamma_{xx}, \varphi(x,t)\rangle = \varphi(\xi,\tau) = \langle\delta(x-\xi,t-\tau),\varphi(x,t)\rangle,$$

即在广义意义下满足方程

$$\Gamma_t - a^2\Gamma_{xx} = \delta(x-\xi,t-\tau), \quad (x,t)\in Q,$$

又由 $K(x-\xi,t-\tau)$ 的定义初始条件显然满足，所以 $\Gamma(x,t;\xi,\tau) = K(x-\xi,t-\tau)$ 为热传导方程的基本解.

下面我们给出基本解的另一种定义(关于初值).

定义 1.11　如果函数 $u(x,t)\in L_{\mathrm{loc}}(Q)\bigcap C(\overline{Q}\backslash(\xi,0))$，且在广义函数意义下满足方程及初始条件:

$$\begin{cases} u_t - a^2 u_{xx} = 0, & (x,t)\in Q, \\ u(x,0) = \delta(x-\xi), & x\in\mathbb{R}, \end{cases} \tag{1.14}$$

这里，$Q = \{(x,t)\,|-\infty < x < +\infty, t > 0\}$，$\xi$ 为任意实数，则称 $u(x,t)$ 为热传导方程 (1.14)的基本解(关于初值).

注　$\Gamma(x,\xi;t,0) = K(x-\xi,t)$ 是问题(1.14)的一个基本解.

回忆前一小节例 1.12，我们证明了热传导方程的基本解在 $t\to 0^+$ 的广义极限为 δ 函数，即

$$\lim_{t\to 0^+}\langle K(x,t),\varphi(x)\rangle = \varphi(0) = \langle\delta,\varphi(x)\rangle,$$

因此, 我们也可得到

$$\lim_{t\to 0^+}\langle K(x-\xi,t),\varphi(x)\rangle = \varphi(\xi) = \langle \delta(x-\xi),\varphi(x)\rangle .$$

再由(1.13), 可以说明 $\Gamma(x,\xi;t,0) = K(x-\xi,t)$ 是问题(1.14)的一个基本解.

下面我们来解释基本解的物理意义.

(1) $\Gamma(x,t;\xi,\tau)$ 的物理意义 $(\tau>0)$.

我们知道, 非齐次热传导方程

$$u_t - a^2 u_{xx} = f(x,t), \quad x\in\mathbb{R}, \quad t>0,$$

右端项反映的是侧面绝热的热源强度, 它表示单位时间单位长度的细杆产生的热量. 当 $f(x,t) = \delta(x-\xi,t-\tau)$ 时, 由前面对 δ 函数的物理意义的分析, 它表示时刻 τ 在杆上 ξ 处的一个瞬间单位点热源强度. 因此, $\Gamma(x,t;\xi,\tau)$ 表示无穷杆在初始时刻温度为零, 到时刻 τ 在点 ξ 处有一个瞬间热源放出一个单位的热量, 这个瞬间单位点热源在杆上所引起的温度分布.

(2) $\Gamma(x,t;\xi,0)$ 的物理意义 $(\tau=0)$.

$\Gamma(x,t;\xi,0)$ 在初始时刻满足

$$u(x,0) = \delta(x-\xi),$$

而 $\delta(x-\xi)$ 表示点 ξ 处一个单位点热源在杆上产生的温度分布. 因此, $\Gamma(x,t;\xi,0)$ 表示无穷杆在初始时刻在 ξ 处有一个单位热量的瞬时点热源, 由它在杆上引起的温度分布.

最后, 我们介绍基本解的性质:

(1) 当 $t>\tau$ 时, $\Gamma(x,t;\xi,\tau)>0$.

(2) $\Gamma(x,t;\xi,\tau) = \Gamma(\xi,t;x,\tau)$.

(3) 当 $t>\tau, x\in\mathbb{R}$ 时, $\int_{-\infty}^{+\infty}\Gamma(x,t;\xi,\tau)\mathrm{d}\xi = 1.$

(4) 当 $t>\tau, x,\xi\in\mathbb{R}$ 时,

$$\frac{\partial}{\partial t}\Gamma(x,t;\xi,\tau) - a^2\frac{\partial^2}{\partial x^2}\Gamma(x,t;\xi,\tau) = 0,$$

$$\frac{\partial}{\partial\tau}\Gamma(x,t;\xi,\tau) + a^2\frac{\partial^2}{\partial\xi^2}\Gamma(x,t;\xi,\tau) = 0.$$

(5) 当 $\varphi(x)\in C(\mathbb{R})$ 且有界时,

$$\lim_{t\to 0+}\int_{-\infty}^{\infty}\Gamma(x,t;\xi,0)\varphi(\xi)\mathrm{d}\xi = \varphi(x).$$

(6) 当 $(x,t)\neq(\xi,\tau)$ 时, $\Gamma(x,t;\xi,\tau)$ 无穷次连续可微, 且有估计

$$\left|\Gamma(x,t;\xi,\tau)\right| \leqslant \frac{M}{\sqrt{t-\tau}}, \quad t > \tau,$$

其中 M 为常数.

以上性质可以由基本解的定义直接计算并结合前面的结论得到. 这里我们省去证明.

五、半无界问题

前面已经给出了全空间的一维热传导方程的解, 本小节将考察空间区域为半空间区域, 即半无界问题的解.

设在半空间的热传导方程如下:

$$\begin{cases} \dfrac{\partial u}{\partial t} - a^2 \dfrac{\partial^2 u}{\partial x^2} = f(x,t), & x > 0, t > 0, \\ u(0,t) = 0, & t \geqslant 0, \\ u(x,0) = \varphi(x), & x \geqslant 0. \end{cases} \tag{1.15}\tag{1.16}\tag{1.17}$$

类似于弦振动方程半无界问题的解法, 我们可以用对称延拓法求解热传导方程的半无界问题.

由前面解 $u(x,t)$ 与 $\varphi(x)$ 及 $f(x,t)$ 的奇偶性的关系知: 如果 $\varphi(x)$ 与 $f(x,t)$ 是奇函数, 则解 $u(x,t)$ 为奇函数. 因 $u(x,t)$ 在 $x = 0$ 为零, 故可考虑对 $\varphi(x)$ 与 $f(x,t)$ 作奇延拓:

$$\Phi(x) = \begin{cases} \varphi(x), & x \geqslant 0, \\ -\varphi(-x), & x < 0; \end{cases}$$

$$F(x,t) = \begin{cases} f(x,t), & x \geqslant 0, t \geqslant 0, \\ -f(-x,t), & x < 0, t \geqslant 0. \end{cases}$$

构造热传导方程的初值问题:

$$\begin{cases} U_t - a^2 U_{xx} = F(x,t), & x \in \mathbb{R}, t > 0, \\ U(x,0) = \Phi(x), & x \in \mathbb{R}. \end{cases} \tag{1.18}$$

由于 $\Phi(x)$ 及 $F(x,t)$ 关于 x 为奇函数, 因此, $U(x,t)$ 关于 x 也为奇函数, 故 $U(0,t) = 0, t > 0$. 从而, 当将空间变量限制在半空间时有

$$u(x,t) = U(x,t), \quad x \geqslant 0, \quad t > 0.$$

因此, 要求半无界问题(1.15)—(1.17)的解 $u(x,t)$, 只需求解全空间问题(1.18)的解.

由热传导方程的初值问题的求解公式, 我们可得

$$U(x,t) = \frac{1}{2a\sqrt{\pi t}} \int_{-\infty}^{+\infty} \Phi(\xi) e^{-\frac{(x-\xi)^2}{4a^2 t}} \, d\xi + \frac{1}{2a\sqrt{\pi}} \int_0^t \frac{1}{\sqrt{t-\tau}} d\tau \int_{-\infty}^{+\infty} F(\xi,\tau) e^{-\frac{(x-\xi)^2}{4a^2(t-\tau)}} \, d\xi$$

$$= \frac{1}{2a\sqrt{\pi t}} \left[\int_0^{+\infty} \varphi(\xi) e^{-\frac{(x-\xi)^2}{4a^2 t}} \, d\xi - \int_{-\infty}^0 \varphi(-\xi) e^{-\frac{(x-\xi)^2}{4a^2 t}} \, d\xi \right]$$

$$+ \frac{1}{2a\sqrt{\pi}} \int_0^t \frac{1}{\sqrt{t-\tau}} d\tau \left[\int_0^{+\infty} f(\xi,\tau) e^{-\frac{(x-\xi)^2}{4a^2(t-\tau)}} \, d\xi - \int_{-\infty}^0 f(-\xi,\tau) e^{-\frac{(x-\xi)^2}{4a^2(t-\tau)}} \, d\xi \right].$$

令 $\eta = -\xi$，则

$$\int_{-\infty}^0 \varphi(-\xi) e^{-\frac{(x-\xi)^2}{4a^2 t}} \, d\xi = \int_0^{+\infty} \varphi(\eta) e^{-\frac{(x+\eta)^2}{4a^2 t}} \, d\eta,$$

$$\int_{-\infty}^0 f(-\xi,\tau) e^{-\frac{(x-\xi)^2}{4a^2(t-\tau)}} \, d\xi = \int_0^{+\infty} f(\eta,\tau) e^{-\frac{(x+\eta)^2}{4a^2(t-\tau)}} \, d\eta,$$

因此，我们可得

$$U(x,t) = \frac{1}{2a\sqrt{\pi t}} \int_0^{+\infty} \varphi(\xi) \left(e^{-\frac{(x-\xi)^2}{4a^2 t}} - e^{-\frac{(x+\xi)^2}{4a^2 t}} \right) d\xi$$

$$+ \int_0^t \frac{1}{2a\sqrt{\pi(t-\tau)}} \int_0^{+\infty} f(\xi,\tau) \left(e^{-\frac{(x-\xi)^2}{4a^2(t-\tau)}} - e^{-\frac{(x+\xi)^2}{4a^2(t-\tau)}} \right) d\xi.$$

特别，当 $x \geqslant 0$ 时，

$$u(x,t) = \int_0^{+\infty} \varphi(\xi) (\Gamma(x,t;\xi,0) - \Gamma(x,t;-\xi,0)) d\xi$$

$$+ \int_0^t \int_0^{+\infty} f(\xi,\tau) (\Gamma(x,t;\xi,\tau) - \Gamma(x,t;-\xi,\tau)) d\xi,$$

令 $G(x,t;\xi,\tau) = \Gamma(x,t;\xi,\tau) - \Gamma(x,t;-\xi,\tau)$，则半无界问题的解为

$$u(x,0) = \int_0^{+\infty} G(x,t;\xi,0)\varphi(\xi) d\xi + \int_0^t \int_0^{+\infty} G(x,t;\xi,\tau) f(\xi,\tau) d\xi d\tau,$$

我们称 $G(x,t;\xi,\tau)$ 为半无界问题的 **Green 函数**.

第二节 初边值问题

第一节已经介绍了热传导方程在全空间的求解，本节将进一步介绍有界区域的热传导方程，即初边值问题的求解. 类似波动方程，我们将运用分离变量法进行求解，分为齐次和非齐次两种情形.

一、齐次边值问题

考虑一维热传导方程的初边值问题:

$$\begin{cases} \dfrac{\partial u}{\partial t} - a^2 \dfrac{\partial^2 u}{\partial x^2} = f(x,t), & 0 < x < l, t > 0, & (2.1) \\[2mm] u(x,0) = \varphi(x), & 0 \leqslant x \leqslant l, & (2.2) \\[2mm] u(0,t) = u(l,t) = 0, & t \geqslant 0. & (2.3) \end{cases}$$

下面运用分离变量法求解问题(2.1)—(2.3). 在第二章我们已经详细介绍了运用分离变量法求解波动方程. 分离变量法是求解线性齐次初边值问题的最重要的方法, 其基本想法是寻找时空分离变量的解 $u(x,t) = X(x)T(t)$. 基本步骤为: 将齐次偏微分方程分为若干常微分方程, 参数常微分方程与齐次边界条件构成特征值问题, 将本征解叠加无穷级数给出通解, 由初始条件结合方程确定通解系数(Fourier 级数展开).

下面我们按照第二章的步骤进行求解.

(1) 导出特征问题. 考虑问题的齐次方程(2.1)—(2.3), 设

$$u(x,t) = X(x)T(t),$$

将其代入齐次方程得到

$$X(x)T'(t) = a^2 X''(x)T(t).$$

进一步分离 $X(x), T(t)$, 并令比例系数为 $-\lambda$, 即

$$\frac{T'(t)}{a^2 T(t)} = \frac{X''(x)}{X(x)} = -\lambda,$$

从而将问题转换为两个常微分方程:

$$X''(x) + \lambda X(x) = 0,$$
$$T'(t) + \lambda a^2 T(t) = 0.$$

又由边界条件我们得到: $X(0) = X(l) = 0$.

(2) 求解特征问题. 下面我们求解特征问题

$$\begin{cases} X''(x) + \lambda X(x) = 0, \\ X(0) = X(l) = 0. \end{cases} \tag{2.4}$$

由第二章知问题(2.4)的所有特征值 $\lambda > 0$, 此时通解为

$$X_n = C_1 \sin\sqrt{\lambda}x + C_2 \cos\sqrt{\lambda}x.$$

代入条件 $X(0) = X(l) = 0$, 解得 $C_2 = 0$, $C_1 \sin\sqrt{\lambda}l = 0$, 可得特征值为 $\lambda_n = \left(\dfrac{n\pi}{l}\right)^2$,

$n = 1, 2, \cdots$，相应于 λ_n 的特征函数为

$$X_n = \sin\frac{n\pi x}{l}, \quad n = 1, 2, \cdots.$$

于是，齐次方程(2.1)—(2.3)的解为

$$u(x,t) = \sum_{n=1}^{\infty} T_n(t) \sin\frac{n\pi x}{l}, \tag{2.5}$$

其中，$T_n(t)$ 待定.

(3) 将方程中所有已知函数用特征函数展开. 我们将 $f(x,t), \varphi(x)$ 按特征函数系 $\left\{ \sin\dfrac{n\pi x}{l} \right\}$ 展开，

$$f(x,t) = \sum_{n=1}^{\infty} f_n(t) \sin\frac{n\pi x}{l}, \tag{2.6}$$

$$\varphi(x) = \sum_{n=1}^{\infty} \varphi_n \sin\frac{n\pi x}{l}. \tag{2.7}$$

在(2.6)两边同乘以 $\sin\dfrac{k\pi x}{l}$，再在 $[0,l]$ 上积分，由特征函数系在 $[0,l]$ 的正交性可得

$$f_n(t) = \frac{2}{l} \int_0^l f(x,t) \sin\frac{n\pi x}{l} \mathrm{d}x, \tag{2.8}$$

同理，

$$\varphi_n = \frac{2}{l} \int_0^l \varphi(x) \sin\frac{n\pi x}{l} \mathrm{d}x. \tag{2.9}$$

(4) 求 $T_n(t)$. 将(2.5), (2.6)及(2.7)代入方程(2.1)和(2.2)，可得

$$\sum_{n=1}^{\infty} \left[T_n'(t) + a^2 \left(\frac{n\pi}{l}\right)^2 T_n(t) \right] \sin\frac{n\pi x}{l} = \sum_{n=1}^{\infty} f_n(t) \sin\frac{n\pi x}{l},$$

$$\sum_{n=1}^{\infty} T_n(0) \sin\frac{n\pi x}{l} = \sum_{n=1}^{\infty} \varphi_n \sin\frac{n\pi x}{l},$$

类似(2.8), (2.9)的推导，利用特征函数系在 $[0,l]$ 上的正交性，可以得到 $T_n(t)$ 满足

$$\begin{cases} T_n'(t) + a^2 \left(\dfrac{n\pi}{l}\right)^2 T_n(t) = f_n(t), \\ T_n(0) = \varphi_n. \end{cases}$$

该方程为一阶线性非齐次常微分方程，求解得

$$T_n(t) = \mathrm{e}^{-\left(\frac{an\pi}{l}\right)^2 t} \varphi_n + \int_0^t \mathrm{e}^{-\left(\frac{an\pi}{l}\right)^2 (t-\tau)} f_n(\tau)\mathrm{d}\tau.$$

由此, 我们得到方程的解为

$$u(x,t) = \sum_{n=1}^{\infty} \left[\mathrm{e}^{-\left(\frac{an\pi}{l}\right)^2 t} \varphi_n + \int_0^t \mathrm{e}^{-\left(\frac{an\pi}{l}\right)^2 (t-\tau)} f_n(\tau)\mathrm{d}\tau \right] \sin\frac{n\pi x}{l}, \tag{2.10}$$

其中, $f_n(t) = \dfrac{2}{l}\displaystyle\int_0^l f(x,t)\sin\frac{n\pi x}{l}\mathrm{d}x$, $\varphi_n = \dfrac{2}{l}\displaystyle\int_0^l \varphi(x)\sin\frac{n\pi x}{l}\mathrm{d}x$.

注 类似于用 Fourier 变换求初值问题的解, 这里得到的解只是形式上的解, 我们还要进一步验证(2.10)是方程(2.1)—(2.3)的解. 完全类似于第一节定理 1.3 的证明, 我们同样可以得到: 如果 $\varphi(x)$ 和 $f(x,t)$ 满足一定光滑性和相容性条件, 则 (2.10)是初边值问题(2.1)—(2.3)的解, 且 $u(x,t) \in C^{2,1}(\Omega_T) \bigcap C(\bar{\Omega}_T)$, 这里 $\Omega_T = \left\{ (x,t) \mid 0 < x < l, 0 < t \leqslant T \right\}$.

二、非齐次边值问题

本小节求解热传导方程边界条件为非齐次的初边值问题. 注意分离变量法仅适用线性齐次边值问题, 如果边界条件为非齐次, 则需要将边界条件齐次化. 通过恰当的变换将非齐次边界条件转换为齐次边界条件, 再求解齐次边值问题的解, 进而得到原方程的解. 我们以下列方程为例.

求解一维热传导方程:

$$\begin{cases} \dfrac{\partial u}{\partial t} - a^2 \dfrac{\partial^2 u}{\partial x^2} = 0, & 0 < x < l, t > 0, & (2.11) \\[2mm] u(x,0) = \varphi(x), & 0 \leqslant x \leqslant l, & (2.12) \\[2mm] u(0,t) = k_1, \ u(l,t) = k_2, & t \geqslant 0, & (2.13) \end{cases}$$

这里, k_1, k_2 为非零常数.

由于该问题的边界条件为非齐次的, 不能直接运用分离变量法进行求解, 我们考虑寻找辅助函数将边界条件齐次化. 注意到方程存在一个稳态解(在 $t = \infty$ 的解), 且该解满足边界条件.

由于不依赖于时间, 因此该稳态解在边值 k_1 和 k_2 之间改变, 所以可设为

$$s(x) = ax + b.$$

由于 $s(x)$ 满足 $s(0) = k_1, s(l) = k_2$, 代入函数可得

$$s(x) = k_1 + (k_2 - k_1)\frac{x}{l}.$$

下面我们考虑将解分解为

$$u(x,t) = U(x,t) + s(x).$$

通过计算 $u(x,t)$ 关于时间和空间的偏导数, 代入方程(2.11)—(2.13), 可得 $U(x,t)$ 满足下列齐次边界条件方程:

$$\begin{cases} \dfrac{\partial U}{\partial t} - a^2 \dfrac{\partial^2 U}{\partial x^2} = 0, & 0 < x < l, t > 0, & \text{(2.14)} \\[3mm] U(x,0) = \overline{\varphi}(x) = \varphi(x) - s(x), & 0 \leqslant x \leqslant l, & \text{(2.15)} \\[3mm] U(0,t) = 0,\ U(l,t) = 0, & t \geqslant 0. & \text{(2.16)} \end{cases}$$

由分离变量法, 我们可得(2.14)—(2.16)的解为

$$U(x,t) = \sum_{n=1}^{\infty} \mathrm{e}^{-\left(\frac{an\pi}{l}\right)^2 t} \overline{\varphi}_n \sin\frac{n\pi x}{l},$$

其中,

$$\overline{\varphi}_n = \frac{2}{l} \int_0^l \left[\varphi(x) - \left(k_1 + (k_2 - k_1)\frac{x}{l} \right) \right] \sin\frac{n\pi x}{l}\, \mathrm{d}x.$$

因此, 我们得到方程(2.11)—(2.13)的解为

$$u(x,t) = \sum_{n=1}^{\infty} \mathrm{e}^{-\left(\frac{an\pi}{l}\right)^2 t} \overline{\varphi}_n \sin\frac{n\pi x}{l} + \left(k_1 + (k_2 - k_1)\frac{x}{l} \right). \tag{2.17}$$

我们已经解决了边界条件是常数的情形, 即在边界的温度是稳定不变的, 这是一种较理想的状态. 实际问题中物体边界温度往往依赖于时间, 对于这类问题我们可以类似常边界问题进行求解.

例如, 考虑一维初边值问题:

$$\begin{cases} \dfrac{\partial u}{\partial t} - a^2 \dfrac{\partial^2 u}{\partial x^2} = 0, & 0 < x < l, t > 0, & \text{(2.18)} \\[3mm] u(x,0) = \varphi(x), & 0 \leqslant x \leqslant l, & \text{(2.19)} \\[3mm] u(0,t) = g_1(t),\ u(l,t) = g_2(t), & t \geqslant 0. & \text{(2.20)} \end{cases}$$

类似问题(2.11)—(2.13), 我们考虑将该问题的解分解为

$$u(x,t) = U(x,t) + s(x,t), \tag{2.21}$$

这里 $s(x,t)$ 待定. 为了使 $U(x,t)$ 在边界为 0, $s(x,t)$ 需在边界满足

$$s(0,t) = g_1(t), \quad s(l,t) = g_2(t). \tag{2.22}$$

利用线性方程解的可叠加性, 我们可假定 $s(x,t)$ 是关于 x 的一次函数, 即

$$s(x,t) = a(t)x + b(t).$$

由(2.22)可得

$$s(x,t) = g_1(t) + (g_2(t) - g_1(t))\frac{x}{l}.$$

因此, 由(2.21), 通过计算可得 $U(x,t)$ 满足的方程为

$$\begin{cases} \dfrac{\partial U}{\partial t} - a^2 \dfrac{\partial^2 U}{\partial x^2} = f(x,t), & 0 < x < l, t > 0, \\ U(x,0) = \varphi(x) - s(x,0), & 0 \leqslant x \leqslant l, \\ U(0,t) = 0, \ U(l,t) = 0, & t \geqslant 0, \end{cases}$$

其中, $f(x,t) = -g_1'(t) + (g_1'(t) - g_2'(t))\dfrac{x}{l}$, $s(x,0) = g_1(0) + (g_2(0) - g_1(0))\dfrac{x}{l}$. 我们将方程(2.18)—(2.20)转换为齐次边界条件的热传导方程, 其解由(2.10)可得, 具体过程略去.

第三节　极值原理与最大模估计

前面我们已经研究了热传导方程初值和边值问题的解的存在性及正则性. 本节将继续讨论热传导方程解的唯一性和稳定性. 为了获得这些性质, 我们将首先介绍极值原理——方程的解的最大值和最小值的分布位置, 通过极值原理得到最大模估计——方程解的绝对值的上界估计, 再由解的最大模估计进一步得到解的唯一性和稳定性. 最后, 我们介绍解的能量模估计, 即解的能量的上界.

一、极值原理

设有一物体, 内部没有热源, 由扩散原理知, 该物体的内部温度的最大值和最小值必在初始时刻或在该物体的边界上取到. 例如: 一块加热后50℃的铁, 放在10℃的空气中, 则这块铁内部的温度, 永远不会超过50℃, 也不会低于10℃. 其原因在于: 热量总是从温度高的地方流向温度低的地方. 因此, 如果没有热量流入, 温度高的点会逐渐变低, 温度低的点会逐渐升高. 这种物理现象在数学上总结起来就是极值原理.

定义 3.1　设 $\Omega = (0,l)$ 为物体占据的空间区域, $T > 0$ 为时间, 称 $\Omega_T = \Omega \times (0,T]$ 为抛物圆柱, 称

$$\partial \Omega_T = (\partial \Omega \times [0,T]) \bigcup (\Omega \times \{0\}) = \left\{ (x,t) \middle| x = 0, \text{或} x = l, \text{或} t = 0 \right\}$$

为 Ω_T 的抛物边界. 如图 3.1 所示.

考虑热传导方程

$$Lu = \frac{\partial u}{\partial t} - a^2 \frac{\partial^2 u}{\partial x^2} = f(x,t), \quad (x,t) \in \Omega_T, \qquad (3.1)$$

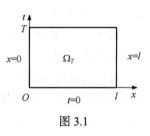

图 3.1

其中 $a > 0$ 为常数.

定理 3.1 (弱极值原理)　设 $u \in C(\overline{\Omega_T}) \bigcap C^{2,1}(\Omega_T)$
满足方程(3.1), 且 $Lu = f \leqslant 0$, 则 u 在 $\overline{\Omega_T}$ 上的最大值
必在抛物边界 $\partial \Omega_T$ 上取到, 即

$$\max_{\overline{\Omega_T}} u = \max_{\partial \Omega_T} u.$$

证明　显然, u 在 $\overline{\Omega_T}$ 上的最大值存在, 设为 M. 我们采用反证法, 假定 u 在
内部某点 $(x_0, t_0) \in \Omega_T$ 取得最大值 M, 则我们有

$$u_x(x_0, t_0) = 0, \quad u_{xx}(x_0, t_0) \leqslant 0, \quad u_t(x_0, t_0) \geqslant 0.$$

进一步,

$$Lu(x_0, t_0) = \frac{\partial u}{\partial t}(x_0, t_0) - a^2 \frac{\partial^2 u}{\partial x^2}(x_0, t_0) \geqslant 0,$$

而 $f \leqslant 0$, 推不出矛盾, 我们寻求构造辅助函数得出矛盾. 设 u 在 $\partial \Omega_T$ 上的最大值
为 M_0, 则 $M > M_0$. 构造函数

$$w = u - \frac{M - M_0}{2t_0}(t - t_0),$$

得

$$Lw = w_t - a^2 w_{xx} = u_t - a^2 u_{xx} - \frac{M - M_0}{2t_0} = f - \frac{M - M_0}{2t_0} < 0.$$

又因为

$$w\big|_{\partial \Omega_T} = u\big|_{\partial \Omega_T} - \frac{M - M_0}{2t_0}(t - t_0)\bigg|_{\partial \Omega_T} \leqslant M_0 + \frac{M - M_0}{2} < M,$$

而 $w(x_0, t_0) = u(x_0, t_0) = M$, 因此 w 的最大值也在内部取得, 令 (x_1, t_1) 是函数 w 的最
大值点, 则

$$w_x(x_1, t_1) = 0, \quad w_{xx}(x_1, t_1) \leqslant 0, \quad w_t(x_1, t_1) \geqslant 0.$$

从而,

$$Lw(x_1, t_1) = \frac{\partial w}{\partial t}(x_1, t_1) - a^2 \frac{\partial^2 w}{\partial x^2}(x_1, t_1) \geqslant 0,$$

这与 $Lw < 0$ 矛盾. 由此, u 在 $\overline{\Omega_T}$ 上的最小值一定在抛物边界取得. 证毕.

注 1　$f \leqslant 0$ 表示吸热, 即内部有吸热的热源, 因此不会使内部温度升高, 故温度的最大值存在.

注 2　上面证明中构造了辅助函数, 这一证明方法称为辅助函数法, 它是偏微分方程理论中经常使用的一种技巧. 对于定理 3.1, 我们也可以采取其他的证明方法: 应用反证法, 对 $f < 0$ 和 $f = 0$ 讨论, 当 $f = 0$ 时, 构造辅助函数

$$w = u - \varepsilon t \quad (\varepsilon > 0),$$

读者可以自己证明.

类似地, 作变换 $v = -u$, 利用定理 3.1 可以得到下列最小值结论.

推论 3.1　设 $u \in C(\overline{\Omega_T}) \bigcap C^{2,1}(\Omega_T)$ 是满足方程(3.1)的解, 且在 Ω_T 上 $f \geqslant 0$, 则 u 在 $\overline{\Omega_T}$ 上的最小值必在抛物边界 $\partial\Omega_T$ 上取到, 即

$$\min_{\overline{\Omega_T}} u = \min_{\partial\Omega_T} u .$$

特别地, 如果在 Ω_T 上 $Lu = 0$, 则 u 在 $\overline{\Omega_T}$ 上的最大值与最小值都在抛物边界 $\partial\Omega_T$ 上取到.

证明　令 $v = -u$, 则 $Lv = -Lu \leqslant 0$, 由定理 3.1, 可得

$$\max_{\overline{\Omega_T}}(-u) = \max_{\overline{\Omega_T}} v = \max_{\partial\Omega_T} v = \max_{\partial\Omega_T}(-u),$$

即

$$\min_{\overline{\Omega_T}} u = \min_{\partial\Omega_T} u . \qquad\qquad\qquad 证毕.$$

定理 3.1 和推论 3.1 说明了满足一定条件的热传导方程解的最大值(最小值)必在抛物边界达到. 事实上, 我们还可以得出更强的结论: 最值除了恒为常数外不可能在 Ω_T 达到, 即下述强极值原理.

强极值原理　若存在内部的点 $(x_0, t_0) \in \Omega_T$ 使得 $u(x_0, t_0) = \max_{\overline{\Omega_T}} u$, 则 u 在 $\overline{\Omega_{t_0}}$ 恒等于常数.

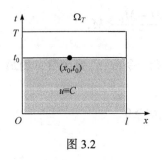

图 3.2

需要注意的是, 强极值原理说明了如果 u 在内部取得最大值, 则在极值点之前的时间间隔 $[0, t_0]$ 内的点的值为常数, 而在 t_0 之后的值可能会改变, 只要 t_0 之后的边界条件是变化的. 如图 3.2 所示.

由定理 3.1, 我们还可以得到一个重要结论, 该结论在偏微分方程解的爆破研究中经常使用.

推论 3.2 (比较原理)　设 $u, v \in C(\overline{\Omega_T}) \bigcap C^{2,1}(\Omega_T)$，且

$$\begin{cases} Lu \leqslant Lv, & (x,t) \in \Omega_T, \\ u \leqslant v, & (x,t) \in \partial\Omega, \end{cases}$$

则 $u \leqslant v$，$(x,t) \in \overline{\Omega_T}$．特别地，如果 $u \in C(\overline{\Omega_T}) \bigcap C^{2,1}(\Omega_T)$，且

$$\begin{cases} Lu \leqslant 0, & (x,t) \in \Omega_T, \\ u \leqslant 0, & (x,t) \in \partial\Omega, \end{cases}$$

则 $u \leqslant 0$ 于 $\overline{\Omega_T}$．

证明　令 $w = u - v$，则在 Ω_T 上有

$$Lw = Lu - Lv \leqslant 0,$$

在抛物边界 $\partial\Omega_T$ 上：$w \leqslant 0$．故由定理 3.1 可得

$$\max_{\Omega_T} w = \max_{\partial\Omega_T} w \leqslant 0.$$

因此，在 $\overline{\Omega_T}$ 上 $w \leqslant 0$，即，$u \leqslant v$，$(x,t) \in \overline{\Omega_T}$．证毕.

　　下面我们应用弱极值原理解释热传导方程热量的无限传播速度．设 u 是下列热传导方程的边值问题的解

$$\begin{cases} \dfrac{\partial u}{\partial t} - a^2 \dfrac{\partial^2 u}{\partial x^2} = 0, & (x,t) \in \Omega_T, \\ u(x,0) = \varphi(x), & 0 \leqslant x \leqslant l, \\ u(0,t) = u(l,t) = 0, & 0 \leqslant t \leqslant T, \end{cases}$$

这里 $\varphi(x) \geqslant 0$．如果初值 $\varphi(x)$ 在 $[0,l]$ 上的某点处大于零，则由极值原理知 u 在 Ω_T 内处处均大于零．这说明了如果初始温度在某点处不为零，则区域内部温度分布均大于零，即热量扰动具有无限传播速度．如图 3.3 所示.

　　一般来说，热传导方程和位势方程都有相应的极值原理，且在研究这两类方程中具有基本而重要的作用，在后面小节我们将进一步给出热传导方程极值原理的应用．对于波动方程，也可推出相关极值原理，但要求的条件比较苛刻，因此其作用通常被忽视.

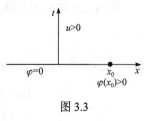

图 3.3

　　下面我们考察更一般的情形：

$$Lu \equiv u_t - a^2 u_{xx} + c(x,t)u .$$

当 $c(x,t) \equiv 0$ 时，就是前面得到的结果．当 $c(x,t)$ 有下界时，我们不能获得解的最值在边界取得．例如，当 $c(x,t) = -3$ 时，考察

$$Lu \equiv u_t - a^2 u_{xx} - 3u,$$

对 $u(x,t) = \mathrm{e}^t \sin x$, $(x,t) \in \Omega_T = (0,\pi) \times (0,T)$, 易验证 $u(x,t)$ 满足

$$Lu \equiv u_t - a^2 u_{xx} - 3u = -\mathrm{e}^t \sin x < 0, \quad (x,t) \in \Omega_T.$$

然而, $u(x,t)$ 在区域内部的点 $\left(\dfrac{\pi}{2},T\right)$ 处取得最大值 e^T. 由此, 当 $c(x,t)$ 有下界时, 极值原理不成立. 然而, 我们可以得到类似推论 3.2 的比较原理.

定理 3.2 设 $Lu \equiv u_t - a^2 u_{xx} + c(x,t)u$, 其中 $a > 0$ 为常数, $c(x,t)$ 在 Ω_T 中有下界. 如果 $u \in C(\overline{\Omega_T}) \bigcap C^{2,1}(\Omega_T)$ 满足: 在 Ω_T 中 $Lu \leqslant 0$ 且在抛物边界上 $u \leqslant 0$, 则在 $\overline{\Omega_T}$ 上 $u \leqslant 0$.

证明 显然 u 在 $\overline{\Omega_T}$ 上的最大值存在, 设 $(x_0,t_0) \in \overline{\Omega_T}$ 是最大值点, 即

$$u(x_0,t_0) = \max_{\Omega_T} u,$$

因为在抛物边界 $u \leqslant 0$, 故只需要证明当 $(x_0,t_0) \in \Omega_T$ 时结论成立.

因为 (x_0,t_0) 是最大值点, 故

$$u_x(x_0,t_0) = 0, \quad u_{xx}(x_0,t_0) \leqslant 0, \quad u_t(x_0,t_0) \geqslant 0.$$

下面分两种情形讨论: $c(x,t)$ 有正下界和非正下界.

若 $c(x,t)$ 有正下界, 即 $c(x,t) > 0$,

$$Lu\big|_{(x_0,t_0)} = [u_t - a^2 u_{xx} + c(x,t)u]\big|_{(x_0,t_0)} \geqslant c(x_0,t_0)u(x_0,t_0),$$

由 $Lu \leqslant 0$, 则可得

$$c(x_0,t_0)u(x_0,t_0) \leqslant 0,$$

所以 $u(x_0,t_0) \leqslant 0$. 于是, 当 $c(x,t) > 0$ 时, 结论成立.

若 $c(x,t)$ 有非正下界, 则存在常数 $k > 0$, 使得

$$c(x,t) + k > 0.$$

令 $v(x,t) = \mathrm{e}^{-kt}u(x,t)$, 则 $u \in C(\overline{\Omega_T}) \bigcap C^{2,1}(\Omega_T)$, 在边界上 $v \leqslant 0$ 且

$$\begin{aligned}
Lv &= v_t - a^2 v_{xx} + c(x,t)v \\
&= [u_t - a^2 u_{xx} + c(x,t)u]\mathrm{e}^{-kt} - ku\mathrm{e}^{-kt} \leqslant -kv,
\end{aligned}$$

从而

$$v_t - a^2 v_{xx} + [c(x,t)+k]v \leqslant 0 \quad 于 \Omega_T,$$

记 $c_1(x,t) = c(x,t) + k$, 则 $c_1(x,t) > 0$, 由第一种情形, 可得

$$v(x,t) \leqslant 0,$$

进而由 $u = e^{kt}v$，可得在 $\overline{\Omega_T}$ 上 $u \leqslant 0$. 证毕.

下面我们将定理 3.2 中的 $c(x,t)$ 的条件加强，由有下界加强为非负的，我们可以得到如下弱极值原理.

定理 3.3 设 $Lu \equiv u_t - a^2 u_{xx} + c(x,t)u$，其中 $c(x,t) \geqslant 0$，$a > 0$ 为常数. 假定 $u \in C(\overline{\Omega_T}) \bigcap C^{2,1}(\Omega_T)$，

(1) 如果在 Ω_T 上 $Lu \leqslant 0$，则

$$\max_{\Omega_T} u \leqslant \max_{\partial \Omega_T} u^+,$$

其中，$u^+ = \max\{u(x,t),\ 0\}$.

(2) 如果在 Ω_T 上 $Lu \geqslant 0$，则

$$\min_{\Omega_T} u \geqslant -\max_{\partial \Omega_T} u^-,$$

其中，$u^- = \min\{u(x,t),\ 0\}$.

证明 我们只对(1)证明，如果在 $(x,t) \in \overline{\Omega_T}$ 时，$u(x,t) \leqslant 0$，即最大值为 0，则结论显然成立. 下面只讨论 $u(x,t)$ 有正的最大值时结论成立，下面分为两种情形讨论：$Lu < 0$ 和 $Lu \leqslant 0$.

若 $Lu < 0$，采用反证法，假定在内部 $(x_0, t_0) \in \Omega_T$ 取得正最大值，则

$$u_x(x_0, t_0) = 0, \quad u_{xx}(x_0, t_0) \leqslant 0, \quad u_t(x_0, t_0) \geqslant 0.$$

从而由 $c(x,t) \geqslant 0$ 及 $u(x_0, t_0) > 0$ 可得

$$Lu \equiv u_t - a^2 u_{xx} + c(x,t)u \Big|_{(x_0,t_0)} \geqslant 0,$$

这与题设 $Lu < 0$ 矛盾. 因此，我们可得

$$\max_{\Omega_T} u = \max_{\partial \Omega_T} u^+.$$

下面考虑更一般的情形，$Lu \leqslant 0$. 对任意的 $\varepsilon > 0$，构造辅助函数

$$v(x,t) = u(x,t) - \varepsilon t,$$

易得

$$Lv = Lu - \varepsilon - c(x,t)\varepsilon t < 0, \quad (x,t) \in \Omega_T.$$

因为 $u(x,t)$ 有正的最大值，则 $v(x,t)$ 也有正的最大值，只要 ε 足够小. 则由已证断言可得

$$\max_{\Omega_T} v = \max_{\partial \Omega_T} v^+.$$

令 $\varepsilon \to 0$，我们有 $\max\limits_{\overline{\Omega}_T} u = \max\limits_{\partial \Omega_T} u^+$.

结论(2)可类似得到. 证毕.

注 1   若 $Lu = 0$，则 $\max\limits_{\overline{\Omega}_T} |u| = \max\limits_{\partial \Omega_T} |u|$.

注 2   由定理 3.3 知，当在 Ω_T 上 $c(x,t)$ 非负时，也不能得出 u 在 $\overline{\Omega}_T$ 上的最大值必在抛物边界 Γ 上取到. 但若将 $c(x,t)$ 的条件改为非负有界，即

$$0 \leqslant c(x,t) \leqslant M < +\infty, \quad (x,t) \in \Omega_T,$$

则 u 在 $\overline{\Omega}_T$ 上的非负最大值(如果存在)必在抛物边界 Γ 上取到，该结论的证明留作习题(见习题 20)，读者可自行推导.

二、第一边值问题的唯一性和稳定性

考虑热传导方程第一边值问题：

$$\begin{cases} \dfrac{\partial u}{\partial t} - a^2 \dfrac{\partial^2 u}{\partial x^2} = f(x,t), & (x,t) \in \Omega_T, \\ u(x,0) = \varphi(x), & 0 \leqslant x \leqslant l, \\ u(0,t) = g_1(t), \quad u(l,t) = g_2(t), & 0 \leqslant t \leqslant T. \end{cases} \quad (3.2)$$

其中 $\Omega_T = \left\{ (x,t) \mid 0 < x < l, 0 < t \leqslant T \right\}$，$a > 0$ 为常数.

本小节介绍第一边值问题解的唯一性和稳定性. 首先，由弱极值原理，我们可得问题(3.2)解的唯一性.

定理 3.4   边值问题(3.2)在 $C(\overline{\Omega}_T) \cap C^{2,1}(\Omega_T)$ 中的解在 $\overline{\Omega}_T$ 上是唯一的.

证明   设 u_1, u_2 是问题(3.2)的解，下证 $u_1 \equiv u_2$. 令 $w = u_1 - u_2$，易知 w 满足

$$\begin{cases} \dfrac{\partial w}{\partial t} - a^2 \dfrac{\partial^2 w}{\partial x^2} = 0, & (x,t) \in \Omega_T, \\ w(x,0) = 0, & 0 \leqslant x \leqslant l, \\ u(0,t) = u(l,t) = 0, & 0 \leqslant t \leqslant T. \end{cases}$$

由推论 3.1 可得，$\max\limits_{\overline{\Omega}_T} w = \max\limits_{\partial \Omega_T} w = 0$，$\min\limits_{\overline{\Omega}_T} w = \min\limits_{\partial \Omega_T} w = 0$，即 $w \equiv 0$. 证毕.

接下来考察解的稳定性. 为了得到解的稳定性，我们首先需要建立解的最大模估计，即解的绝对值的最大值.

定理 3.5   设 $u \in C(\overline{\Omega}_T) \cap C^{2,1}(\Omega_T)$ 是边值问题(3.2)的解，则

$$\max\limits_{\overline{\Omega}_T} |u| \leqslant FT + A,$$

其中

$$F \equiv \sup_{\Omega_T} |f(x,t)|,$$

$$A \equiv \max\left\{ \max_{[0,l]} |\varphi(x)|, \ \max_{[0,T]} |g_1(t)|, \ \max_{[0,T]} |g_2(t)| \right\}.$$

证明 记 $Lu = u_t - a^2 u_{xx}$，通过构造适当的辅助函数与问题的解作比较，再用比较原理得出结论. 取 $v = Ft + A$，则

$$\begin{cases} Lv = v_t - a^2 v_{xx} = F \geqslant \pm f = L(\pm u), & (x,t) \in \Omega_T, \\ v \geqslant A \geqslant \pm u, & (x,t) \in \partial\Omega_T, \end{cases}$$

由比较原理，我们可得

$$|u| \leqslant v \leqslant FT + A, \quad (x,t) \in \overline{\Omega_T}.$$

设 $u_1, u_2 \in C(\overline{\Omega_T}) \bigcap C^{2,1}(\Omega_T)$ 为问题(3.2)分别对应于非齐次项 f_1 和 f_2、初值 φ_1 和 φ_2、边值 $g_{1,1}$ 和 $g_{1,2}$，以及 $g_{2,1}$ 和 $g_{2,2}$ 的两个解，令 $w = u_1 - u_2$，应用定理 3.3 的最大模估计，我们可以得到问题(3.2)的解对热源强度、初值及边值的连续依赖性，即稳定性.

推论 3.3 边值问题(3.2)在 $C(\overline{\Omega_T}) \bigcap C^{2,1}(\Omega_T)$ 中的解连续依赖于 f, φ, g_1, g_2. 即对上述两个解 u_1，u_2，我们有如下估计:

$$\max_{\Omega_T} |u_1 - u_2| \leqslant T \sup_{\Omega_T} |f_1 - f_2| + \max\left\{ \max_{[0,l]} |\varphi_1 - \varphi_2|, \ \max_{[0,T]} |g_{1,1} - g_{1,2}|, \ \max_{[0,T]} |g_{2,1} - g_{2,2}| \right\}.$$

由推论 3.3 易知，如果 f，φ，g_1，g_2 发生小扰动，则解也发生小的改变，这说明边值问题(3.2)的解是稳定的，即解具有稳定性.

三、第二、三边值问题解的唯一性和稳定性

本小节介绍热传导方程第二、三边值问题的解的唯一性和稳定性.

设 $\Omega_T = \left\{(x,t) \,\middle|\, 0 < x < l, 0 < t \leqslant T\right\}$，$Lu \equiv u_t - a^2 u_{xx}$，考虑如下边值问题:

$$\begin{cases} Lu = f(x,t), & (x,t) \in \Omega_T, \\ u(x,0) = \varphi(x), & 0 \leqslant x \leqslant l, \\ \left[-\dfrac{\partial u}{\partial x} + \alpha(t)u\right]\Bigg|_{x=0} = g_1(t), & 0 \leqslant t \leqslant T, \\ \left[\dfrac{\partial u}{\partial x} + \beta(t)u\right]\Bigg|_{x=l} = g_2(t), & 0 \leqslant t \leqslant T, \end{cases} \tag{3.3}$$

其中，$\alpha(t) \geqslant 0$，$\beta(t) \geqslant 0$. 当 $\alpha(t) \equiv \beta(t) \equiv 0$ 时，(3.3)就是第二类边值问题. 对第三边值问题，$\alpha(t)$，$\beta(t)$ 是热交换系数与热传导系数之比，因而为正.

对于热传导方程第二、三边值问题, 我们不能直接应用极值原理得到解的最大模估计. 因此, 为了得到问题(3.3)的解的唯一性和稳定性, 我们还需要进一步讨论. 首先, 运用极值原理, 我们可以在一定条件假设下得到类似比较原理的结论.

引理 3.1　设 $u \in C^{1,0}(\overline{\Omega_T}) \cap C^{2,1}(\Omega_T)$ 是边值问题(3.3)的解, 如果 $f \geqslant 0$, $\varphi \geqslant 0$, $g_1 \geqslant 0$, $g_2 \geqslant 0$, 则在 $\overline{\Omega_T}$ 上 $u \geqslant 0$.

证明　因 $Lu = f \geqslant 0$, 故由弱极值原理知 u 在 $\overline{\Omega_T}$ 中的最小值在抛物边界上取得, 即 $\min\limits_{\Omega_T} u = \min\limits_{\partial\Omega_T} u$. 下面对边界的值分两种情形进行讨论.

首先, 若 $g_1 > 0$, $g_2 > 0$, 即

$$\begin{cases} [-u_x + \alpha(t)u]\big|_{x=0} > 0, & 0 \leqslant t \leqslant T, \\ [u_x + \beta(t)u]\big|_{x=l} > 0, & 0 \leqslant t \leqslant T. \end{cases}$$

根据弱极值原理知, 存在 $(x_0, t_0) \in \partial\Omega_T$, 使得

$$\min\limits_{\Omega_T} u = u(x_0, t_0).$$

下面对 (x_0, t_0) 在不同边界上进行讨论.

如果 (x_0, t_0) 在边界 $t=0$ 上, 即 $t_0 = 0$, 则由初值条件得

$$u(x_0, t_0) = u(x_0, 0) \geqslant 0.$$

如果 (x_0, t_0) 在边界 $x=0$ 上, 即 $x_0 = 0$, 则由边界条件可得

$$-u_x(0, t_0) + \alpha(t_0)u(0, t_0) > 0.$$

因为函数 $u(x, t_0)$ $(0 \leqslant x \leqslant l)$ 在 $x = x_0 = 0$ 取到最小值, 故 $u_x(0, t_0) \geqslant 0$. 所以, 由上式得

$$\alpha(t_0)u(0, t_0) > 0,$$

从而 $u(0, t_0) > 0$, 即 $u(x_0, t_0) > 0$.

如果 (x_0, t_0) 在边界 $x=l$ 上, 则由边界条件可得

$$u_x(l, t_0) + \beta(t_0)u(l, t_0) > 0,$$

类似在边界 $x=0$ 的分析, 我们可得 $u(x_0, t_0) = u(l, t_0) > 0$.

由此, 我们证明了当 $g_1 > 0$, $g_2 > 0$, 在 $\overline{\Omega_T}$ 上解 $u \geqslant 0$.

下面我们考虑 g_1, g_2 存在零点时, 即

$$\begin{cases} [-u_x + \alpha(t)u]\big|_{x=0} \geqslant 0, & 0 \leqslant t \leqslant T, \\ [u_x + \beta(t)u]\big|_{x=l} \geqslant 0, & 0 \leqslant t \leqslant T. \end{cases}$$

类似定理 3.1, 我们拟构造辅助函数, 使得新的函数满足边界条件均严格大于零, 从而将问题转换为第一种情形, 再利用已证的结果.

对任意 $\varepsilon>0$, 寻求构造下列形式的函数

$$v(x,t) \equiv u(x,t) + \varepsilon z(x,t)$$

满足第一种情形的条件, 即满足: $v \in C^{1,0}(\overline{\Omega_T}) \bigcap C^{2,1}(\Omega_T)$, 且

$$\begin{cases} 0 \leqslant Lv = Lu + \varepsilon Lz, & (x,t) \in \Omega_T, \\ 0 \leqslant v(x,0) = u(x,0) + \varepsilon z(x,0), & 0 \leqslant x \leqslant l, \\ 0 < [-v_x + \alpha(t)v]\big|_{x=0} = [-u_x + \alpha(t)u]\big|_{x=0} + \varepsilon[-z_x + \alpha(t)z]\big|_{x=0}, & 0 \leqslant t \leqslant T, \\ 0 < [-v_x + \alpha(t)v]\big|_{x=l} = [-u_x + \alpha(t)u]\big|_{x=l} + \varepsilon[-z_x + \alpha(t)z]\big|_{x=l}, & 0 \leqslant t \leqslant T. \end{cases}$$

由 u 满足的条件知, 只需 z 满足下列条件即可:

$$z(x,t) \in C^{1,0}(\overline{\Omega_T}) \bigcap C^{2,1}(\Omega_T),$$

$$Lz \geqslant 0, \ (x,t) \in \Omega_T, \quad z(x,0) \geqslant 0, \ 0 \leqslant x \leqslant l,$$

$$[-z_x + \alpha(t)z]\big|_{x=0} > 0, \quad [z_x + \alpha(t)z]\big|_{x=l} > 0, \quad 0 \leqslant t \leqslant T.$$

可取: $z = 2a^2 t + \left(x - \dfrac{l}{2}\right)^2$, 易验证

$$Lz = z_t - a^2 z_{xx} = 0, \quad z(x,0) \geqslant 0,$$

$$[-z_x + \alpha(t)z]\big|_{x=0} = \left[-2\left(x - \frac{l}{2}\right) + \alpha(t)z\right]\bigg|_{x=0} \geqslant l > 0;$$

$$[z_x + \beta(t)z]\big|_{x=l} = \left[2\left(x - \frac{l}{2}\right) + \beta(t)z\right]\bigg|_{x=l} \geqslant l > 0.$$

于是 $z = 2a^2 t + \left(x - \dfrac{l}{2}\right)^2$ 满足要求, 即 $v(x,t) \equiv u(x,t) + \varepsilon z(x,t)$ 满足在边界均大于 0 的情形, 由前面结论可得

$$v(x,t) \equiv u(x,t) + \varepsilon z(x,t) \geqslant 0,$$

令 $\varepsilon \to 0$, 我们有 $u(x,t) \geqslant 0$. 第二种情形得证. 证毕.

下面运用引理 3.1, 可以得到第二、三边值问题(3.3)的最大模估计, 进而推出解的唯一性和稳定性.

定理 3.6 设 $u \in C^{1,0}(\overline{\Omega_T}) \bigcap C^{2,1}(\Omega_T)$ 是问题(3.3)的解, 则

$$\max_{\Omega_T} |u| \leqslant C(F + A),$$

其中 $F \equiv \sup\limits_{\Omega_T}|f|$，$A \equiv \max\left\{\max\limits_{[0,l]}|\varphi|, \max\limits_{[0,T]}|g_1|, \max\limits_{[0,T]}|g_2|\right\}$，常数 C 依赖于 a，l 和 T.

证明　类似定理 3.5，寻找辅助函数 $w(x,t)$，使得函数 $v \equiv w \pm u$ 满足引理 3.1 的条件，进而 $v \geqslant 0$，即得 $|u| \leqslant w \leqslant C(F+A)$.

令

$$w = Ft + A\left(\frac{1}{l}z + 1\right),$$

其中 $z = 2a^2t + \left(x - \dfrac{l}{2}\right)^2$ 是在引理 3.1 的证明中使用过的函数. 由引理 3.1 证明中 z 所满足的结论，可得 w 满足：$w \in C^{1,0}(\overline{\Omega_T}) \bigcap C^{2,1}(\Omega_T)$，且

$$Lw \geqslant F, \quad (x,t) \in \Omega_T, \quad w(x,0) \geqslant A, \quad 0 \leqslant x \leqslant l,$$

$$[-w_x + \alpha(t)w]\big|_{x=0} \geqslant A, \quad [w_x + \alpha(t)w]\big|_{x=l} \geqslant A, \quad 0 \leqslant t \leqslant T.$$

从而 $v \in C^{1,0}(\overline{\Omega_T}) \bigcap C^{2,1}(\Omega_T)$，且满足引理 3.1 的条件，

$$\begin{cases} Lv = \pm Lu + Lw = \pm f + Lw \geqslant 0, & (x,t) \in \Omega_T, \\ v(x,0) = \pm \varphi(x) + w(x,0) \geqslant 0, & 0 \leqslant x \leqslant l, \\ [-v_x + \alpha(t)v]\big|_{x=0} = \pm g_1(t) + [-w_x + \alpha(t)w]\big|_{x=0} \geqslant 0, & 0 \leqslant x \leqslant T, \\ [-v_x + \alpha(t)v]\big|_{x=l} = \pm g_1(t) + [-w_x + \alpha(t)w]\big|_{x=l} \geqslant 0, & 0 \leqslant x \leqslant T. \end{cases}$$

由引理 3.1 得

$$v = w \pm u \geqslant 0, \quad (x,t) \in \overline{\Omega_T},$$

所以

$$|u| \leqslant w \leqslant C(F+A),$$

其中，$C = \left[\dfrac{1}{l}\left\{2a^2T + \left(\dfrac{l}{2}\right)^2\right\} + 1\right]\max\{T,1\}$. 证毕.

由最大模估计，我们易得解的唯一性和连续依赖性.

定理 3.7　热传导方程第二、三边值问题(3.3)在 $C^{1,0}(\overline{\Omega_T}) \bigcap C^{2,1}(\Omega_T)$ 中的解在 Ω_T 上是唯一的，且连续依赖于 f，φ，g_1，g_2. 即有如下估计：

$$\max\limits_{\Omega_T}|u_1 - u_2| \leqslant C\sup\limits_{\Omega_T}|f_1 - f_2| + C\max\left\{\max\limits_{[0,l]}|\varphi_1 - \varphi_2|, \ \max\limits_{[0,T]}|g_{1,1} - g_{1,2}|, \max\limits_{[0,T]}|g_{2,1} - g_{2,2}|\right\},$$

其中，u_1，u_2 为问题(3.3)在 $C^{1,0}(\overline{\Omega_T}) \bigcap C^{2,1}(\Omega_T)$ 中分别对应于非齐次项 f_1 和 f_2、初值 φ_1 和 φ_2、边值 $g_{1,1}$ 和 $g_{1,2}$，以及 $g_{2,1}$ 和 $g_{2,2}$ 的两个解.

四、初值问题解的唯一性和稳定性

考虑热传导方程的 Cauchy 问题

$$\begin{cases} u_t - a^2 u_{xx} = f(x,t), & (x,t) \in Q, \\ u(x,0) = \varphi(x), & -\infty < x < \infty, \end{cases} \tag{3.4}$$

这里 $Q = \left\{ (x,t) \,\middle|\, -\infty < x < +\infty, 0 < t \leqslant T \right\}$. 前面我们已经用 Poisson 公式求出了当初值 φ 连续有界时问题(3.4)的有界解. 本小节将证明问题(3.4)的有界解的唯一性和关于 f 和 φ 的连续依赖性. 为了得到解唯一性和连续依赖性, 类似边值问题, 我们首先建立解的最大模估计.

定理 3.8 设 $u \in C(\overline{Q}) \bigcap C^{2,1}(Q)$ 是问题(3.4)的有界解, 则

$$\sup_{(x,t)\in Q} |u(x,t)| \leqslant T \sup_{(x,t)\in Q} |f(x,t)| + \sup_{t\in(-\infty,+\infty)} |\varphi(x)|.$$

证明 因为 Q 是无界区域, 我们先将 Q 截断为有界子区域 Q_L, 将问题转换为第一边值问题, 通过构造辅助函数, 运用弱极值原理获得辅助函数的非负性, 最后再将区域逼近 Q 得到边值问题的最值.

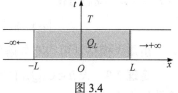

图 3.4

为了利用弱极值原理, 我们考虑下列矩形区域(图 3.4)

$$Q_L \equiv \left\{ (x,t) \,\middle|\, |x| < L, 0 < t \leqslant T \right\}.$$

记

$$F = \sup_{(x,t)\in Q} |f(x,t)|, \quad \Phi = \sup_{x\in(-\infty,+\infty)} |\varphi(x)|, \quad M = \sup_{(x,t)\in Q} |u(x,t)|.$$

如果 $F = +\infty$ 或 $\Phi = +\infty$, 则结论显然成立. 因此, 只需考虑 $F, \Phi < +\infty$. 下面我们证明: 对 $\forall (x,t) \in Q_L$, 下列估计成立:

$$|u(x,t)| \leqslant Ft + \Phi + \frac{M}{L^2}(x^2 + 2a^2 t). \tag{3.5}$$

我们采用构造辅助函数法, 构造下列函数

$$v(x,t) = Ft + \Phi + \frac{M}{L^2}(x^2 + 2a^2 t) \pm u(x,t), \quad (x,t) \in \overline{Q_L}.$$

为了证明(3.5)成立, 即证 $v(x,t) \geqslant 0$, $(x,t) \in \overline{Q_L}$. 下面验证 $v(x,t)$ 满足弱极值原理的条件. 经过简单计算有

$$Lv = v_t - a^2 v_{xx} = F + \frac{M}{L^2}(2a^2 - 2a^2) \pm (u_t - a^2 u_{xx}) = F \pm f \geqslant 0, \quad (x,t) \in Q_L.$$

则由弱极值原理, 可得

$$\min_{(x,t)\in \overline{Q}_L} v(x,t) = \min_{(x,t)\in \partial Q_L} v(x,t).$$

又 $v(x,t)$ 在抛物边界上满足

$$v(x,0) = \Phi + \frac{M}{L^2}x^2 \pm \varphi \geqslant \Phi \pm \varphi \geqslant 0, \quad -L \leqslant x \leqslant L,$$

$$v(\pm L,t) \geqslant M \pm u(\pm L,t) \geqslant 0, \quad 0 \leqslant t \leqslant T.$$

因此,

$$v \geqslant \min_{\partial Q_L} v \geqslant 0,$$

即

$$|u(x,t)| \leqslant Ft + \Phi + \frac{M}{L^2}(x^2 + 2a^2 t), \quad (x,t) \in \overline{Q_L}.$$

令 $L \to +\infty$, 我们可得

$$|u(x,t)| \leqslant Ft + \Phi \leqslant FT + \Phi, \quad (x,t) \in Q. \qquad\qquad 证毕.$$

由最大模估计可得有界解的唯一性和稳定性.

定理 3.9　设 $u \in C(\overline{Q}) \bigcap C^{2,1}(Q)$ 是初值问题(3.4)的有界解, 则 u 是唯一的, 且连续依赖于 $f(x,t), \varphi(x)$.

证明　假设问题(3.4)在 $C(\overline{Q}) \bigcap C^{2,1}(Q)$ 中有两个有界解, 对这两个解的差应用定理 3.8 的最大模估计, 得这两个解的差在 $\overline{Q}$ 中恒等于零. 连续依赖性可类似证明. 证毕.

注　定理 3.9 的唯一性证明应用了最大模估计, 而最大模估计前提条件是对有界解才成立, 因此这里只能得到有界解的唯一性. 而初值问题(3.4)虽然在 $C(\overline{Q}) \bigcap C^{2,1}(Q)$ 中, 然而在无穷远 "边界" 上, (3.4)对解没有限制, 因而存在无界解, 故在 $C(\overline{Q}) \bigcap C^{2,1}(Q)$ 中的解并不是唯一的. 如果我们额外加上条件: 存在正常数 C_0 与 C_1, 使得

$$|u(x,t)| \leqslant C_0\, \mathrm{e}^{C_1 x^2}, \quad (x,t) \in Q,$$

则可类似定理 3.6 证明该类解是唯一的.

五、边值问题解的能量模估计

类似弦振动方程, 我们也可对一维热传导方程的边值问题建立能量模估计, 即能量不等式. 考虑第一边值问题:

$$\begin{cases} u_t - a^2 u_{xx} = f(x,t), & (x,t) \in \Omega_T, \\ u(x,0) = \varphi(x), & 0 \leqslant x \leqslant l, \\ u(0,t) = 0, u(l,t) = 0, & 0 \leqslant t \leqslant T, \end{cases} \qquad (3.6)$$

其中 $a > 0$，$T > 0$ 为常数，$\Omega_T = \{(x,t) \mid 0 < x < l, 0 < t \leqslant T\}$.

定理 3.10　设 $u \in C^{2,1}(\overline{\Omega_T})$ 是边值问题(3.6)的解，则下述能量估计成立:

$$\sup_{0 \leqslant t < T} \int_0^l u^2(x,t) \mathrm{d}x + 2a^2 \int_0^T \int_0^l u_x^2(x,t) \mathrm{d}x \mathrm{d}t \leqslant M \left(\int_0^l \varphi^2(x) \mathrm{d}x + \int_0^T \int_0^l f^2(x,t) \mathrm{d}x \mathrm{d}t \right),$$

其中 M 只依赖于 T.

证明　方程(3.6)两边同乘以 u，再在 $[0,l]$ 上关于 x 积分得

$$\int_0^l u_t u \mathrm{d}x - a^2 \int_0^l u u_{xx} \mathrm{d}x = \int_0^l u f \, \mathrm{d}x. \qquad (3.7)$$

由 $u \in C^{2,1}(\overline{\Omega_T})$ 及齐次边界条件，可得

$$\int_0^l u_t u \mathrm{d}x = \frac{1}{2} \int_0^l (u^2)_t \, \mathrm{d}x = \frac{1}{2} \frac{\mathrm{d}}{\mathrm{d}t} \int_0^l u^2 \mathrm{d}x,$$

$$\int_0^l u u_{xx} \, \mathrm{d}x = -\int_0^l (u_x)^2 \mathrm{d}x,$$

代入(3.7)整理为

$$\frac{\mathrm{d}}{\mathrm{d}t} \int_0^l u^2 \mathrm{d}x + 2a^2 \int_0^l (u_x)^2 \mathrm{d}x = 2 \int_0^l f \, u \mathrm{d}x. \qquad (3.8)$$

又由 Cauchy-Schwarz(柯西-施瓦茨)不等式，

$$2 \int_0^l f \, u \mathrm{d}x \leqslant \int_0^l f^2 \mathrm{d}x + \int_0^l u^2 \mathrm{d}x,$$

代入(3.8)可得

$$\frac{\mathrm{d}}{\mathrm{d}t} \int_0^l u^2 \mathrm{d}x + 2a^2 \int_0^l u_x^2 \mathrm{d}x \leqslant \int_0^l f^2 \mathrm{d}x + \int_0^l u^2 \mathrm{d}x. \qquad (3.9)$$

令 $X(t) = \int_0^l u^2(x,t) \mathrm{d}x$，$Y(t) = \int_0^l f^2(x,t) \mathrm{d}x$，则(3.9)等价于

$$X'(t) \leqslant Y(t) + X(t).$$

由 Gronwall 不等式(也可直接计算)，可得

$$X(t) \leqslant \mathrm{e}^t \left(X(0) + \int_0^t Y(s) \mathrm{d}s \right),$$

即

$$\int_0^l u^2(x,t)\mathrm{d}x \leqslant \mathrm{e}^t\left[\int_0^l \varphi^2(x)\mathrm{d}x + \int_0^t\int_0^l f^2\mathrm{d}x\mathrm{d}t\right]$$

$$\leqslant \mathrm{e}^T\left[\int_0^l \varphi^2(x)\mathrm{d}x + \int_0^T\int_0^l f^2\mathrm{d}x\mathrm{d}t\right]. \tag{3.10}$$

最后, 对(3.9)式两边关于时间在 $[0,t]$ $(0<t\leqslant T)$ 上积分, 结合(3.10)可得

$$\int_0^l u^2(x,t)\mathrm{d}x + 2a^2\int_0^t\int_0^l u_x^2\mathrm{d}x\mathrm{d}t \leqslant \int_0^t\int_0^l u^2\mathrm{d}x\mathrm{d}t + \left[\int_0^l \varphi^2(x)\mathrm{d}x + \int_0^t\int_0^l f^2\mathrm{d}x\mathrm{d}t\right]$$

$$\leqslant (\mathrm{e}^T+1)\left[\int_0^l \varphi^2(x)\mathrm{d}x + \int_0^T\int_0^l f^2\mathrm{d}x\mathrm{d}t\right],$$

取 $M = \mathrm{e}^T + 1$. 证毕.

前面我们已经应用极值原理得到初边值问题(3.6)的解的唯一性. 这里, 作为能量估计的应用, 我们也可运用能量估计推出问题(3.6)的解的唯一性.

定理 3.11　问题(3.6)的解在 $C^{2,1}(\overline{\Omega_T})$ 上是唯一的, 且连续依赖于 $f(x,t), \varphi(x)$.

证明　任取问题的两个解 u_1, u_2, 考虑两个解的差 u_1-u_2, 再应用能量不等式即得 $u_1 - u_2 \equiv 0$, 即解的唯一性. 对于连续依赖性, 也可类似证得, 避免重复, 此处略去证明, 请读者自己完成. 证毕.

注1　如果在方程两边乘 u_t 再在 $[0,l]\times[0,t]$ 上积分, 我们可以得到进一步的能量模估计:

$$a^2\sup_{0<t\leqslant T}\int_0^l u_x^2(x,t)\mathrm{d}x + \int_0^T\int_0^l u_t^2(x,t)\mathrm{d}x\mathrm{d}t \leqslant M_1\left(\int_0^l [\varphi'(x)]^2\mathrm{d}x + \int_0^T\int_0^l f^2(x,t)\mathrm{d}x\mathrm{d}t\right),$$

其中 M_1 只与 T 和 a 有关.

注2　上述方法也可用于第二、三边界条件的边值问题, 得出相应的能量估计.

习　题　三

1. 计算下列函数的 Fourier 变换:

(1) $f(x) = \begin{cases} x^2, & |x|\leqslant 1, \\ 0, & |x|>1. \end{cases}$

(2) $f(x) = \begin{cases} \sin x, & |x|\leqslant \pi, \\ 0, & |x|>\pi. \end{cases}$

(3) $f(x) = \mathrm{e}^{-x^2}$.

2. 计算下列函数的 Fourier 变换:

(1) $f(x) = \mathrm{e}^{-\lambda|x|}$, $\lambda>0$;

(2) $f(x) = \mathrm{e}^{-\lambda|x|}\sin x$, $\lambda>0$;

(3) $f(x) = xe^{-\lambda|x|}$, $\lambda > 0$;

(4) $f(x) = \dfrac{1}{a^2 + x^2}$. (利用对称性)

3. 利用 Fourier 变换求解下列初值问题:

$$
\begin{cases}
\dfrac{\partial u}{\partial t} - a^2 \dfrac{\partial^2 u}{\partial x^2} = 0, & x \in \mathbb{R}, t > 0, \\
u(x,0) = e^{-x^2}, & x \in \mathbb{R}.
\end{cases}
$$

4. 利用 Fourier 变换求解下列定解问题:

$$
\begin{cases}
u_t - a^2 u_{xx} - bu_x - cu = f(x,t), & x \in \mathbb{R}, t > 0, \\
u(x,0) = 0, & x \in \mathbb{R},
\end{cases}
$$

其中, a, b, c 是常数.

5. 导出二维热传导方程 Cauchy 问题

$$
\begin{cases}
\dfrac{\partial u}{\partial t} - a^2 \left(\dfrac{\partial^2 u}{\partial x^2} + \dfrac{\partial^2 u}{\partial y^2} \right) = 0, & (x,y) \in \mathbb{R}^2, t > 0, \\
u(x,0) = \varphi(x,y), & (x,y) \in \mathbb{R}^2
\end{cases}
$$

的解的表达式.

6. 证明: 基本解满足

$$
\dfrac{\partial}{\partial t} \Gamma(x,t;\xi,\tau) - a^2 \dfrac{\partial^2}{\partial x^2} \Gamma(x,t;\xi,\tau) = 0,
$$

$$
\dfrac{\partial}{\partial \tau} \Gamma(x,t;\xi,\tau) + a^2 \dfrac{\partial^2}{\partial \xi^2} \Gamma(x,t;\xi,\tau) = 0.
$$

7. 设 $u(x,t)$ 是初值问题

$$
\begin{cases}
\dfrac{\partial u}{\partial t} - a^2 \dfrac{\partial^2 u}{\partial x^2} = 0, & x \in \mathbb{R}, t > 0, \\
u(x,0) = \varphi(x), & x \in \mathbb{R}
\end{cases}
$$

的解. 已知 $\varphi(x) \in C(\mathbb{R})$, 且在某个区间 $(-b,b)$ 外为零, 证明: $\lim\limits_{t \to +\infty} u(x,t) = 0$ 关于 x 一致成立.

8. 有一个无限长的枢轴, 其初始温度为

$$
u(x,0) = \begin{cases} 1, & |x| < 1, \\ 0, & |x| \geqslant 1. \end{cases}
$$

试证: 枢轴上的温度分布为

$$
u(x,t) = \dfrac{2}{\pi} \int_0^\infty \dfrac{\sin \lambda}{\lambda} \cos(\lambda x) e^{-a^2 \lambda^2 t} d\lambda.
$$

提示: 运用结论 $(e^{-a^2 \lambda^2 t})^\vee = \dfrac{1}{2a\sqrt{\pi t}} e^{-\frac{x^2}{4a^2 t}}$.

9. 求下列函数的广义导数:

(1) $f(x) = |x|$;

(2) $f(x) = H(x)\cos x$.

10. 已知半无限长的细杆, 其在杆的端点 $x = 0$ 保持零度, 初始温度分布为 $k(e^{-\lambda x} - 1)$, 求

长时间后杆的温度分布 $u(x,t)$.

11. 半无界杆在端点 $x=0$ 处谐变热流 $B\sin wt$, 求杆上的温度分布 $u(x,t)$.

提示: 设 $u(x,t)=X(x)\mathrm{e}^{\mathrm{i}wt}$ 进行求解, 最后取虚部.

12. 证明: $u(x,t)=\mathrm{e}^{-\lambda^2 a^2 t}(A\sin\lambda x+B\cos\lambda x)$ 是方程 $u_t=a^2 u_{xx}$ 的解.

13. 用分离变量法求解初边值问题

$$\begin{cases}\dfrac{\partial u}{\partial t}-a^2\dfrac{\partial^2 u}{\partial x^2}=0, & 0<x<1,t>0,\\ u(x,0)=\varphi(x), & 0\leqslant x\leqslant1,\\ u(0,t)=0,\ u(1,t)=0, & t\geqslant0\end{cases}$$

的解, 其中 $\varphi(x)$ 分别为

(1) $\varphi(x)=\sin(2\pi x)+\dfrac{1}{3}\sin(4\pi x)+\dfrac{1}{5}\sin(6\pi x)$;

(2) $\varphi(x)=x-x^2$.

14. 长为 l 的柱形管, 一端封闭, 另一端开放. 已知管外空气中含有某种气体, 其浓度为 u_0, 向管内扩散, 求管内该气体的浓度.

15. 求下列方程的解

$$\begin{cases}\dfrac{\partial u}{\partial t}-a^2\dfrac{\partial^2 u}{\partial x^2}=x(1-x), & 0<x<1,t>0,\\ u(x,0)=\sin\pi x, & 0\leqslant x\leqslant1,\\ u(0,t)=0,\ u(1,t)=1, & t>0.\end{cases}$$

16. 求解细杆的导热问题. 已知在杆的一端 $x=l$ 处始终为零, 另一端 $x=0$ 温度为 At , 又初始温度为零, 求杆上的温度分布.

17. 已知一长度为 l 的均匀细棒, 其周围及两端 $x=0,x=l$ 均绝热, 假定初始温度分布为 $\varphi(x)$, 问: $t>0$ 时细棒的温度是多少? 并证明若初始温度 $\varphi(x)=c_0$, 这里 c_0 为常数, 则细棒的温度也恒不变, 即 $u(x,t)=c_0$.

18. 用分离变量法求解

$$\begin{cases}\dfrac{\partial u}{\partial t}-a^2\dfrac{\partial^2 u}{\partial x^2}=0, & 0<x<1,t>0,\\ u(x,0)=x, & 0\leqslant x\leqslant1,\\ u(0,t)=0,u_x+hu(1,t)=t, & t>0,\end{cases}$$

这里 h 为常数.

19. 求解初边值问题

$$\begin{cases}\dfrac{\partial u}{\partial t}-\dfrac{\partial^2 u}{\partial x^2}=-u, & 0<x<1,t>0,\\ u(x,0)=\sin(\pi x)+\dfrac{1}{2}\sin(3\pi x), & 0\leqslant x\leqslant1,\\ u(0,t)=0,\ u(l,t)=0, & t\geqslant0.\end{cases}$$

提示: 作变换 $u(x,t)=\mathrm{e}^{-t}w(x,t)$.

20. 设 $u \in C(\bar{Q}) \bigcap C^{1,2}(Q)$，且

$$Lu = u_t - a^2 u_{xx} + c(x,t)u \leqslant 0, \quad (x,t) \in Q = (0,l) \times (0,T],$$

其中 $0 \leqslant c(x,t) \leqslant M$, M 为正常数. 如果 u 在 $\bar{Q}$ 上存在非负最大值, 则 u 必在抛物边界上取得非负最大值, 即

$$\max_Q u = \max_{\partial Q} u^+.$$

21. 设 $Q = \left\{(x,t) \middle| 0 < x < l, t > 0\right\}$，假定 $u, u_t \in C^{2,1}(Q)$ 满足下列方程:

$$\begin{cases} \dfrac{\partial u}{\partial t} - \dfrac{\partial^2 u}{\partial x^2} = f(x,t), & 0 < x < l, t > 0, \\ u(x,0) = \varphi(x), & 0 \leqslant x \leqslant l, \\ u(0,t) = u(l,t) = 0, & t > 0. \end{cases}$$

证明: $\displaystyle\max_{(x,t) \in Q} |u| \leqslant C(\| f \|_{C^1(\bar{Q})} + \| \varphi'' \|_{C([0,l])})$.

22. 设 $c > 0$，给出下列初边值问题:

$$\begin{cases} \dfrac{\partial u}{\partial t} - a^2 \dfrac{\partial^2 u}{\partial x^2} = cu, & 0 < x < l, t > 0, \\ u(x,0) = \varphi(x), & 0 \leqslant x \leqslant l, \\ u(0,t) = u(l,t) = 0, & t > 0 \end{cases}$$

解的最大模估计, 并证明解的唯一性和稳定性.

23. 假定 u 是下列问题的光滑解:

$$\begin{cases} \dfrac{\partial u}{\partial t} = a^2 \dfrac{\partial^2 u}{\partial x^2} + cu, & 0 < x < l, t > 0, \\ u(x,0) = \varphi(x), & 0 \leqslant x \leqslant l, \\ u(0,t) = u(l,t) = 0, & t \geqslant 0, \end{cases}$$

其中 $c \geqslant \lambda > 0$，证明: $|u(x,t)| \leqslant Ce^{-\lambda t}$.

24. 证明下列具有 Neumann 边界条件的热传导方程:

$$\begin{cases} \dfrac{\partial u}{\partial t} - a^2 \dfrac{\partial^2 u}{\partial x^2} = f(x,t), & 0 < x < l, t > 0, \\ u(x,0) = \varphi(x), & 0 \leqslant x \leqslant l, \\ u_x(0,t) = u_x(l,t) = 0, & t > 0 \end{cases}$$

至多存在一个光滑解.

25. 设 $h, \alpha > 0$, $Q = \left\{(x,t) \middle| 0 < x < l, 0 < t < T\right\}$, $u \in C(\bar{Q}) \bigcap C^{1,2}(Q)$，且满足下列初边值问题

$$\begin{cases} \dfrac{\partial u}{\partial t} - a^2 \dfrac{\partial^2 u}{\partial x^2} = 0, & 0 < x < l, 0 < t < T, \\ u(x,0) = \varphi(x), & 0 \leqslant x \leqslant l, \\ u_x(0,t) + h(\alpha - u(0,t)) = 0, u_x(1,t) = 0, & 0 \leqslant t \leqslant T. \end{cases}$$

证明: 解的估计为 $0 \leqslant u(x,t) \leqslant h\alpha$.

26. 设 $\Omega \subset \mathbb{R}^2$ 是二维有界区域, 假定 u 是下列问题的光滑解:

$$\begin{cases} \dfrac{\partial u}{\partial t} = \left(\dfrac{\partial^2 u}{\partial x^2} + \dfrac{\partial^2 u}{\partial y^2} \right), & (x,y) \in \Omega, t > 0, \\ u(x,0) = \varphi(x), & (x,y) \in \bar{\Omega}, \\ u(x,y,t) = 0, & (x,y) \in \partial\Omega, t > 0. \end{cases}$$

证明: 下列能量指数衰减成立

$$\int_\Omega |u(x,t)|^2 \, \mathrm{d}x \leqslant \mathrm{e}^{-2\lambda_1 t} \int_\Omega |\varphi(x)|^2 \, \mathrm{d}x ,$$

其中 λ_1 是 $-\Delta$ (满足齐次 Dirichlet 边界条件)的主特征值, 即

$$\begin{cases} -\Delta u = \lambda_1 u, & x \in \Omega, \\ u = 0, & x \in \partial\Omega. \end{cases}$$

27. 设 $u \in C^{1,0}(\bar{Q}) \bigcap C^{1,2}(Q)$ 是下列边值问题的解:

$$\begin{cases} \dfrac{\partial u}{\partial t} - a^2 \dfrac{\partial^2 u}{\partial x^2} = f(x,t), & 0 < x < l, 0 < t < T, \\ u(x,0) = \varphi(x), & 0 \leqslant x \leqslant l, \\ -u_x(0,t) + \alpha u(0,t) = u_x(l,t) + \beta u(l,t) = 0, & 0 \leqslant t \leqslant T, \end{cases}$$

其中 $\alpha, \beta \geqslant 0$, $Q = (0,l) \times (0,T]$. 证明下列能量估计成立:

$$\sup_{0 < t < T} \int_0^l u^2(x,t)\mathrm{d}x + 2a^2 \int_0^T \int_0^l u_x^2(x,t)\mathrm{d}x\mathrm{d}t \leqslant M \left(\int_0^l \varphi^2(x)\mathrm{d}x + \int_0^T \int_0^l f^2(x,t)\mathrm{d}x\mathrm{d}t \right),$$

这里, M 只依赖于 a, T.

第四章 位势方程

这一章主要研究位势方程(Poisson 方程)

$$-\Delta u = f \ ,$$

其中 $\Delta = \dfrac{\partial^2}{\partial x_1^2} + \dfrac{\partial^2}{\partial x_2^2} + \cdots + \dfrac{\partial^2}{\partial x_n^2}$ 称为 Laplace 算子. 本章主要讨论解的基本性质, 如平均值性质、极值原理、解的唯一性等. 同时, 还介绍利用 Green 函数求解法及变分方法求解位势方程边值问题的方法, 并给出几类特殊区域上的 Green 函数. 因为本章中讨论的是偏微分方程, 所以我们总默认 $n \geqslant 2$.

当 $f \equiv 0$ 时, 方程

$$\Delta u = 0$$

称为 Laplace 方程或调和方程, 其连续解(即二阶偏导数存在且满足 Laplace 方程的连续函数)称为调和函数.

第一节 Green 公式与基本解

一、Green 公式

在本章中, 除非特别说明, 我们总假设 $\Omega \subset \mathbb{R}^n$ 为有界开区域(即有界的连通开集), 且使得 Stokes(斯托克斯)公式成立.

若 ω 是 Ω 上的 C^1 光滑的向量值函数, 则由 Stokes 公式知

$$\int_\Omega \mathrm{div}\omega \mathrm{d}x = \int_{\partial\Omega} \omega \cdot n \mathrm{d}s \ , \tag{1.1}$$

其中 n 是 $\partial\Omega$ 上的单位外法向量.

下面我们建立在本章中有着广泛应用的 Green 公式. 为简便起见, 我们以 $n=2$ 的情况为例, 对 $n \geqslant 3$ 的情形, 讨论方法是类似的.

定理 1.1 设 Ω 是 $\mathbb{R}^2$ 中的有界开区域, 其边界 $\partial\Omega$ 是分段光滑的, $u, v \in C^1(\bar{\Omega})$ $\bigcap C^2(\Omega)$, 则下述 Green 公式成立:

$$\iint_\Omega (u\Delta v - v\Delta u)\mathrm{d}x\mathrm{d}y = \int_{\partial\Omega}\left(u\frac{\partial v}{\partial n} - v\frac{\partial u}{\partial n}\right)\mathrm{d}s, \tag{1.2}$$

这里, $n = (n_x, n_y)$ 是 $\partial\Omega$ 上的单位外法向量.

证明　由分部积分公式,

$$\iint_\Omega u\frac{\partial^2 v}{\partial x^2}\mathrm{d}x\mathrm{d}y = -\iint_\Omega \frac{\partial u}{\partial x}\frac{\partial v}{\partial x}\mathrm{d}x\mathrm{d}y + \int_{\partial\Omega} u\frac{\partial v}{\partial x}n_x\mathrm{d}s,$$

$$\iint_\Omega u\frac{\partial^2 v}{\partial y^2}\mathrm{d}x\mathrm{d}y = -\iint_\Omega \frac{\partial u}{\partial y}\frac{\partial v}{\partial y}\mathrm{d}x\mathrm{d}y + \int_{\partial\Omega} u\frac{\partial v}{\partial y}n_y\mathrm{d}s,$$

因此,

$$\iint_\Omega u\Delta v\mathrm{d}x\mathrm{d}y = \iint_\Omega u\frac{\partial^2 v}{\partial x^2}\mathrm{d}x\mathrm{d}y + \iint_\Omega u\frac{\partial^2 v}{\partial y^2}\mathrm{d}x\mathrm{d}y$$

$$= -\iint_\Omega \nabla u\cdot\nabla v\mathrm{d}x\mathrm{d}y + \int_{\partial\Omega} u\frac{\partial v}{\partial n}\mathrm{d}s.$$

同理,

$$\iint_\Omega v\Delta u\mathrm{d}x\mathrm{d}y = -\iint_\Omega \nabla u\cdot\nabla v\mathrm{d}x\mathrm{d}y + \int_{\partial\Omega} v\frac{\partial u}{\partial n}\mathrm{d}s.$$

两式相减即得(1.2)式. 证毕.

注　只要(1.2)式中的积分都收敛, 该公式对于无界区域 Ω 也成立.

二、基本解

与热传导方程类似, 对于 Laplace 方程, 我们可以通过广义函数来定义基本解, 它在 Laplace 方程的研究中起着重要的作用.

定义 1.1　若函数 $U \in L_{loc}(\mathbb{R}^n)$ 在广义函数意义下满足

$$-\Delta U = \delta(x-\xi), \quad x,\xi\in\mathbb{R}^n,$$

则称 U 是 n 维 Laplace 方程 $\Delta u = 0$ 的基本解, 记作 $\Gamma(x;\xi)$.

由定义1.1知, 若 $\Gamma(x;\xi)$ 是Laplace方程 $\Delta u = 0$ 的基本解, 则满足下列三个条件:

(1) $\Gamma(x;\xi)$ 在点 $x=\xi$ 处有奇性;

(2) $\Gamma(x;\xi)$ 在 $\mathbb{R}^n\setminus\{\xi\}$ 上满足 $\Delta\Gamma = 0$;

(3) $\int_{\mathbb{R}^n}\Gamma(-\Delta\varphi)\mathrm{d}x = \varphi(y)$, $\forall\varphi\in C_0^\infty(\mathbb{R}^n)$.

下面给出 Laplace 方程 $\Delta u = 0$ 的一些特殊解, 如球对称解. 记

$$r = |x| = \sqrt{x_1^2 + x_2^2 + \cdots + x_n^2}.$$

我们要寻找形如 $u(x) = v(r) = v(|x|)$ 的解, 这样的解在以原点为中心的球面上取常数值, 因此称为球对称解. 由

$$\frac{\partial r}{\partial x_i} = \frac{x_i}{r}, \quad \frac{\partial u}{\partial x_i} = \frac{x_i}{r}v'(r),$$

$$\frac{\partial^2 u}{\partial x_i^2} = \frac{1}{r}v'(r) - \frac{x_i}{r^2}\frac{x_i}{r}v'(r) + \frac{x_i}{r}v''(r)\frac{x_i}{r},$$

其中 $i = 1, 2, \cdots, n$，代入 Laplace 方程，得

$$0 = \Delta u = \sum_{i=1}^{n}\frac{\partial^2 u}{\partial x_i^2} = \sum_{i=1}^{n}\left(\frac{1}{r}v'(r) - \frac{x_i}{r^2}\frac{x_i}{r}v'(r) + \frac{x_i}{r}v''(r)\frac{x_i}{r}\right)$$

$$= v''(r) + \frac{n-1}{r}v'(r),$$

所以 Laplace 方程在球对称情况下取如下常微分形式

$$v''(r) + \frac{n-1}{r}v'(r) = 0.$$

当 $v'(r) \neq 0$ 时，方程可写成

$$\frac{v''}{v'} = -\frac{n-1}{r},$$

即

$$\ln|v'| = -(n-1)\ln r + \ln C,$$

其中 C 为任意的正常数. 因此，

$$v' = \frac{\pm C}{r^{n-1}}.$$

结合 $v'(r) = 0$ 的情形，有

$$v' = \frac{C}{r^{n-1}}, \quad r \neq 0, \quad C\text{ 为任意常数}.$$

从而

$$v(r) = \begin{cases} C_1\ln r + C_2, & n = 2, \\ \dfrac{C_3}{r^{n-2}} + C_4, & n \geqslant 3, \end{cases}$$

其中 $r \neq 0$，C_1，C_2，C_3，C_4 为任意常数.

取

$$v(r) = \begin{cases} -\dfrac{1}{2\pi}\ln r, & n = 2, \\ \dfrac{1}{(n-2)\omega_n}\dfrac{1}{r^{n-2}}, & n \geqslant 3, \end{cases}$$

其中 $\omega_n = \dfrac{2\pi^{n/2}}{\Gamma(n/2)}$ 是 n 维单位球面的面积, 所以

$$u(x) = v(|x|) = \begin{cases} -\dfrac{1}{2\pi}\ln|x|, & n=2, \\[3mm] \dfrac{1}{(n-2)\omega_n}\dfrac{1}{|x|^{n-2}}, & n\geqslant 3, \end{cases}$$

除原点外满足 Laplace 方程. 对于任意的 $\xi\in\mathbb{R}^n$, 令

$$\Gamma(x;\xi) = u(x-\xi) = \begin{cases} -\dfrac{1}{2\pi}\ln|x-\xi|, & n=2, \\[3mm] \dfrac{1}{(n-2)\omega_n}\dfrac{1}{|x-\xi|^{n-2}}, & n\geqslant 3, \end{cases} \tag{1.3}$$

其中 $|x-\xi|$ 表示点 x 与点 ξ 之间的距离, $\Gamma(x;\xi)$ 就是我们要寻找的基本解. 下面我们会给出相应证明.

$\Gamma(x;\xi)$ 具有如下性质:

(1) $\Gamma(x;\xi)\in C^\infty(\mathbb{R}^n\setminus\{\xi\}), \Gamma(x;\xi)\in L_{\mathrm{loc}}(\mathbb{R}^n)$;

(2) $\Delta\Gamma(x;\xi)=0, x\in\mathbb{R}^n\setminus\{\xi\}, \lim\limits_{x\to\xi}\Gamma(x;\xi)=+\infty$;

(3) $\Gamma(x;\xi)$ 是 Laplace 方程的基本解, 即

$$\Delta\Gamma(x;\xi)=\delta(x-\xi), \quad x,\xi\in\mathbb{R}^n.$$

由(1.3)可以直接计算验证(1)和(2), 我们将(3)写成下面的定理 1.2, 并给出严格的推导过程.

定理 1.2　由(1.3)定义的函数 $\Gamma(x;\xi)$ 是 Laplace 方程的基本解.

证明　为简便起见, 我们只证明 $n=2$ 的情况, $n\geqslant 3$ 的证明类似. 要证

$$-\Delta\Gamma(x,y;\xi,\eta)=\delta(x-\xi,y-\eta), \quad (x,y)\in\mathbb{R}^2, \quad (\xi,\eta)\in\mathbb{R}^2,$$

即

$$\langle-\Delta\Gamma(x,y;\xi,\eta),\varphi(x,y)\rangle=\langle\delta(x-\xi,y-\eta),\varphi(x,y)\rangle=\varphi(\xi,\eta),$$

亦即

$$\langle\Gamma(x,y;\xi,\eta),-\Delta\varphi(x,y)\rangle=\varphi(\xi,\eta),$$

因为

$$\Gamma(x,y;\xi,\eta)\in L_{\mathrm{loc}}(\mathbb{R}^2),$$

等价于要证

$$-\iint_{\mathbb{R}^2}\Gamma(x,y;\xi,\eta)\Delta\varphi(x,y)\mathrm{d}x\mathrm{d}y = \varphi(\xi,\eta), \quad \forall(\xi,\eta)\in\mathbb{R}^2, \quad \forall\varphi\in D(\mathbb{R}^2). \quad (1.4)$$

我们要设法利用定理 1.1 的 Green 公式. 对任意的 $\varepsilon>0$, 令

$$\Omega_\varepsilon = \left\{(x,y)\in\mathbb{R}^2\middle|\varepsilon^2<(x-\xi)^2+(y-\eta)^2<\frac{1}{\varepsilon^2}\right\},$$

则

$$\Gamma(x,y;\xi,\eta)\in C^\infty(\overline{\Omega_\varepsilon}),$$

由 $D(\mathbb{R}^2)$ 的定义, 对任意的 $\varphi\in D(\mathbb{R}^2)$, 总可取 ε 足够小, 使得

$$\varphi\equiv 0, \ \text{当}\ (x-\xi)^2+(y-\eta)^2\geqslant\frac{1}{\varepsilon^2}.$$

在 Ω_ε 上对 Γ 和 φ 应用 Green 公式, 得

$$\iint_{\Omega_\varepsilon}(\Gamma\Delta\varphi-\varphi\Delta\Gamma)\mathrm{d}x\mathrm{d}y = \int_{\partial\Omega_\varepsilon}\left(\Gamma\frac{\partial\varphi}{\partial\boldsymbol{n}}-\varphi\frac{\partial\Gamma}{\partial\boldsymbol{n}}\right)\mathrm{d}s,$$

注意到

$$\begin{cases}\Delta\Gamma=0, \quad (x,y)\in\Omega_\varepsilon,\\[2mm]\varphi=0, \quad \dfrac{\partial\varphi}{\partial\boldsymbol{n}}=0, \quad (x-\xi)^2+(y-\eta)^2=\dfrac{1}{\varepsilon^2},\end{cases}$$

有

$$\iint_{\Omega_\varepsilon}\Gamma\Delta\varphi\mathrm{d}x\mathrm{d}y = \int_{\partial\Omega_\varepsilon}\left(\Gamma\frac{\partial\varphi}{\partial\boldsymbol{n}}-\varphi\frac{\partial\Gamma}{\partial\boldsymbol{n}}\right)\mathrm{d}s,$$

这里 $\rho=\sqrt{(x-\xi)^2+(y-\eta)^2}$. 所以

$$\iint_{\mathbb{R}^2}\Gamma\Delta\varphi\mathrm{d}x\mathrm{d}y = \lim_{\varepsilon\to 0}\iint_{\Omega_\varepsilon}\Gamma\Delta\varphi\mathrm{d}x\mathrm{d}y = \lim_{\varepsilon\to 0}\int_{\rho=\varepsilon}\left(\Gamma\frac{\partial\varphi}{\partial\boldsymbol{n}}-\varphi\frac{\partial\Gamma}{\partial\boldsymbol{n}}\right)\mathrm{d}s.$$

注意到 $\boldsymbol{n}$ 是 Ω_ε 在 $\partial\Omega_\varepsilon$ 上的单位外法向量, 故在圆 $\rho=\varepsilon$ 上,

$$\frac{\partial}{\partial\boldsymbol{n}} = -\frac{\partial}{\partial\rho}.$$

而由 Γ 的表达式

$$\Gamma = -\frac{1}{2\pi}\ln\sqrt{(x-\xi)^2+(y-\eta)^2} = -\frac{1}{2\pi}\ln\rho, \quad n=2,$$

可得在 $\rho=\varepsilon$ 上,

$$\begin{cases} \Gamma = -\dfrac{1}{2\pi}\ln\rho = -\dfrac{1}{2\pi}\ln\varepsilon, \\[3mm] \left.\dfrac{\partial\Gamma}{\partial\boldsymbol{n}}\right|_{\rho=\varepsilon} = -\left.\dfrac{\partial\Gamma}{\partial\rho}\right|_{\rho=\varepsilon} = \dfrac{1}{2\pi}\dfrac{\partial\ln\rho}{\partial\rho}\bigg|_{\rho=\varepsilon} = \dfrac{1}{2\pi\varepsilon}, \end{cases}$$

因此,

$$\left|\int_{\rho=\varepsilon}\Gamma\dfrac{\partial\varphi}{\partial\boldsymbol{n}}\mathrm{d}s\right| = \dfrac{1}{2\pi}|\ln\varepsilon|\left|\int_{\rho=\varepsilon}\dfrac{\partial\varphi}{\partial\boldsymbol{n}}\mathrm{d}s\right|$$

$$\leqslant \dfrac{1}{2\pi}|\ln\varepsilon|\max_{\rho=\varepsilon}|\nabla\varphi|\left|\int_{\rho=\varepsilon}\mathrm{d}s\right|$$

$$= \dfrac{1}{2\pi}|\ln\varepsilon|\max_{\rho=\varepsilon}|\nabla\varphi|2\pi\varepsilon,$$

故

$$\lim_{\varepsilon\to 0}\int_{\rho=\varepsilon}\Gamma\dfrac{\partial\varphi}{\partial\boldsymbol{n}}\mathrm{d}s = 0\,.$$

而

$$\int_{\rho=\varepsilon}\varphi\dfrac{\partial\Gamma}{\partial\boldsymbol{n}}\mathrm{d}s = \dfrac{1}{2\pi\varepsilon}\int_{\rho=\varepsilon}\varphi\mathrm{d}s\,,$$

由积分中值定理知, 存在 (x_1, y_1) 满足 $(x_1-\xi)^2 + (y_1-\eta)^2 = \varepsilon^2$, 使得

$$\dfrac{1}{2\pi\varepsilon}\int_{\rho=\varepsilon}\varphi\mathrm{d}s = \dfrac{\varphi(x_1, y_1)}{2\pi\varepsilon}\int_{\rho=\varepsilon}\mathrm{d}s = \varphi(x_1, y_1)\,,$$

所以,

$$\lim_{\varepsilon\to 0}\int_{\rho=\varepsilon}\varphi\dfrac{\partial\Gamma}{\partial\boldsymbol{n}}\mathrm{d}s = \lim_{\varepsilon\to 0}\varphi(x_1, y_1) = \varphi(\xi, \eta)\,,$$

于是,

$$\iint_{\mathbb{R}^2}\Gamma\Delta\varphi\mathrm{d}x\mathrm{d}y = \lim_{\varepsilon\to 0}\int_{\rho=\varepsilon}\left(\Gamma\dfrac{\partial\varphi}{\partial\boldsymbol{n}} - \varphi\dfrac{\partial\Gamma}{\partial\boldsymbol{n}}\right)\mathrm{d}s = -\varphi(\xi, \eta). \qquad 证毕.$$

与定理 1.2 的证明类似, 我们可通过 Green 公式得到下面的 Green 第二公式.

定理 1.3 设 Ω 是 $\mathbb{R}^2$ 中的有界开区域, 其边界 $\partial\Omega$ 是分段光滑的, u, $v\in$ $C^1(\bar{\Omega})\bigcap C^2(\Omega)$, $\Gamma(x, y; \xi, \eta)$ 是 Laplace 方程的基本解, 则对任意的 $(\xi, \eta)\in\Omega$ 成立:

$$u(\xi, \eta) = -\iint_{\Omega}\Gamma\Delta u\mathrm{d}x\mathrm{d}y + \int_{\partial\Omega}\left(\Gamma\dfrac{\partial u}{\partial\boldsymbol{n}} - u\dfrac{\partial\Gamma}{\partial\boldsymbol{n}}\right)\mathrm{d}s\,,$$

这里, $\boldsymbol{n} = (n_x, n_y)$ 是 $\partial\Omega$ 上的单位外法向量.

证明　对任意的 $\varepsilon > 0$，令

$$\Omega_{\varepsilon} = \left\{ (x, y) \in \Omega \,\middle|\, \varepsilon^2 < (x - \xi)^2 + (y - \eta)^2 \right\},$$

取 ε 足够小，使得

$$\left\{ (x, y) \in \mathbb{R}^2 \,\middle|\, \rho = \sqrt{(x - \xi)^2 + (y - \eta)^2} = \varepsilon \right\} \subset \Omega,$$

在 Ω_{ε} 上对 Γ 和 u 应用 Green 公式，得

$$
\begin{aligned}
\iint_{\Omega} \Gamma \Delta u \, dx dy &= \lim_{\varepsilon \to 0} \iint_{\Omega_{\varepsilon}} \Gamma \Delta u \, dx dy \\
&= \lim_{\varepsilon \to 0} \iint_{\Omega_{\varepsilon}} (\Gamma \Delta u - u \Delta \Gamma) dx dy \\
&= \lim_{\varepsilon \to 0} \iint_{\partial \Omega_{\varepsilon}} \left(\Gamma \frac{\partial u}{\partial \boldsymbol{n}} - u \frac{\partial \Gamma}{\partial \boldsymbol{n}} \right) ds \\
&= \int_{\partial \Omega} \left(\Gamma \frac{\partial u}{\partial \boldsymbol{n}} - u \frac{\partial \Gamma}{\partial \boldsymbol{n}} \right) ds + \lim_{\varepsilon \to 0} \int_{\rho = \varepsilon} \left(\Gamma \frac{\partial u}{\partial \boldsymbol{n}} - u \frac{\partial \Gamma}{\partial \boldsymbol{n}} \right) ds \\
&= \int_{\partial \Omega} \left(\Gamma \frac{\partial u}{\partial \boldsymbol{n}} - u \frac{\partial \Gamma}{\partial \boldsymbol{n}} \right) ds + 0 - u(\xi, \eta). \qquad \text{证毕.}
\end{aligned}
$$

注 1　定理 1.3 在空间维数大于 2 时也成立.

注 2　公式

$$u(\xi, \eta) = -\iint_{\Omega} \Gamma \Delta u \, dx dy + \int_{\partial \Omega} \left(\Gamma \frac{\partial u}{\partial \boldsymbol{n}} - u \frac{\partial \Gamma}{\partial \boldsymbol{n}} \right) ds, \quad \forall (\xi, \eta) \in \Omega,$$

说明 u 在 Ω 中任一点的值可由其在 Ω 中的 Δu 以及在 $\partial \Omega$ 上的值 u 和 $\frac{\partial u}{\partial \boldsymbol{n}}$ 确定，这为我们求解位势方程的边值问题提供了重要思路.

三、基本解的物理意义

热传导方程的基本解的定义为

$$
\begin{cases}
U_t - a^2 \Delta U = \delta(x - \xi, t - \tau), & x \in \mathbb{R}^n, t > 0, \\
U(x, 0) = 0, & x \in \mathbb{R}^n,
\end{cases}
$$

它的物理意义是位于 ξ 的在时刻 τ 的瞬时单位点热源在空间产生的温度分布.

当单位点热源与温度分布无关，即点热源一直在放热，且单位时间内放热的热量与温度无关，也即点热源一直在放热，且单位时间内放出一个单位的热量时，热源为 $\delta(x - \xi)$，由它产生的温度分布满足方程

$$U_t - a^2 \Delta U = \delta(x - \xi),$$

当温度趋于平衡不再随时间而变化时, 就化为

$$-a^2 \Delta U = \delta(x - \xi).$$

不妨设 $a = 1$, 立即得到 Laplace 方程的基本解

$$-\Delta U = \delta(x - \xi).$$

因此, Laplace 方程的基本解可以看作是位于 ξ 的与时间无关的单位点热源在空间产生的稳定温度分布.

特别地, 当 $n = 3$ 时, 三维 Laplace 方程的基本解在热学中的物理意义是位于 ξ 的与时间无关的单位点热源在 $\mathbb{R}^3$ 空间产生的稳定温度分布 $u(x, \xi)$. 下面给出该稳定温度分布 $u(x, \xi)$ 的求解过程. 假设一含有均匀分布热源的球 $B_\varepsilon = \{x \,\|\, |x - \xi| < \varepsilon\}$, 热源通过球面 ∂B_ε 向 $\mathbb{R}^3 \setminus B_\varepsilon$ 均匀提供总量为 1 个单位的热量, 则当 $\varepsilon \to 0$ 时, 该热源趋于 ξ 处的单位点热源, 同时在 $\mathbb{R}^3 \setminus B_\varepsilon$ 所产生的温度分布 $u_\varepsilon(x, \xi)$ 趋于位于 ξ 处的单位点热源所产生的温度分布. 根据 Fourier 导热定律, 可得

$$1 = \oiint_{\partial B_\varepsilon} q \cdot n \mathrm{d}S = \oiint_{\partial B_\varepsilon} -k \frac{\partial u_\varepsilon}{\partial n} \mathrm{d}S = -4\pi\varepsilon^2 \left. \frac{\partial u_\varepsilon}{\partial n} \right|_{\partial B_\varepsilon},$$

其中 $q \cdot n$ 表示球面上各点热流向量的外法分量, 导热系数 $k = 1$. 因此, u_ε 满足下面定解问题

$$\begin{cases} -\Delta u_\varepsilon = 0, & x \in \mathbb{R}^3 \setminus B_\varepsilon, \\ -4\pi\varepsilon^2 \left. \dfrac{\partial u_\varepsilon}{\partial n} \right|_{\partial B_\varepsilon} = 1. \end{cases} \tag{1.5}$$

引入以 ξ 为中心的球坐标 (r, θ, φ), 设

$$u_\varepsilon(x; \xi) = u_\varepsilon(r),$$

其中 $r = |x - \xi|$, 则问题 (1.5) 可改写为

$$\begin{cases} -\dfrac{1}{r^2} \dfrac{\partial}{\partial r}\left(r^2 \dfrac{\partial u_\varepsilon}{\partial r} \right) = 0, & \varepsilon < r < \infty, \\ \varepsilon^2 \left. \dfrac{\partial u_\varepsilon}{\partial r} \right|_{r=\varepsilon} = -\dfrac{1}{4\pi}. \end{cases}$$

其次, 令 $\varepsilon \to 0$, 若 $u_\varepsilon \to u$, 可得

$$\begin{cases} -\dfrac{1}{r^2}\dfrac{\partial}{\partial r}\left(r^2\dfrac{\partial u}{\partial r}\right)=0, \quad 0<r<\infty, \\[3mm] \lim\limits_{\varepsilon\to 0}\left(\varepsilon^2\dfrac{\partial u_\varepsilon}{\partial r}\bigg|_{r=\varepsilon}\right)=-\dfrac{1}{4\pi}. \end{cases} \tag{1.6}$$

因此, 寻求基本解的问题就归结为求解上述定解问题(1.6). (1.6)中方程的通解为

$$u(r)=\frac{C_1}{r}+C_2.$$

借助于边界条件, 得

$$C_1=\frac{1}{4\pi}.$$

忽略 C_2, 则三维 Laplace 方程的基本解可取

$$\Gamma(x;\xi)=u(x;\xi)=\frac{1}{4\pi r}=\frac{1}{4\pi\,|\,x-\xi\,|}.$$

当 $n>3$ 时, n 维 Laplace 方程的基本解为

$$\Gamma(x;\xi)=\frac{1}{(n-2)\omega_n}\frac{1}{|\,x-\xi\,|^{n-2}}.$$

特别地, 二维 Laplace 方程的基本解是

$$\Gamma(x;\xi)=\frac{1}{2\pi}\ln\frac{1}{|\,x-\xi\,|}.$$

第二节 Green 函数

一、Green 函数的概念

从 Green 第二公式可以看出, 调和函数在区域 Ω 内部的值依赖于它本身以及外法向导数在区域 Ω 的边界 $\partial\Omega$ 上的值. 对于 Laplace 方程的第一边值问题 (Dirichlet 边值问题), $u|_{\partial\Omega}$ 已知, $\dfrac{\partial u}{\partial n}\bigg|_{\partial\Omega}$ 未知. 对于 Laplace 方程的第二边值问题 (Neumann 边值问题), $\dfrac{\partial u}{\partial n}\bigg|_{\partial\Omega}$ 已知, $u|_{\partial\Omega}$ 未知. 依据解的唯一性, Laplace 方程的任意边值问题都不可能同时提供 $u|_{\partial\Omega}$ 和 $\dfrac{\partial u}{\partial n}\bigg|_{\partial\Omega}$ 的信息. 因此, Green 第二公式不能直

接给出 Laplace 方程的边值问题的解. 为了能从 Green 第二公式得到位势方程(或 Laplace 方程)的第一边值问题的解, 就需要设法消去积分中的未知项 $\left.\dfrac{\partial u}{\partial \boldsymbol{n}}\right|_{\partial \Omega}$, 这就是引进 Green 函数的原因所在.

现在我们来讨论位势方程的第一边值问题的求解, 仅以二维问题为例, 三维以上问题的讨论是类似的.

设 Ω 为 $\mathbb{R}^2$ 中的有界开区域, 其边界 $\partial\Omega$ 分片光滑, $u \in C^1(\bar{\Omega}) \bigcap C^2(\Omega)$ 且满足

$$\begin{cases} -\Delta u = f(x, y), & (x, y) \in \Omega, \\ u = \varphi(x, y), & (x, y) \in \partial\Omega. \end{cases} \tag{2.1}$$

设 $\Gamma(x, y; \xi, \eta)$ 是 Laplace 方程的基本解, $\boldsymbol{n}$ 是 $\partial\Omega$ 上的单位外法向量. 由 Green 第二公式

$$u(\xi, \eta) = -\iint_\Omega \Gamma \Delta u \, \mathrm{d}x\mathrm{d}y + \int_{\partial\Omega} \left(\Gamma \frac{\partial u}{\partial \boldsymbol{n}} - u \frac{\partial \Gamma}{\partial \boldsymbol{n}} \right) \mathrm{d}s, \ \ \forall (\xi, \eta) \in \Omega,$$

得

$$u(\xi, \eta) = \iint_\Omega \Gamma f \, \mathrm{d}x\mathrm{d}y + \int_{\partial\Omega} \left(\Gamma \frac{\partial u}{\partial \boldsymbol{n}} - \varphi \frac{\partial \Gamma}{\partial \boldsymbol{n}} \right) \mathrm{d}s, \ \ \forall (\xi, \eta) \in \Omega, \tag{2.2}$$

上式中 $\dfrac{\partial u}{\partial \boldsymbol{n}}$ 是未知的, 需要设法消去. 为此, 我们求解下述问题:

$$\begin{cases} -\Delta g = 0, & (x, y) \in \Omega, \\ g = -\Gamma, & (x, y) \in \partial\Omega. \end{cases} \tag{2.3}$$

先假设上述问题有解 $g \in C^2(\bar{\Omega})$, 则由 Green 公式, 有

$$\iint_\Omega (u\Delta g - g\Delta u) \mathrm{d}x\mathrm{d}y = \int_{\partial\Omega} \left(u \frac{\partial g}{\partial \boldsymbol{n}} - g \frac{\partial u}{\partial \boldsymbol{n}} \right) \mathrm{d}s,$$

即

$$0 = \iint_\Omega g f \, \mathrm{d}x\mathrm{d}y + \int_{\partial\Omega} \left(-\Gamma \frac{\partial u}{\partial \boldsymbol{n}} - \varphi \frac{\partial g}{\partial \boldsymbol{n}} \right) \mathrm{d}s. \tag{2.4}$$

记 $G(x, y; \xi, \eta) = \Gamma + g$, 将(2.2)与(2.4)相加, 得

$$u(\xi, \eta) = \iint_\Omega (\Gamma + g) f \, \mathrm{d}x\mathrm{d}y - \int_{\partial\Omega} \varphi \frac{\partial (\Gamma + g)}{\partial \boldsymbol{n}} \mathrm{d}s,$$

即

$$u(\xi, \eta) = \iint_\Omega G f \, \mathrm{d}x\mathrm{d}y - \int_{\partial\Omega} \varphi \frac{\partial G}{\partial \boldsymbol{n}} \mathrm{d}s, \quad \forall (\xi, \eta) \in \Omega. \tag{2.5}$$

因此, 只要求出了 G (等价于求出了 g), 解可由(2.5)式给出.

(2.3)是一个特定的边值问题, 而(2.1)与 f 和 φ 有关, 这样我们将求解所有(2.1)的问题转化为求解一特定的边值问题(2.3).

因为 $G = \Gamma + g$, 而 $-\Delta\Gamma(x, y; \xi, \eta) = \delta(x - \xi, y - \eta)$, 所以对任意的 $(\xi, \eta) \in \Omega$, 有

$$\begin{cases} -\Delta G(x, y; \xi, \eta) = \delta(x - \xi, y - \eta), & (x, y) \in \Omega, \\ G(x, y; \xi, \eta) = 0, & (x, y) \in \partial\Omega. \end{cases} \tag{2.6}$$

求解(2.3)就等价于求解(2.6).

一般来说, 我们不能求出 G 的显式表达式, 而只能证明 G 的存在性, 但当 Ω 的形状比较特殊时, 如半平面、圆等, 我们容易求出它的显式表达式.

定义 2.1 设函数 $g = g(x, y; \xi, \eta)$ 对任意的 $(\xi, \eta) \in \Omega$ 关于 (x, y) 在 $\bar\Omega$ 上有任意的二阶连续偏导数且满足(2.3), 则称函数 $G(x, y; \xi, \eta) = \Gamma(x, y; \xi, \eta) + g(x, y; \xi, \eta)$ 为边值问题(2.1)的 Green 函数. 若其中的 $g(x, y; \xi, \eta)$ 在 $\Omega \times \Omega$ 上二次连续可微, 而且 $G(x, y; \xi, \eta)$ 满足(2.6)(在广义函数的意义下), 则 $g(x, y; \xi, \eta)$ 满足(2.3).

定理 2.1 设 $u \in C^1(\bar\Omega) \cap C^2(\Omega)$ 是(2.1)的解, 则有(2.5)成立, 其中 $G(x, y; \xi, \eta)$ 为相应的 Green 函数.

注 1 引入 Green 函数的重要意义在于把具有任意非齐次项 f 和任意边值 φ 的定解问题(2.1)归结为求解一个特定的边值问题(2.3).

注 2 对其他边值问题以及高维问题, 也可用与前面类似的方法定义函数 g, 并由此得出该边值问题解的表达式以及相应的 Green 函数.

注 3 由于 $g \in C^2(\bar\Omega)$, Γ 在 $(x, y) = (\xi, \eta)$ 上有奇性. 而 $G = \Gamma + g$, 所以 Γ 为 G 的奇性部分, g 为 G 的光滑部分.

注 4 (2.5)不仅给出了解的表达式, 在已知第一边值问题解的存在性后, 还可以利用它讨论解的性质.

二、Green 函数的性质

性质 1 对任意的 $(\xi, \eta) \in \Omega$, G 满足(2.6), 即

$$\begin{cases} -\Delta G(x, y; \xi, \eta) = \delta(x - \xi, y - \eta), & (x, y) \in \Omega, \\ G(x, y; \xi, \eta) = 0, & (x, y) \in \partial\Omega. \end{cases}$$

性质 2 对任意的 $(\xi, \eta) \in \Omega$, $G(x, y; \xi, \eta) \in C^2(\bar\Omega \setminus \{(\xi, \eta)\})$, 且在通常意义下, $-\Delta G(x, y; \xi, \eta) = 0$, $(x, y) \in \Omega \setminus \{(\xi, \eta)\}$.

证明 由 Γ 和 g 及性质即得.

性质 3 对任意的 $(\xi, \eta) \in \Omega$,

$$\begin{cases} G(x,y;\xi,\eta) > 0, \quad (x,y) \in \Omega \setminus \{(\xi,\eta)\}, \\ \lim_{(x,y)\to(\xi,\eta)} G(x,y;\xi,\eta) = +\infty. \end{cases}$$

证明　由于 $g \in C^2(\overline{\Omega})$，$\lim\limits_{(x,y)\to(\xi,\eta)} \Gamma(x,y;\xi,\eta) = +\infty$ 及 $G = \Gamma + g$，我们得出上面的第二式. 第一式的证明需要用到 Laplace 方程的极值原理(具体见后面章节).

性质 4　$\int_{\partial\Omega} \dfrac{\partial G(x,y;\xi,\eta)}{\partial \boldsymbol{n}} \mathrm{d}s = -1, \forall(\xi,\eta) \in \Omega$.

证明　取 $f \equiv 0$，$\varphi \equiv 1$，则 $u \equiv 1$ 满足(2.1). 代入(2.5)得

$$1 = 0 - \int_{\partial\Omega} \frac{\partial G}{\partial \boldsymbol{n}} \mathrm{d}s, \quad \forall(\xi,\eta) \in \Omega,$$

这就是要证明的等式. 证毕.

性质 5　Green 函数具有对称性，即

$$G(x,y;\xi,\eta) = G(\xi,\eta;x,y), \quad \text{于} \ \Omega \times \Omega \setminus \{(x,y)=(\xi,\eta)\}.$$

证明　要证对任意的 $P(\xi,\eta)$，$P'(\xi,\eta) \in \Omega$，$P \neq P'$，有

$$G(x,y;\xi,\eta)|_{(x,y)=(\xi',\eta')} = G(x,y;\xi',\eta')|_{(x,y)=(\xi,\eta)}.$$

记 $B_\varepsilon(P)$，$B_\varepsilon(P')$ 分别为以 P，P' 为心、以 ε 为半径的圆，取 ε 足够小，使得 $B_\varepsilon(P') \bigcap B_\varepsilon(P) = \varnothing$，$B_\varepsilon(P) \subset \Omega$，$B_\varepsilon(P') \subset \Omega$，记

$$\Omega_\varepsilon = \Omega - \{B_\varepsilon(P') \bigcup B_\varepsilon(P)\},$$
$$G(x,y;\xi,\eta) \in C^2(\overline{\Omega_\varepsilon \bigcup B_\varepsilon(P')}),$$
$$G(x,y;\xi',\eta') \in C^2(\overline{\Omega_\varepsilon \bigcup B_\varepsilon(P)})$$
$$G \equiv G(x,y;\xi,\eta),$$
$$G' = G(x,y;\xi',\eta'),$$

则

$$\Delta G \equiv \Delta G(x,y;\xi,\eta) = 0, \quad (x,y) \in \Omega_\varepsilon, \quad G|_{\partial\Omega} = 0,$$
$$\Delta G' = \Delta G(x,y;\xi',\eta') = 0, \quad (x,y) \in \Omega_\varepsilon, \quad G'|_{\partial\Omega} = 0,$$

对这两个函数在 Ω_ε 上应用 Green 公式，有

$$\iint_{\Omega_\varepsilon} (G\Delta G' - G'\Delta G)\mathrm{d}x\mathrm{d}y = \int_{\partial\Omega_\varepsilon} \left(G\frac{\partial G'}{\partial \boldsymbol{n}} - G'\frac{\partial G}{\partial \boldsymbol{n}} \right)\mathrm{d}s,$$

所以

$$0 = \int_{\partial\Omega} \left(G\frac{\partial G'}{\partial \boldsymbol{n}} - G'\frac{\partial G}{\partial \boldsymbol{n}} \right)\mathrm{d}s + \int_{\partial B_\varepsilon(P)} \left(G\frac{\partial G'}{\partial \boldsymbol{n}} - G'\frac{\partial G}{\partial \boldsymbol{n}} \right)\mathrm{d}s + \int_{\partial B_\varepsilon(P')} \left(G\frac{\partial G'}{\partial \boldsymbol{n}} - G'\frac{\partial G}{\partial \boldsymbol{n}} \right)\mathrm{d}s.$$

由于

$$G(x, y; \xi, \eta) = 0, \quad (x, y) \in \partial\Omega ,$$

$$G(x, y; \xi', \eta') = 0, \quad (x, y) \in \partial\Omega ,$$

所以

$$0 = \int_{\partial B_\varepsilon(P)} \left(G\frac{\partial G'}{\partial \boldsymbol{n}} - G'\frac{\partial G}{\partial \boldsymbol{n}} \right) \mathrm{d}s + \int_{\partial B_\varepsilon(P')} \left(G\frac{\partial G'}{\partial \boldsymbol{n}} - G'\frac{\partial G}{\partial \boldsymbol{n}} \right) \mathrm{d}s .$$

下面我们来计算这 4 个积分. 在基本解的证明中我们已经得出

$$\begin{cases} \lim\limits_{\varepsilon\to 0} \int_{\partial B_\varepsilon(P)} \Gamma\frac{\partial \varphi}{\partial \boldsymbol{n}}\mathrm{d}s = 0, \\ \lim\limits_{\varepsilon\to 0} \int_{\partial B_\varepsilon(P)} \varphi\frac{\partial \Gamma}{\partial \boldsymbol{n}}\mathrm{d}s = \varphi(\xi, \eta), \end{cases}$$

其中, $\Gamma = \Gamma(x, y; \xi, \eta)$, $\varphi = \varphi(x, y)$ 在 (ξ, η) 的一个邻域内有连续偏导数. 因为 $G' = G(x, y; \xi', \eta')$ 在 (ξ, η) 的一个邻域内有连续偏导数, 所以,

$$\int_{\partial B_\varepsilon(P)} G\frac{\partial G'}{\partial \boldsymbol{n}}\mathrm{d}s = \int_{\partial B_\varepsilon(P)} \left[\Gamma(x, y; \xi, \eta) + g(x, y; \xi, \eta)\right]\frac{\partial G'}{\partial \boldsymbol{n}}\mathrm{d}s$$

$$= \int_{\partial B_\varepsilon(P)} \Gamma(x, y; \xi, \eta)\frac{\partial G'}{\partial \boldsymbol{n}}\mathrm{d}s + \int_{\partial B_\varepsilon(P)} g(x, y; \xi, \eta)\frac{\partial G'}{\partial \boldsymbol{n}}\mathrm{d}s$$

$$\to 0 + 0 = 0, \quad \varepsilon \to 0.$$

这里我们利用了 $g(x, y; \xi, \eta) \in C^2(\overline{\Omega})$.

$$\int_{\partial B_\varepsilon(P)} G'\frac{\partial G}{\partial \boldsymbol{n}}\mathrm{d}s = \int_{\partial B_\varepsilon(P)} G'\frac{\partial \Gamma(x, y; \xi, \eta)}{\partial \boldsymbol{n}}\mathrm{d}s + \int_{\partial B_\varepsilon(P)} G'\frac{\partial g(x, y; \xi, \eta)}{\partial \boldsymbol{n}}\mathrm{d}s$$

$$\to G(\xi, \eta; \xi', \eta') + 0, \quad \varepsilon \to 0,$$

所以,

$$\lim_{\varepsilon\to 0}\int_{\partial B_\varepsilon(P)} \left(G\frac{\partial G'}{\partial \boldsymbol{n}} - G'\frac{\partial G}{\partial \boldsymbol{n}} \right)\mathrm{d}s = -G(\xi, \eta; \xi', \eta') .$$

同理,

$$\lim_{\varepsilon\to 0}\int_{\partial B_\varepsilon(P')} \left(G'\frac{\partial G}{\partial \boldsymbol{n}} - G\frac{\partial G'}{\partial \boldsymbol{n}} \right)\mathrm{d}s = -G(\xi', \eta'; \xi, \eta) .$$

而

$$0 = \int_{\partial B_\varepsilon(P)} \left(G\frac{\partial G'}{\partial \boldsymbol{n}} - G'\frac{\partial G}{\partial \boldsymbol{n}} \right)\mathrm{d}s + \int_{\partial B_\varepsilon(P')} \left(G\frac{\partial G'}{\partial \boldsymbol{n}} - G'\frac{\partial G}{\partial \boldsymbol{n}} \right)\mathrm{d}s .$$

于是,

$$0 = -G(\xi, \eta; \xi', \eta') - \left[-G(\xi', \eta'; \xi, \eta)\right],$$

即

$$G(\xi, \eta; \xi', \eta') = G(\xi', \eta'; \xi, \eta).$$　　　　　　　　证毕.

性质 6　当 $(x, y) \in \Omega \setminus \{(\xi, \eta)\}$ 时，$\Delta_{(x, y)} G(x, y; \xi, \eta) = 0$，且当 $(x, y) \to (\xi, \eta)$

时，$G(x, y; \xi, \eta)$ 与 $\Gamma(x, y; \xi, \eta) = -\dfrac{1}{2\pi} \ln\left[(x - \xi)^2 + (y - \eta)^2 \right]$ 同阶.

　　证明　因为 $\Gamma(x, y; \xi, \eta)$，$g(x, y; \xi, \eta)$ 满足

$$\Delta_{(\xi, \eta)} \Gamma(x, y; \xi, \eta) = \Delta_{(\xi, \eta)} g(x, y; \xi, \eta) = 0,$$

所以，

$$\Delta_{(\xi, \eta)} G(x, y; \xi, \eta) = \Delta_{(\xi, \eta)} \Gamma(x, y; \xi, \eta) + \Delta_{(\xi, \eta)} g(x, y; \xi, \eta) = 0.$$

利用性质 5：$G(x, y; \xi, \eta) = G(\xi, \eta; x, y)$，得

$$\Delta_{(\xi, \eta)} G(x, y; \xi, \eta) = \Delta_{(x, y)} G(x, y; \xi, \eta) = 0.$$

当 $(x, y) \to (\xi, \eta)$ 时，$g(x, y; \xi, \eta)$ 有界，而 $\Gamma(x, y; \xi, \eta) \to \infty$. 所以，$(x, y) \to (\xi, \eta)$ 时，$G(x, y; \xi, \eta) \to \infty$，且与 $\Gamma(x, y; \xi, \eta)$ 同阶. 证毕.

　　性质 7　当 $(x, y) \in \Omega \setminus \{(\xi, \eta)\}$ 时，$0 < G(x, y; \xi, \eta) \leqslant \dfrac{1}{2\pi} \ln \dfrac{d}{\sqrt{(x - \xi)^2 + (y - \eta)^2}}$，

其中 d 是 Ω 的直径.

　　该性质的证明要利用调和函数的极值原理，我们把它留给读者作为学习完调和函数的极值原理后的练习.

三、Green 函数的物理意义

　　某空心导体的表面接地(电势保持为 0)，在其内部某点 (ξ, η) 处放置一单位正电荷，则该导体内部产生的电势分布就是 Green 函数.

　　在某空心导体内部某点 (ξ, η) 处放置一单位正电荷，该单位正电荷产生的电势在点 (x, y) 的值为 $\Gamma(x, y; \xi, \eta)$，再在该空心导体外部适当的位置放置适当的电荷，这些电荷产生的电势与 Γ 在空心导体的边界处相互抵消，则总电势就是 Green 函数 G，而该空心导体外部那些电荷产生的电势之和就是 g.

第三节　几种特殊区域上的 Green 函数及第一边值问题的可解性

　　由基本解的物理意义，$\Gamma(x; \xi)$ 可看作是位于 $\xi \in \Omega$ 的正单位点电荷在点 (x, y) 处产生的电势. 而 $G(x; \xi) = \Gamma(x; \xi) + g(x; \xi)$ 中的 $g(x; \xi)$ 可看作是某些位于 Ω 外部的电荷在点 (x, y) 产生的电势，它在 $\partial\Omega$ 上与 $\Gamma(x; \xi)$ 抵消而使得

$G(x;\xi)=0$，$x\in\Omega$. 所以，只要找到了适当的位置，并在其上放置适当的电荷使得由这些电荷产生的电势在 $\partial\Omega$ 上与 $\Gamma(x;\xi)$ 抵消，则这些电荷产生的电势就是 g，并由此得出 G.

如果将 $\partial\Omega$ 设想为一镜面，则点 $\xi\in\Omega$ 在该镜面中的像所在的位置可能就是我们要找的放置适当电荷的位置. 因此，这种求 Green 函数的方法就称为镜像法. 当镜面 $\partial\Omega$ 有一定的对称性时，容易确定 ξ 在该镜面中像的位置.

一、圆上的 Green 函数、Poisson 公式

我们利用 Green 函数法来求解圆上位势方程的第一边值问题：

$$\begin{cases} -\Delta u = f, & (x,y)\in B_a, \\ u = \varphi, & (x,y)\in\partial B_a, \end{cases}$$

其中，B_a 为以原点为心、以 a 为半径的开圆.

对任意的 $P(\xi,\eta)\in B_a$，记 $P_1(\xi_1,\eta_1)$ 是其关于圆周 ∂B_a 的对称点，则 P_1 满足

(1) 位于射线 OP 上；

(2) $\overline{OP}\cdot\overline{OP_1}=a^2$.

若 P 正好是原点，则它的对称点为无穷远点. 如果 $P(\xi,\eta)$ 正好是坐标原点，则当 $(x,y)\in\partial B_a$ 时，

$$\Gamma(x,y;\xi,\eta)=-\frac{1}{2\pi}\ln\sqrt{(x-\xi)^2+(y-\eta)^2}=-\frac{1}{2\pi}\ln a,$$

从而

$$G(x,y;0,0)=\Gamma(x,y;0,0)+\frac{1}{2\pi}\ln a,$$

即

$$G(x,y;0,0)=\frac{1}{4\pi}\ln\frac{a^2}{x^2+y^2}.$$

如果 $P(\xi,\eta)\in B_a\setminus\{(0,0)\}$，在 P 放置一个单位的正电荷产生的电势分布为 $\Gamma(x,y;\xi,\eta)$. 现要在 $P_1(\xi_1,\eta_1)$ 放置一个负电荷，使其产生的电势在 ∂B_a 与 $\Gamma(x,y;\xi,\eta)$ 抵消.

设 $Q(x,y)$ 为 ∂B_a 上任意一点(图 3.1)，则

$$\Gamma(x,y;\xi,\eta)=-\frac{1}{2\pi}\ln\sqrt{(x-\xi)^2+(y-\eta)^2}$$
$$=-\frac{1}{2\pi}\ln\overline{QP},$$

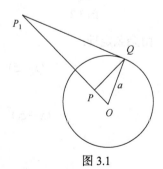

图 3.1

$$\Gamma(x,y;\xi_1,\eta_1)=-\frac{1}{2\pi}\ln\sqrt{(x-\xi_1)^2+(y-\eta_1)^2}=-\frac{1}{2\pi}\ln\overline{QP_1}.$$

因为 $\overline{QP}\neq\overline{QP_1}$，所以 $\Gamma(x,y;\xi,\eta)-\Gamma(x,y;\xi_1,\eta_1)\neq0$．因此我们要对 $\Gamma(x,y;\xi_1,\eta_1)$ 作适当的调节.

由于 $\overline{OP}\cdot\overline{OP_1}=a^2$，所以 $\triangle OQP\sim\triangle OP_1Q$，从而 $\dfrac{\overline{QP}}{\overline{QP_1}}=\dfrac{\overline{OP}}{\overline{OQ}}=\dfrac{\overline{OP}}{a}$，即 $\overline{QP}=\dfrac{\overline{OP}}{a}$ $\times\overline{QP_1}$．所以，当 $Q(x,y)\in\partial B_a$ 时，

$$\begin{aligned}0&=\left(-\frac{1}{2\pi}\ln\overline{QP}\right)-\left[-\frac{1}{2\pi}\ln\left(\frac{\overline{OP}}{a}\overline{QP_1}\right)\right]\\&=\left(-\frac{1}{2\pi}\ln\overline{QP}\right)-\left(-\frac{1}{2\pi}\ln\overline{QP_1}\right)+\left[\frac{1}{2\pi}\ln\left(\frac{\overline{OP}}{a}\right)\right]\\&=\Gamma(x,y;\xi,\eta)-\Gamma(x,y;\xi_1,\eta_1)+\frac{1}{2\pi}\ln\frac{\sqrt{\xi^2+\eta^2}}{a}.\end{aligned}$$

于是，

$$\begin{aligned}G(x,y;\xi,\eta)&=\Gamma(x,y;\xi,\eta)-\Gamma(x,y;\xi_1,\eta_1)+\frac{1}{2\pi}\ln\frac{\sqrt{\xi^2+\eta^2}}{a}\\&=\frac{1}{2\pi}\ln\frac{\sqrt{(x-\xi_1)^2+(y-\eta_1)^2}}{\sqrt{(x-\xi)^2+(y-\eta)^2}}+\frac{1}{2\pi}\ln\frac{\sqrt{\xi^2+\eta^2}}{a},\end{aligned}$$

即

$$G(x,y;\xi,\eta)=\frac{1}{4\pi}\ln\frac{(x-\xi_1)^2+(y-\eta_1)^2}{(x-\xi)^2+(y-\eta)^2}+\frac{1}{4\pi}\ln\frac{\xi^2+\eta^2}{a^2}.$$

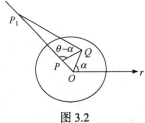

图 3.2

设在极坐标下(图 3.2)，

$$Q(x,y)=(r,\alpha),\quad P(\xi,\eta)=(\rho,\theta),\quad P(\xi_1,\eta_1)=(\rho_1,\theta),$$
$$\rho\rho_1=a^2,$$

由余弦定理，

$$\begin{aligned}(x-\xi)^2+(y-\eta)^2&=\overline{OP}\\&=r^2+\rho^2-2r\rho\cos(\theta-\alpha),\\(x-\xi_1)^2+(y-\eta_1)^2&=\overline{QP_1}\\&=r^2+\rho_1^2-2r\rho_1\cos(\theta-\alpha)\\&=r^2+\frac{a^4}{\rho^2}-2r\frac{a^2}{\rho}\cos(\theta-\alpha),\end{aligned}$$

$$G(r,\alpha;\rho,\theta)=\frac{1}{4\pi}\ln\frac{r^2+\dfrac{a^4}{\rho^2}-2r\dfrac{a^2}{\rho}\cos(\theta-\alpha)}{r^2+\rho^2-2r\rho\cos(\theta-\alpha)}+\frac{1}{4\pi}\ln\frac{\rho^2}{a^2},$$

即

$$G(r,\alpha;\rho,\theta)=\frac{1}{4\pi}\ln\frac{\rho^2r^2+a^4-2r\rho a^2\cos(\theta-\alpha)}{a^2\left[r^2+\rho^2-2r\rho\cos(\theta-\alpha)\right]}. \tag{3.1}$$

注意到: 式(3.1)当 $\rho=0$, 即 $P(\xi,\eta)$ 正好是坐标原点时,

$$G(r,\alpha;0,\theta)=\frac{1}{4\pi}\ln\frac{a^2}{r^2}=\frac{1}{4\pi}\ln\frac{a^2}{x^2+y^2},$$

与前面得到的结果一致. 因此, (3.1)式包含了 $P(\xi,\eta)$ 为坐标原点的情形.

由(2.5)知

$$u(\rho,\theta)=\iint_{B_a}G(r,\alpha;\rho,\theta)f(r,\alpha)r\mathrm{d}x\mathrm{d}y-\int_{\partial B_a}\varphi(r,\alpha)\frac{\partial G(r,\alpha;\rho,\theta)}{\partial \boldsymbol{n}}\mathrm{d}s,\quad\forall(\rho,\theta)\in B_a,$$

其中 $\boldsymbol{n}$ 为 ∂B_a 上圆 B_a 的单位外法向量.

在 ∂B_a 上,

$$\begin{cases}\mathrm{d}s=a\mathrm{d}\alpha,\\[2mm]\dfrac{\partial}{\partial \boldsymbol{n}}=\dfrac{\partial}{\partial r},\end{cases}$$

所以,

$$u(\rho,\theta)=\iint_{B_a}G(r,\alpha;\rho,\theta)f(r,\alpha)r\mathrm{d}r\mathrm{d}\alpha$$
$$-\int_0^{2\pi}\varphi(a,\alpha)\frac{\partial G(r,\alpha;\rho,\theta)}{\partial r}\bigg|_{r=a}a\mathrm{d}\alpha,\quad\forall(\rho,\theta)\in B_a,$$

$$\frac{\partial G(r,\alpha;\rho,\theta)}{\partial r}=\frac{\partial}{\partial r}\left\{\frac{1}{4\pi}\ln\frac{\rho^2r^2+a^4-2r\rho a^2\cos(\theta-\alpha)}{a^2\left[r^2+\rho^2-2r\rho\cos(\theta-\alpha)\right]}\right\}$$

$$=\frac{1}{4\pi}\frac{2\rho^2r-2\rho a^2\cos(\theta-\alpha)}{\rho^2r^2+a^4-2r\rho a^2\cos(\theta-\alpha)}-\frac{1}{4\pi}\frac{2r-2\rho\cos(\theta-\alpha)}{\rho^2+r^2-2r\rho\cos(\theta-\alpha)},$$

$$\frac{\partial G(r,\alpha;\rho,\theta)}{\partial r}\bigg|_{r=a}=\frac{1}{4\pi}\frac{2\rho^2a-2\rho a^2\cos(\theta-\alpha)}{\rho^2a^2+a^4-2a\rho a^2\cos(\theta-\alpha)}-\frac{1}{4\pi}\frac{2a-2\rho\cos(\theta-\alpha)}{\rho^2+a^2-2a\rho\cos(\theta-\alpha)}$$

$$=\frac{1}{2\pi}\frac{\rho^2a-\rho a^2\cos(\theta-\alpha)}{a^2\left[\rho^2+a^2-2a\rho\cos(\theta-\alpha)\right]}-\frac{1}{2\pi}\frac{a-\rho\cos(\theta-\alpha)}{\rho^2+a^2-2a\rho\cos(\theta-\alpha)}$$

$$=\frac{1}{2\pi a}\frac{\rho^2-a^2}{\rho^2+a^2-2a\rho\cos(\theta-\alpha)}.$$

于是，对 $(\rho,\theta) \in B_a$，

$$u(\rho,\theta) = \frac{1}{4\pi} \int_0^{2\pi} r\mathrm{d}r \int_0^a \ln \frac{\rho^2 r^2 + a^4 - 2r\rho a^2 \cos(\theta-\alpha)}{a^2 \left[r^2 + \rho^2 - 2r\rho \cos(\theta-\alpha) \right]} f(r,\alpha)\mathrm{d}\alpha$$

$$+ \frac{1}{2\pi} \int_0^{2\pi} \frac{a^2 - \rho^2}{\rho^2 + a^2 - 2a\rho \cos(\theta-\alpha)} \varphi(\alpha)\mathrm{d}\alpha,$$

这就是边值问题

$$\begin{cases} -\Delta u = f, & (x,y) \in B_a, \\ u = \varphi, & (x,y) \in \partial B_a \end{cases}$$

的形式解.

特别地，当 $f \equiv 0$ 时，我们得到边值问题

$$\begin{cases} -\Delta u = 0, & (x,y) \in B_a, \\ u = \varphi, & (x,y) \in \partial B_a \end{cases} \tag{3.2}$$

解的表达式

$$u(\rho,\theta) = \frac{1}{2\pi} \int_0^{2\pi} \frac{a^2 - \rho^2}{\rho^2 + a^2 - 2a\rho \cos(\theta-\alpha)} \varphi(\alpha)\mathrm{d}\alpha, \tag{3.3}$$

上式称为圆上的 Poisson 公式.

定理 3.1　设 $\varphi \in C(\partial B_a)$，则由(3.3)给出的函数是边值问题(3.2)的解.

证明　要证

(1) $u \in C^2(\partial B_a)$ 且 $\Delta u = 0$ 于 B_a；

(2) $\lim\limits_{(\rho,\theta) \to (a,\theta_0)} u(\rho,\theta) = \varphi(\theta_0)$，$\forall \theta_0 \in [0,2\pi]$，即 $u \in C(\overline{B_a})$ 且满足边界条件.

对任意的 $(\rho,\theta) \in B_a$，恒有

$$a^2 + \rho^2 - 2a\rho \cos(\theta-\alpha) \geqslant (a-\rho)^2 > 0.$$

又

$$\rho = \sqrt{x^2 + y^2}, \quad x = \rho\cos\theta, \quad y = \rho\sin\theta,$$

直接计算可得

$$\Delta \left\{ \frac{a^2 - \rho^2}{\rho^2 + a^2 - 2a\rho \cos(\theta-\alpha)} \right\} = 0,$$

而由

$$u(\rho,\theta) = \frac{1}{2\pi} \int_0^{2\pi} \frac{a^2 - \rho^2}{\rho^2 + a^2 - 2a\rho \cos(\theta-\alpha)} \varphi(\alpha)\,\mathrm{d}\alpha,$$

以及数学分析的知识, 可以验证求导求积分能交换次序, 得出 $u \in C^2(B_a)$, 并且

$$\Delta u(\rho, \theta) = \frac{1}{2\pi} \int_0^{2\pi} \Delta \left\{ \frac{a^2 - \rho^2}{\rho^2 + a^2 - 2a\rho\cos(\theta - \alpha)} \right\} \varphi(\alpha) d\alpha .$$

由 Green 函数的性质, 有

$$\frac{1}{2\pi} \int_0^{2\pi} \frac{a^2 - \rho^2}{\rho^2 + a^2 - 2a\rho\cos(\theta - \alpha)} d\alpha \equiv -\int_{\partial B_a} \frac{\partial G}{\partial \boldsymbol{n}} ds = 1,$$

所以对任意的 $\theta_0 \in [0, 2\pi]$,

$$u(\rho, \theta) - \varphi(\theta_0) = \frac{1}{2\pi} \int_0^{2\pi} \frac{a^2 - \rho^2}{\rho^2 + a^2 - 2a\rho\cos(\theta - \alpha)} [\varphi(\alpha) - \varphi(\theta_0)] d\alpha ,$$

$$\begin{aligned}
|u(\rho, \theta) - \varphi(\theta_0)| &\leqslant \frac{1}{2\pi} \int_0^{2\pi} \frac{a^2 - \rho^2}{\rho^2 + a^2 - 2a\rho\cos(\theta - \alpha)} |\varphi(\alpha) - \varphi(\theta_0)| d\alpha \\
&= \frac{1}{2\pi} \int_{\theta_0 - \pi}^{\theta_0 + \pi} \frac{a^2 - \rho^2}{\rho^2 + a^2 - 2a\rho\cos(\theta - \alpha)} |\varphi(\alpha) - \varphi(\theta_0)| d\alpha \\
&\leqslant \frac{1}{2\pi} \int_{\theta_0 - \pi}^{\theta_0 - \delta} \frac{a^2 - \rho^2}{\rho^2 + a^2 - 2a\rho\cos(\theta - \alpha)} |\varphi(\alpha) - \varphi(\theta_0)| d\alpha \\
&\quad + \frac{1}{2\pi} \int_{\theta_0 - \delta}^{\theta_0 + \delta} \frac{a^2 - \rho^2}{\rho^2 + a^2 - 2a\rho\cos(\theta - \alpha)} |\varphi(\alpha) - \varphi(\theta_0)| d\alpha \\
&\quad + \frac{1}{2\pi} \int_{\theta_0 + \delta}^{\theta_0 + \pi} \frac{a^2 - \rho^2}{\rho^2 + a^2 - 2a\rho\cos(\theta - \alpha)} |\varphi(\alpha) - \varphi(\theta_0)| d\alpha \\
&\equiv J_1 + J_2 + J_3,
\end{aligned}$$

这里 $\delta \in (0, \pi)$ 是待定常数. 由 $\varphi \in C(\partial B_a)$, 对任意的 $\varepsilon > 0$, 可取 $\delta \in (0, \pi)$, 使得当 $|\alpha - \theta_0| < \delta$ 时,

$$|\varphi(\alpha) - \varphi(\theta_0)| < \frac{\varepsilon}{3},$$

所以,

$$J_2 = \frac{1}{2\pi} \int_{\theta_0 - \delta}^{\theta_0 + \delta} \frac{a^2 - \rho^2}{\rho^2 + a^2 - 2a\rho\cos(\theta - \alpha)} |\varphi(\alpha) - \varphi(\theta_0)| d\alpha ,$$

$$|J_2| \leqslant \frac{\varepsilon}{3} \frac{1}{2\pi} \int_0^{2\pi} \frac{a^2 - \rho^2}{\rho^2 + a^2 - 2a\rho\cos(\theta - \alpha)} d\alpha = \frac{\varepsilon}{3}.$$

而

$$J_1 = \frac{1}{2\pi} \int_{\theta_0 - \pi}^{\theta_0 - \delta} \frac{a^2 - \rho^2}{\rho^2 + a^2 - 2a\rho\cos(\theta - \alpha)} |\varphi(\alpha) - \varphi(\theta_0)| \, d\alpha,$$

$$|J_1| \leqslant 2 \max_{[0,\pi]} |\varphi(\alpha)| \int_{\theta_0 - \pi}^{\theta_0 - \delta} \frac{1}{2\pi} \frac{a^2 - \rho^2}{\rho^2 + a^2 - 2a\rho\cos(\theta - \alpha)} \, d\alpha$$

$$= \max_{[0,\pi]} |\varphi(\alpha)| \int_{\theta_0 - \pi}^{\theta_0 - \delta} \frac{1}{2\pi} \frac{a^2 - \rho^2}{(a - \rho)^2 + 2a\rho[1 - \cos(\theta - \alpha)]} \, d\alpha.$$

当 $|\theta - \theta_0| < \dfrac{\delta}{2}$ 时, 由 $\theta_0 - \pi \leqslant \alpha \leqslant \theta_0 - \delta$ 得

$$\frac{\delta}{2} = -\frac{\delta}{2} + \delta \leqslant \theta - \alpha = (\theta - \theta_0) + (\theta_0 - \alpha) \leqslant \frac{\delta}{2} + \pi \leqslant \frac{3\pi}{2},$$

即

$$\frac{\delta}{2} \leqslant \theta - \alpha \leqslant \frac{3\pi}{2},$$

所以,

$$1 - \cos(\theta - \alpha) \geqslant 1 - \cos\frac{\delta}{2} > 0,$$

于是, 当 $|\theta - \theta_0| < \dfrac{\delta}{2}$ 时,

$$|J_1| \leqslant \max_{[0,\pi]} |\varphi(\alpha)| \int_{\theta_0 - \pi}^{\theta_0 - \delta} \frac{1}{2\pi} \frac{a^2 - \rho^2}{(a - \rho)^2 + 2a\rho[1 - \cos(\theta - \alpha)]} \, d\alpha$$

$$\leqslant \max_{[0,\pi]} |\varphi(\alpha)| \frac{\rho^2 - a^2}{2a\rho[1 - \cos\frac{\delta}{2}]} \cdot 2\pi.$$

因此, 存在 $\delta_1 > 0$, 使得当 $|\theta - \theta_0| < \dfrac{\delta}{2}$, $|\rho - a| < \delta_1$ 时,

$$|J_1| \leqslant \max_{[0,\pi]} |\varphi(\alpha)| \frac{1}{2\pi} \frac{a^2 - \rho^2}{2a\rho\left(1 - \cos\frac{\delta}{2}\right)} \cdot 2\pi < \frac{\varepsilon}{3}.$$

同理, 存在 $\delta_2 > 0$, 使得当 $|\theta - \theta_0| < \dfrac{\delta}{2}$, $|\rho - a| < \delta_2$ 时, $|J_3| < \dfrac{\varepsilon}{3}$.

取 $\delta_3 = \max\left\{\dfrac{\delta}{2}, \delta_1, \delta_2\right\}$, 则当 $|\theta - \theta_0| < \delta_3$, $|\rho - a| < \delta_3$ 时,

$$|u(\rho, \theta) - \varphi(\theta_0)| \leqslant J_1 + J_2 + J_3 \leqslant \frac{\varepsilon}{3} + \frac{\varepsilon}{3} + \frac{\varepsilon}{3} = \varepsilon,$$

即

$$\lim_{(\rho, \theta) \to (a, \theta_0)} u(\rho, \theta) = \varphi(\theta_0), \quad \forall \theta_0 \in [0, 2\pi]. \qquad\qquad 证毕.$$

例 3.1 求解半圆上位势方程的边值问题

$$\begin{cases} -\Delta u = f, & (x,y) \in B_a^+, \\ u = \varphi, & (x,y) \in \partial B_a \bigcap \{y > 0\}, \\ u = 0, & -a \leqslant x \leqslant a, y = 0, \end{cases}$$

其中, $B_a^+ = B_a \bigcap \{y > 0\}$.

我们先分析可以用到的方法:

解法一 Green 函数法.

用镜像法求出该问题的 Green 函数, 再用公式(2.5)得出形式解, 最后再严格证明.

解法二 对称延拓法.

思路 设法将已知数据和解延拓到圆 B_a 上, 使问题化为圆上位势方程的边值问题, 并利用该问题解的表达式得出所求的解.

延拓依据 由圆上 Laplace 方程第一边值问题解的表达式:

$$u(\rho, \theta) = \frac{1}{4\pi} \int_{-\pi}^{\pi} r\mathrm{d}r \int_0^a \ln \frac{\rho^2 r^2 + a^4 - 2r\rho a^2 \cos(\theta - \alpha)}{a^2 \left[r^2 + \rho^2 - 2r\rho \cos(\theta - \alpha) \right]} f(r, \alpha)\mathrm{d}\alpha$$

$$+ \frac{1}{2\pi} \int_{-\pi}^{\pi} \frac{\rho^2 - a^2}{\rho^2 + a^2 - 2a\rho \cos(\theta - \alpha)} \varphi(\alpha)\mathrm{d}\alpha$$

知:

若 f 和 φ 是 y 的奇函数(偶函数), 则 u 也是 y 的奇函数(偶函数).

等价于说:

若 f 和 φ 是 α 的奇函数(偶函数), 则 u 也是 θ 的奇函数(偶函数).

所以, 对于问题:

$$\begin{cases} -\Delta u = f, & (x,y) \in B_a^+, \\ u = \varphi, & (x,y) \in \partial B_a \bigcap \{y > 0\}, \\ u = 0, & -a \leqslant x \leqslant a, y = 0, \end{cases}$$

其中, $B_a^+ = B_a \bigcap \{y > 0\}$, 我们可以用关于 y 作奇延拓的方法, 将问题化为圆上 Laplace 方程的第一边值问题来求解, 然后将这个解限制在上半圆上, 就得到我们要求的形式解.

解 令

$$\tilde{f}(r, \alpha) = \begin{cases} f(r, \alpha), & 0 \leqslant \alpha \leqslant \pi, 0 \leqslant r \leqslant a, \\ -f(r, -\alpha), & -\pi \leqslant \alpha \leqslant 0, 0 \leqslant r \leqslant a; \end{cases}$$

$$\tilde{\varphi}(\alpha) = \begin{cases} \varphi(\alpha), & 0 \leqslant \alpha \leqslant \pi, \\ -\varphi(-\alpha), & -\pi \leqslant \alpha \leqslant 0, \end{cases}$$

其中 (r, α) 为极坐标.

下面求解下述圆上 Laplace 方程的边值问题:

$$\begin{cases} -\Delta \tilde{u} = \tilde{f}, & (x, y) \in B_a, \\ \tilde{u} = \tilde{\varphi}, & (x, y) \in \partial B. \end{cases}$$

因为

$$\tilde{u}(\rho, \theta) = \frac{1}{4\pi} \int_{-\pi}^{\pi} r \mathrm{d}r \int_0^a \ln \frac{\rho^2 r^2 + a^4 - 2r\rho a^2 \cos(\theta - \alpha)}{a^2 \left[r^2 + \rho^2 - 2r\rho \cos(\theta - \alpha) \right]} \tilde{f}(r, \alpha) \mathrm{d}\alpha$$

$$+ \frac{1}{2\pi} \int_{-\pi}^{\pi} \frac{\rho^2 - a^2}{\rho^2 + a^2 - 2a\rho \cos(\theta - \alpha)} \tilde{\varphi}(\alpha) \, \mathrm{d}\alpha$$

$$= \frac{1}{4\pi} \left\{ \int_{-\pi}^0 + \int_0^{\pi} \right\} r \mathrm{d}r \int_0^a \ln \frac{\rho^2 r^2 + a^4 - 2r\rho a^2 \cos(\theta - \alpha)}{a^2 \left[r^2 + \rho^2 - 2r\rho \cos(\theta - \alpha) \right]} \tilde{f}(r, \alpha) \mathrm{d}\alpha$$

$$+ \frac{1}{2\pi} \left\{ \int_{-\pi}^0 + \int_0^{\pi} \right\} \frac{\rho^2 - a^2}{\rho^2 + a^2 - 2a\rho \cos(\theta - \alpha)} \tilde{\varphi}(\alpha) \mathrm{d}\alpha$$

$$= \frac{1}{4\pi} \int_0^{\pi} r \mathrm{d}r \int_0^a \ln \frac{\rho^2 r^2 + a^4 - 2r\rho a^2 \cos(\theta - \alpha)}{a^2 \left[r^2 + \rho^2 - 2r\rho \cos(\theta - \alpha) \right]} f(r, \alpha) \mathrm{d}\alpha$$

$$- \frac{1}{4\pi} \int_{-\pi}^0 r \mathrm{d}r \int_0^a \ln \frac{\rho^2 r^2 + a^4 - 2r\rho a^2 \cos(\theta - \alpha)}{a^2 \left[r^2 + \rho^2 - 2r\rho \cos(\theta - \alpha) \right]} f(r, -\alpha) \mathrm{d}\alpha$$

$$+ \frac{1}{2\pi} \int_0^{\pi} \frac{\rho^2 - a^2}{\rho^2 + a^2 - 2a\rho \cos(\theta - \alpha)} \varphi(\alpha) \mathrm{d}\alpha$$

$$- \frac{1}{2\pi} \int_{-\pi}^0 \frac{\rho^2 - a^2}{\rho^2 + a^2 - 2a\rho \cos(\theta - \alpha)} \varphi(-\alpha) \mathrm{d}\alpha,$$

所以,

$$\tilde{u}(\rho, \theta) = \frac{1}{4\pi} \int_0^{\pi} r \mathrm{d}r \int_0^a \ln \frac{\rho^2 r^2 + a^4 - 2r\rho a^2 \cos(\theta - \alpha)}{a^2 \left[r^2 + \rho^2 - 2r\rho \cos(\theta - \alpha) \right]} f(r, \alpha) \mathrm{d}\alpha$$

$$- \frac{1}{4\pi} \int_0^{\pi} r \mathrm{d}r \int_0^a \ln \frac{\rho^2 r^2 + a^4 - 2r\rho a^2 \cos(\theta + \alpha)}{a^2 \left[r^2 + \rho^2 - 2r\rho \cos(\theta + \alpha) \right]} f(r, -\alpha) \mathrm{d}\alpha$$

$$+ \frac{1}{2\pi} \int_0^{\pi} \frac{\rho^2 - a^2}{\rho^2 + a^2 - 2a\rho \cos(\theta - \alpha)} \varphi(\alpha) \mathrm{d}\alpha$$

$$- \frac{1}{2\pi} \int_0^{\pi} \frac{\rho^2 - a^2}{\rho^2 + a^2 - 2a\rho \cos(\theta - \alpha)} \varphi(-\alpha) \mathrm{d}\alpha.$$

于是, 我们有: 当 $0 \leqslant \theta \leqslant \pi$, $0 \leqslant \rho \leqslant a$ 时,

$$u(\rho, \theta) = \tilde{u}(\rho, \theta) = \cdots.$$

特别地, 当 $f \equiv 0$ 时, 我们得到问题

$$\begin{cases} -\Delta u = 0, & (x, y) \in B_a^+, \\ u = \varphi, & (x, y) \in \partial B_a \bigcap \{y > 0\}, \\ u = 0, & -a \leqslant x \leqslant a, y = 0 \end{cases}$$

的形式解为

$$u(\rho, \theta) = \frac{1}{\pi} \int_0^\pi \frac{a\rho(\rho^2 - a^2)\left[\cos(\theta - \alpha) - \cos(\theta + \alpha)\right]\varphi(\alpha)}{\left[\rho^2 + a^2 - 2a\rho\cos(\theta - \alpha)\right]\left[\rho^2 + a^2 - 2a\rho\cos(\theta + \alpha)\right]} \, \mathrm{d}\alpha.$$

验证 可以证明, 若 $f \in C^2(\overline{B_a})$, $\varphi \in C(\partial B_a)$ 且满足相容性条件 $\varphi(-a, 0) = \varphi(a, 0) = 0$, 则 $u \in C^2(B_a)$ 且是问题:

$$\begin{cases} -\Delta u = f, & (x, y) \in B_a^+, \\ u = \varphi, & (x, y) \in \partial B_a \bigcap \{y > 0\}, \\ u = 0, & -a \leqslant x \leqslant a, y = 0 \end{cases}$$

的解, 其中边值的意义为

$$\lim_{(x, y) \to (x_0, y_0)} u(x, y) = \varphi, \quad \forall (x_0, y_0)\partial B_a \bigcap \{y \geqslant 0\},$$

$$\lim_{(x, y) \to (x_0, 0)} u(x, y) = 0, \quad \forall x_0 \in [-a, a].$$

注 1 求 Green 函数的镜像法同样适合于高维问题 ($n \geqslant 3$).

注 2 对于二维问题还可以用复变函数中的保角变换来求 Green 函数, 且非常有效. 其方法如下:

设区域 Ω 在保角变换(导数不等于 0 的复解析函数) 下一对一地变为区域 $\tilde{\Omega}$, 如图 3.3 所示; 其边界 $\partial\Omega$ 相应地变为 $\partial\tilde{\Omega}$, 如图 3.4 所示.

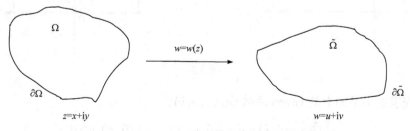

图 3.3

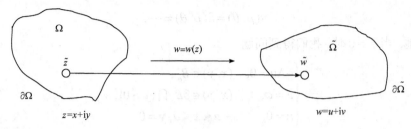

图 3.4

为求 Ω 上的 Green 函数 $G(x, y; \xi, \eta)$：

$$\begin{cases} -\Delta G(x, y; \xi, \eta) = \delta(x - \xi, y - \eta), & (x, y) \in \Omega, \\ G(x, y; \xi, \eta) = 0, & (x, y) \in \partial\Omega, \end{cases}$$

先求 $\tilde{\Omega}$ 上的 Green 函数 $\tilde{G}(u, v; \tilde{u}, \tilde{v})$：

$$\begin{cases} -\Delta \tilde{G}(u, v; \tilde{u}, \tilde{v}) = \delta(u - \tilde{u}, v - \tilde{v}), & (u, v) \in \tilde{\Omega}, \\ \tilde{G}(u, v; \tilde{u}, \tilde{v}) = 0, & (u, v) \in \partial\tilde{\Omega}, \end{cases}$$

这里 $\tilde{z} = \xi + i\eta$，$\tilde{w} = \tilde{u} + i\tilde{v}$．则

$$G(x, y; \xi, \eta) = \tilde{G}(u(z), v(z); \tilde{u}(\tilde{z}), \tilde{v}(\tilde{z}))．$$

例 3.2　求第一象限位势方程的第一边值问题的 Green 函数：

$$\begin{cases} -\Delta G(x, y; \xi, \eta) = \delta(x - \xi, y - \eta), & x > 0, y > 0, \\ G(x, y; \xi, \eta) = 0, & x > 0, y = 0;\ \text{或}\ x = 0, y > 0. \end{cases}$$

解　记 $z = x + iy$，第一象限在变换 $w = u + iv = z^2$ 下变为上半平面，其边界变为轴，如图 3.5 所示．

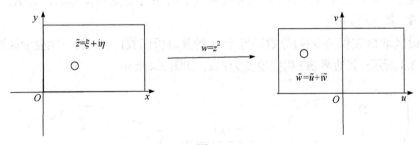

图 3.5

先求上半平面上的 Green 函数 $\tilde{G}(u, v; \tilde{u}, \tilde{v})$：

$$\begin{cases} -\Delta \tilde{G}(u, v; \tilde{u}, \tilde{v}) = \delta(u - \tilde{u}, v - \tilde{v}), & u \in (0, \infty), v > 0, \\ \tilde{G}(u, v; \tilde{u}, \tilde{v}) = 0, & u \in (0, \infty), v = 0. \end{cases}$$

由例 3.1 知

$$\tilde{G}(u, v; \tilde{u}, \tilde{v}) = -\frac{1}{2\pi}\ln|w - \tilde{w}| + \frac{1}{2\pi}\ln|w - \tilde{w}^*|,$$

这里 $\tilde{w}^*$ 是 $\tilde{w}$ 的共轭. 代回原变量, 得

$$G(x, y; \xi, \eta) = \tilde{G}(u(z), v(z); \tilde{u}(\tilde{z}), \tilde{v}(\tilde{z})) = -\frac{1}{2\pi}\ln\left|z^2 - \tilde{z}^2\right| + \frac{1}{2\pi}\ln\left|z^2 - (z^2)^*\right|.$$

因为 $z = x + \mathrm{i}y$, $z^* = x - \mathrm{i}y$, 所以

$$\begin{aligned}
G(x, y; \xi, \eta) &= -\frac{1}{2\pi}\ln\left|z^2 - \tilde{z}^2\right| + \frac{1}{2\pi}\ln\left|z^2 - (z^2)^*\right| \\
&= -\frac{1}{2\pi}\ln|z - \tilde{z}| - \frac{1}{2\pi}\ln|z + \tilde{z}| + \frac{1}{2\pi}\ln\left|z - (\tilde{z})^*\right| + \frac{1}{2\pi}\ln\left|z + (\tilde{z})^*\right| \\
&= -\frac{1}{2\pi}\ln\sqrt{(x-\xi)^2 + (y-\eta)^2} - \frac{1}{2\pi}\ln\sqrt{(x+\xi)^2 + (y+\eta)^2} \\
&\quad + \frac{1}{2\pi}\ln\sqrt{(x-\xi)^2 + (y+\eta)^2} + \frac{1}{2\pi}\ln\sqrt{(x+\xi)^2 + (y-\eta)^2} \\
&= \frac{1}{4\pi}\ln\frac{\left[(x-\xi)^2 + (y+\eta)^2\right]\left[(x+\xi)^2 + (y-\eta)^2\right]}{\left[(x-\xi)^2 + (y-\eta)^2\right]\left[(x+\xi)^2 + (y+\eta)^2\right]}.
\end{aligned}$$

二、上半空间的 Green 函数、Poisson 公式

求 $\mathbb{R}^n$ $(n \geqslant 3)$ 中上半空间 $\mathbb{R}^n_+ \overset{\text{def}}{=} \{\boldsymbol{x} \in \mathbb{R}^n : x_n > 0\}$ 上的 Laplace 方程的第一边值问题

$$\begin{cases}
-\Delta u = 0, & \boldsymbol{x} \in \mathbb{R}^n_+, \\
u = \varphi(\boldsymbol{x}'), & x_n = 0, \boldsymbol{x}' \in \mathbb{R}^{n-1}, \\
\lim_{|\boldsymbol{x}| \to \infty} u(\boldsymbol{x}) = 0,
\end{cases} \tag{3.4}$$

其中 $\boldsymbol{x} = (\boldsymbol{x}', x_n)$, $\boldsymbol{x}' = (x_1, x_2, \cdots, x_{n-1})$. 由于 Green 函数是借助于调和函数的基本积分公式得到的, 并且这里考虑的 $\mathbb{R}^n_+$ 无界, 因此, 为了保证基本积分公式中的积分收敛, 我们要求调和函数 u 满足

$$|u(\boldsymbol{x})| \leqslant \frac{C}{|\boldsymbol{x}|^{n-2}}, \quad \left|\frac{\partial u}{\partial \boldsymbol{n}}\right| \leqslant \frac{C}{|\boldsymbol{x}|^{n-1}}, \quad \text{当} |\boldsymbol{x}| \gg 1 \text{时}.$$

另外, 问题 (3.4) 中的边界函数 $\varphi(\boldsymbol{x}')$ 也要满足

$$\varphi(\boldsymbol{x}') \leqslant \frac{C}{|\boldsymbol{x}|^n},$$

其中 C 为正常数.

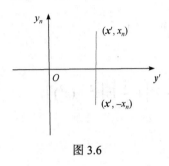

图 3.6

取 $\boldsymbol{x}=(\boldsymbol{x}',x_n)\in\mathbb{R}_+^n$, 点 $\boldsymbol{x}$ 关于超平面 $y_n=0$ 的对称点是 $\boldsymbol{x}^*=(\boldsymbol{x}',-x_n)\overset{\text{def}}{=}(\boldsymbol{x}',-x_n^*)$, 如图 3.6. 记 $v(\boldsymbol{x},\boldsymbol{y})=-\Gamma(|\boldsymbol{y}-\boldsymbol{x}^*|)$, 那么 $v(\boldsymbol{x},\boldsymbol{y})$ 在上半空间 $\mathbb{R}_+^n$ 中是 $\boldsymbol{y}$ 的调和函数, 在闭域 $\{y_n\geqslant 0\}$ 上有一阶连续偏导数, 且在 $y_n=0$ 上

$$v(\boldsymbol{x},\boldsymbol{y})|_{y_n=0}=-\Gamma(|\boldsymbol{y}-\boldsymbol{x}^*|)\Big|_{y_n=0}=-\Gamma(\boldsymbol{y}'-\boldsymbol{x}',0-x_n^*)$$
$$=-\Gamma(\boldsymbol{y}'-\boldsymbol{x}',0+x_n)=-\Gamma(|\boldsymbol{y}-\boldsymbol{x}|)\Big|_{y_n=0}.$$

于是,

$$G(\boldsymbol{x},\boldsymbol{y})=\Gamma(|\boldsymbol{y}-\boldsymbol{x}|)-\Gamma(|\boldsymbol{y}-\boldsymbol{x}^*|),\quad \boldsymbol{x},\boldsymbol{y}\in\mathbb{R}_+^n$$

是上半空间中的 Green 函数. 借助于(2.5), 便得到问题(3.4)的解

$$u(\boldsymbol{x})=-\int_{y_n=0}\varphi(\boldsymbol{y})\frac{\partial G(\boldsymbol{x},\boldsymbol{y})}{\partial\boldsymbol{n}_y}\mathrm{d}S_y=-\int_{\mathbb{R}^{n-1}}\varphi(\boldsymbol{y}')\frac{\partial G(\boldsymbol{x},(\boldsymbol{y}',0))}{\partial\boldsymbol{n}_y}\mathrm{d}\boldsymbol{y}'. \tag{3.5}$$

利用 $x_n^*=-x_n$, 得

$$\frac{\partial G(\boldsymbol{x},\boldsymbol{y})}{\partial\boldsymbol{n}_y}\bigg|_{y_n=0}=-\frac{\partial G(\boldsymbol{x},\boldsymbol{y})}{\partial y_n}\bigg|_{y_n=0}=\frac{1}{\omega_n}\left[\frac{y_n-x_n}{|\boldsymbol{y}-\boldsymbol{x}|^n}-\frac{y_n-x_n^*}{|\boldsymbol{y}-\boldsymbol{x}^*|^n}\right]\bigg|_{y_n=0}$$
$$=-\frac{2}{\omega_n}\frac{x_n}{(|\boldsymbol{y}'-\boldsymbol{x}'|^2+x_n^2)^{\frac{n}{2}}},$$

其中 ω_n 是 $\mathbb{R}^n$ 中的单位球面的表面积, 将其代入(3.5)得

$$u(\boldsymbol{x})=\frac{2x_n}{\omega_n}\int_{\mathbb{R}^{n-1}}\frac{\varphi(\boldsymbol{y}')}{(|\boldsymbol{x}'-\boldsymbol{y}'|^2+x_n^2)^{\frac{n}{2}}}\mathrm{d}\boldsymbol{y}',$$

此式称为上半空间中的 Laplace 方程的第一边值问题的 Poisson 公式.

定理 3.2　若问题(3.4)中的边界值函数 $\varphi(\boldsymbol{x}')$ 在 $\mathbb{R}^{n-1}$ 中连续且有界, 则由(3.5)确定的函数 u 就是问题(3.4)的解.

对于 $n=2$, 可类似推导出上半平面的 Green 函数

$$G(\boldsymbol{x},\boldsymbol{y})=\frac{1}{4\pi}\ln\frac{(x_1-y_1)^2+(x_2+y_2)^2}{(x_1-y_1)^2+(x_2-y_2)^2},$$

从而第一边值问题

$$\begin{cases} -\Delta u = f(\boldsymbol{x}), & x_1 \in \mathbb{R}, x_2 > 0, \\ u = \varphi(x_1), & x_1 \in \mathbb{R}, x_2 = 0, \\ \lim_{|\boldsymbol{x}| \to \infty} u(\boldsymbol{x}) = 0 \end{cases}$$

的解可写成

$$u(\boldsymbol{x}) = \frac{1}{\pi} \int_{\mathbb{R}} \frac{x_2 \varphi(y_1)}{(y_1 - x_1)^2 + x_2^2} \mathrm{d}y_1$$

$$+ \frac{1}{4\pi} \int_0^{+\infty} \int_{\mathbb{R}} f(\boldsymbol{y}) \ln \frac{(x_1 - y_1)^2 + (x_2 + y_2)^2}{(x_1 - y_1)^2 + (x_2 - y_2)^2} \mathrm{d}y_1 \mathrm{d}y_2, \quad \boldsymbol{x} \in \mathbb{R}_+^2.$$

例 3.3　求解上半平面位势方程的第一边值问题

$$\begin{cases} -(u_{xx} + u_{yy}) = f, & (x, y) \in \mathbb{R}_+^2, \\ u(x, 0) = \varphi(x), & -\infty < x < +\infty, \end{cases}$$

其中 $\mathbb{R}_+^2 = \{(x, y) \in \mathbb{R}^2 \mid y > 0\}$.

解　首先, 求 Green 函数, 对任意的 $P(\xi, \eta) \in \mathbb{R}_+^2$, 在 P 点处放置一个单位的正电荷产生的电势分布为 $\Gamma(x, y; \xi, \eta)$. 在其关于 x 轴的对称点 $P'(\xi, -\eta)$ 处放置一个单位的负电荷的电势为 $-\Gamma(x, y; \xi, -\eta)$. 因为 x 轴上任一点 $M(x, 0)$ 到 P 与 P' 的距离是相等的, 如图 3.7 所示, 这两个电势在 M 大小相等、方向相反, 因而相互抵消, 即

$$[\Gamma(x, y; \xi, \eta) - \Gamma(x, y; \xi, -\eta)]\big|_{y=0} = 0,$$

所以,

$$G(x, y; \xi, \eta) = \Gamma(x, y; \xi, \eta) - \Gamma(x, y; \xi, -\eta),$$

即

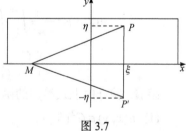

图 3.7

$$G(x, y; \xi, \eta) = -\frac{1}{2\pi} \ln \sqrt{(x-\xi)^2 + (y-\eta)^2} + \frac{1}{2\pi} \ln \sqrt{(x-\xi)^2 + (y+\eta)^2}$$

$$= -\frac{1}{4\pi} \ln \frac{(x-\xi)^2 + (y-\eta)^2}{(x-\xi)^2 + (y+\eta)^2}.$$

其次, 利用公式(2.5)求解. 对于任意的 $(\xi, \eta) \in \mathbb{R}_+^2$,

$$u(\xi, \eta) = \iint_{\mathbb{R}_+^2} Gf \mathrm{d}x \mathrm{d}y - \int_{\partial \mathbb{R}_+^2} \varphi \frac{\partial G}{\partial \boldsymbol{n}} \mathrm{d}s$$

$$= \int_0^{+\infty} \int_{-\infty}^{+\infty} G(x, y; \xi, \eta) f(x, y) \mathrm{d}x \mathrm{d}y - \int_{-\infty}^{+\infty} \varphi(x) \frac{\partial G(x, y; \xi, \eta)}{\partial \boldsymbol{n}} \bigg|_{y=0} \mathrm{d}x.$$

因为 $\boldsymbol{n}$ 是 $\mathbb{R}^2_+$ 在 $\partial\mathbb{R}^2_+$ 上的单位外法向量, 所以

$$\frac{\partial}{\partial \boldsymbol{n}} = -\frac{\partial}{\partial y},$$

$$\frac{\partial G(x,y;\xi,\eta)}{\partial \boldsymbol{n}}\bigg|_{y=0} = -\frac{\partial G(x,y;\xi,\eta)}{\partial y}\bigg|_{y=0}$$

$$= -\left[-\frac{1}{2\pi}\frac{y-\eta}{(x-\xi)^2+(y-\eta)^2}+\frac{1}{2\pi}\frac{y+\eta}{(x-\xi)^2+(y+\eta)^2}\right]\bigg|_{y=0},$$

因此,

$$\frac{\partial G(x,y;\xi,\eta)}{\partial \boldsymbol{n}}\bigg|_{y=0} = -\frac{1}{\pi}\frac{\eta}{(x-\xi)^2+\eta^2}.$$

于是,

$$u(\xi,\eta) = -\frac{1}{4\pi}\int_0^{+\infty}\int_{-\infty}^{+\infty}\ln\frac{(x-\xi)^2+(y-\eta)^2}{(x-\xi)^2+(y+\eta)^2}f(x,y)\mathrm{d}x\mathrm{d}y$$

$$+\frac{\eta}{\pi}\int_{-\infty}^{+\infty}\frac{\varphi(x)}{(x-\xi)^2+\eta^2}\mathrm{d}x, \quad \forall(x,y)\in\mathbb{R}^2_+$$

改写为

$$u(x,y) = -\frac{1}{4\pi}\int_0^{+\infty}\int_{-\infty}^{+\infty}\ln\frac{(x-\xi)^2+(y-\eta)^2}{(x-\xi)^2+(y+\eta)^2}f(\xi,\eta)\mathrm{d}\xi\mathrm{d}\eta$$

$$+\frac{y}{\pi}\int_{-\infty}^{+\infty}\frac{\varphi(\xi)}{(x-\xi)^2+y^2}\mathrm{d}\xi, \quad \forall(x,y)\in\mathbb{R}^2_+.$$

接着, 验证由上式给出的函数确为所求的解. 为此, 要证:

(1) $u(x,y)\in C^2(\mathbb{R}^2_+)$;

(2) $-\Delta u = f$, $(x,y)\in\mathbb{R}^2_+$;

(3) $\lim\limits_{(x,y)\to(x_0,0^+)}u(x,y)=\varphi(x_0)$, $\forall x_0\in(-\infty,+\infty)$,

其中, 由(1)+(3)得出 $u\in C(\overline{\mathbb{R}^2_+})\bigcap C^2(\mathbb{R}^2_+)$, 且满足边界条件 $u(x,0)=\varphi(x)$, $x\in(-\infty,+\infty)$.

当 f 和 φ 满足适当的条件时, 我们可以证明(1), (2)和(3).

注 当 $f\equiv 0$ 时, 我们得到 Poisson 公式

$$u(x,y) = \frac{y}{\pi}\int_{-\infty}^{+\infty}\frac{\varphi(\xi)}{(x-\xi)^2+y^2}\mathrm{d}\xi, \quad \forall(x,y)\in\mathbb{R}^2_+.$$

在 $\varphi\in C(-\infty,+\infty)$ 且 φ 有界的条件下, 可以证明, 上式给出的函数 $u(x,y)$ 满足 $u\in C(\overline{\mathbb{R}^2_+})\bigcap C^2(\mathbb{R}^2_+)$、有界, 且

$$\begin{cases} -(u_{xx} + u_{yy}) = 0, & (x, y) \in \mathbb{R}_+^2, \\ u(x, 0) = \varphi(x), & -\infty < x < +\infty. \end{cases} \tag{3.6}$$

注 问题(3.6)的解不是唯一的,事实上,它的任一解加上 y 仍是它的解. 但可以证明,它的有界解是唯一的.

三、四分之一平面上的 Green 函数

考虑四分之一平面 $H_+ = \{(x, y) \mid x > 0, y > 0\}$ 上的 Laplace 方程的第一边值问题的 Green 函数.

在 H_+ 内任取一点 (ξ, η), 点 (ξ, η) 关于 x 轴的对称点是 $(\xi, -\eta)$. 已知上半平面上的 Green 函数

$$G(x, y; \xi, \eta) = \frac{1}{4\pi} \ln \frac{(x-\xi)^2 + (y+\eta)^2}{(x-\xi)^2 + (y-\eta)^2}.$$

此函数在 x 轴上的值为 0, 但在 y 轴上的值不为 0. 取点 (ξ, η) 关于 y 轴的对称点 $(-\xi, \eta)$. 对于点 (ξ, η), 上半平面的 Green 函数是

$$G(x, y; -\xi, \eta) = \frac{1}{4\pi} \ln \frac{(x+\xi)^2 + (y+\eta)^2}{(x+\xi)^2 + (y-\eta)^2}.$$

这个函数在 x 轴上的值也为 0. 此外, 在 y 轴上(即 $x = 0$)

$$G(0, y; \xi, \eta) = \frac{1}{4\pi} \ln \frac{\xi^2 + (y+\eta)^2}{\xi^2 + (y-\eta)^2} = G(0, y; -\xi, \eta),$$

从而四分之一平面上的 Laplace 方程的第一边值问题的 Green 函数是

$$G_0(x, y; \xi, \eta) = G(x, y; \xi, \eta) - G(x, y; -\xi, \eta)$$

$$= \frac{1}{4\pi} \ln \frac{\left[(x-\xi)^2 + (y+\eta)^2\right]\left[(x+\xi)^2 + (y-\eta)^2\right]}{\left[(x-\xi)^2 + (y-\eta)^2\right]\left[(x+\xi)^2 + (y+\eta)^2\right]}.$$

例 3.4 求解第一象限位势方程的第一边值问题

$$\begin{cases} -(u_{xx} + u_{yy}) = f, & x > 0, y > 0, \\ u(x, 0) = \varphi(x), & 0 \le x < +\infty, \\ u(0, y) = \psi(y), & 0 \le y < +\infty. \end{cases}$$

解 可以用两种方法来求解.

方法一 用 Green 函数法求解. 如图 3.8 所示, 在点 $P(\xi, \eta)$ 的三个镜像点 P_1, P_2 和 P_3, 分别放置适当的电荷, 使其产生的电势与 $P(\xi, \eta)$ 点处单位正电荷产生的电势在边界上相互抵消. 这样, 就可以求出本边值问题的 Green 函数. 再由公式

(2.5)就求出了形式解的表达式.

方法二　用对称延拓法求解. 先作变换将边界条件 $u(0, y) = \psi(y)$ $(0 \leqslant y < +\infty)$ 齐次化, 再关于变量 x 作奇延拓, 将问题化为上半平面的第一边值问题. 然后利用例3.3的结果, 得出解的表达式, 最后再代回到原问题, 得出解的形式表达式.

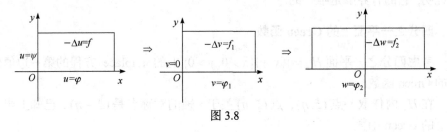

图 3.8

第四节　极值原理与最大模估计

因为位势方程可以看作热传导方程当温度达到平衡状态时的极限方程, 而热传导方程具有极值原理, 所以位势方程也有极值原理.

一、极值原理

设 Ω 为 $\mathbb{R}^n$ 中的有界开集, $\partial\Omega$ 为其边界.

考虑下述比位势方程更一般的方程:

$$Lu \equiv -\Delta u + c(x)u = f .$$

引理 4.1　设 Ω 上 $c(x) \geqslant 0$, $u \in C(\overline{\Omega}) \cap C^2(\Omega)$, 且 $Lu = f < 0$, $x \in \Omega$, 则 $u(x)$ 不能在 Ω 上取到它在 $\overline{\Omega}$ 上的非负最大值, 即 $u(x)$ 在 $\overline{\Omega}$ 上的非负最大值只能在边界 $\partial\Omega$ 上取到.

证明　用反证法. 如果引理 4.1 的结论不成立, 则存在 $x_0 \in \Omega$, 使得

$$u(x_0) = \max_{x \in \Omega} u(x) \geqslant 0 .$$

由数学分析的知识, 得

$$\frac{\partial u}{\partial x_i}\bigg|_{x=x_0} = 0, \quad \frac{\partial^2 u}{\partial x_i^2}\bigg|_{x=x_0} \leqslant 0 \quad (i = 1, 2, \cdots, n).$$

因此,

$$Lu(x_0) = -\Delta u(x_0) + c(x_0)u(x_0) \geqslant 0 ,$$

但这与已知条件

$$Lu = f < 0 , \quad x \in \Omega$$

矛盾, 引理 4.1 的结论必定成立. 证毕.

注 1 将方程写成 $-\Delta u = f - c(x)u$, 则 $-c(x)u$ 可以看作是某种热源, 它的热源强度与温度有关. 当 $u \geqslant 0$ 时, $f - c(x)u < 0$, 总热源是吸热热源. 因此, 从物理上看, 温度的非负最大值只能在边界上达到.

注2 由引理 4.1 的证明可以看出: 如果 $c(x) \equiv 0$ 于 Ω, 则引理 4.1 的结论中的"非负最大值"可以用"最大值"代替.

定理 4.1 (弱极值原理) 设在 Ω 上 $c(x) \geqslant 0$ 且有界, $u \in C(\overline{\Omega}) \bigcap C(\Omega)$, $Lu = f \leqslant 0, x \in \Omega$. 则 $u(x)$ 在 $\overline{\Omega}$ 上的非负最大值(如果存在)必在边界 $\partial\Omega$ 上取到(但也有可能同时在 Ω 内取到), 即

如果 $\max\limits_{x \in \Omega} u(x) \geqslant 0$, 则 $\max\limits_{x \in \Omega} u(x) = \max\limits_{x \in \partial\Omega} u(x)$.

说明 等式 $\max\limits_{x \in \Omega} u(x) = \max\limits_{x \in \partial\Omega} u(x)$, 等价于最大值必在边界 $\partial\Omega$ 上取到.

分析 通过适当的函数变换, 将问题化为 $f < 0$ 的情形, 然后利用引理 4.1.

证明 设 $\max\limits_{x \in \Omega} u(x) \geqslant 0$. 对任意的 $\varepsilon > 0$, 令

$$w(x) = u(x) + \varepsilon e^{ax_1},$$

其中 a 为待定系数, 则

$$\max\limits_{x \in \Omega} w(x) > \max\limits_{x \in \Omega} u(x) \geqslant 0,$$

$$
\begin{aligned}
Lw &\equiv -\Delta w + c(x)w \\
&= -\Delta u + c(x)u - \varepsilon a^2 e^{ax_1} + c(x)\varepsilon e^{ax_1} \\
&= f - \varepsilon \left[a^2 - c(x) \right] e^{ax_1}.
\end{aligned}
$$

由假设 $c(x)$ 在 Ω 上有界, 因此我们可以取 $a^2 > \sup\limits_{x \in \Omega} c(x)$, 所以对任意的 $\varepsilon > 0$,

$$
\begin{cases}
w(x) = u(x) + \varepsilon e^{ax_1} \in C(\overline{\Omega}) \bigcap C^2(\Omega), \\
\max\limits_{x \in \Omega} w(x) > \max\limits_{x \in \Omega} u(x) \geqslant 0, \\
Lw < 0, \quad x \in \Omega.
\end{cases}
$$

由引理 4.1, $w(x)$ 在 $\overline{\Omega}$ 上的非负最大值只能在边界 $\partial\Omega$ 上取到. 从而,

$$\max\limits_{x \in \Omega} w(x) = \max\limits_{x \in \partial\Omega} w(x).$$

于是,

$$\max\limits_{x \in \Omega} u(x) < \max\limits_{x \in \Omega} w(x) = \max\limits_{x \in \partial\Omega} w(x) \leqslant \max\limits_{x \in \partial\Omega} u(x) + \varepsilon \max\limits_{x \in \partial\Omega} e^{ax_1}.$$

因为 Ω 是有界的, 故 $\max\limits_{x\in\partial\Omega} e^{\alpha x_1}$ 有界. 在上面的不等式中令 $\varepsilon\to 0$, 得

$$\max_{x\in\Omega} u(x) = \max_{x\in\partial\Omega} u(x).$$

另一方面, 总有

$$\max_{x\in\partial\Omega} u(x) \leqslant \max_{x\in\Omega} u(x),$$

所以,

$$\max_{x\in\Omega} u(x) = \max_{x\in\partial\Omega} u(x).$$

于是, 我们证明了: 如果 $\max\limits_{x\in\Omega} u(x) \geqslant 0$, 则

$$\max_{x\in\Omega} u(x) = \max_{x\in\partial\Omega} u(x),$$

即: $u(x)$ 在 $\overline{\Omega}$ 上的非负最大值必在边界 $\partial\Omega$ 上取到. 证毕.

推论 4.1 设在 Ω 上 $c(x) \geqslant 0$ 且有界, $u \in C(\overline{\Omega}) \bigcap C(\Omega)$, $Lu = f \geqslant 0$, $x \in \Omega$, 则 $u(x)$ 在 $\overline{\Omega}$ 上的非正最小值必在边界 $\partial\Omega$ 上取到.

证明 对 $-u$ 应用定理 4.1, 并注意到 $-u$ 的非负最大值等于 u 的非正最小值.

推论 4.2 设在 Ω 上 $c(x) \geqslant 0$ 且有界, $u \in C(\overline{\Omega}) \bigcap C(\Omega)$, $Lu = 0$, $x \in \Omega$, 则 $u(x)$ 在 $\overline{\Omega}$ 上的非负最大值以及非正最小值必在边界 $\partial\Omega$ 上取到.

注 1 如果 $c(x) \equiv 0$ 于 Ω, 则在定理 4.1 及其推论 4.1 和推论 4.2 中的 "非负" 及 "非正" 可以去掉.

注 2 比较方程

$$\begin{cases} -\Delta u + c(x)u = f, \\ u_t - \Delta u + c(x,t)u = f, \end{cases}$$

方程 $u_t - \Delta u + c(x,t)u = f$ 可以通过形如 $u = e^{\eta t}v$ 的变换化为 $c(x,t) > 0$ 的情况, 且方程的类型保持不变(只要 $c(x,t)$ 有下界即可). 而方程 $-\Delta u + c(x)u = f$ 一般不能通过适当的函数变换化为 $c(x,t) > 0$ 的情况, 并保持方程的类型不变即使 $c(x,t)$ 有下界.

注 3 在定理 4.1、推论 4.1 和推论 4.2 中, 条件 $c(x,t) \geqslant 0$ 一般不可少. 事实上, 存在(无穷多个)负常数 λ, 使得定解问题

$$\begin{cases} -\Delta u + \lambda u = 0, & x \in \Omega, \\ u = 0, & x \in \partial\Omega \end{cases}$$

有不恒等于零的解. 从而弱极值原理不成立. 事实上, 如果弱极值原理成立, 则由推论 4.2, $u(x)$ 在 $\overline{\Omega}$ 上的非负最大值以及非正最小值不能在 $\partial\Omega$ 上取到, 但这时只

能 $u(x) \equiv 0$ 于 $\bar{\Omega}$.

注 4 在定理 4.1 及其推论 4.1 和推论 4.2 中, 我们只能确定 $u(x)$ 在 Ω 上的非负最大值以及非正最小值必在边界上取到, 不能确定它在 $\bar{\Omega}$ 上的非负最大值以及非正最小值是否也能在内部取到. 事实上, 我们还可以证明更强的结论, 即如果增加条件 "Ω 是连通的", 则在定理 4.1 及其推论 4.1 和推论 4.2 中, $u(x)$ 在 $\bar{\Omega}$ 上的非负最大值以及非正最小值不能在 Ω 上取到, 除非 $u(x)$ 在 $\bar{\Omega}$ 上恒等于常数. 这一结论称为强极值原理. 为证明强极值原理, 我们需要借助下面的边界点引理.

引理 4.2 (边界点引理) 设 S 是 $\mathbb{R}^n$ 中的一个球, 在 S 上 $c(x) \geqslant 0$ 且有界. 若 $u \in C^1(\bar{S}) \bigcap C^2(S)$ 且满足下列两个条件:

(1) $Lu \leqslant 0$;

(2) $x_0 \in \partial S$, $u(x_0) \geqslant 0$ 且当 $x \in S$ 时 $u(x) < u(x_0)$,

则

$$\left. \frac{\partial u}{\partial \boldsymbol{v}} \right|_{x=x_0} > 0, \tag{4.1}$$

其中向量 $\boldsymbol{v}$ 与 ∂S 在点 x_0 的单位外法向量 $\boldsymbol{n}$ 的夹角小于 $\dfrac{\pi}{2}$.

证明 由假设条件, 显然 $\left. \dfrac{\partial u}{\partial \boldsymbol{v}} \right|_{x=x_0} \geqslant 0$. 设 S 以坐标原点为球心, 半径为 r. 在球壳 $S^* = \left\{ x \left| \dfrac{r}{2} < |x| < r \right. \right\}$ 上作辅助函数

$$\omega(x) = u(x) - u(x_0) + \varepsilon v(x),$$

其中 $\varepsilon > 0$, $v(x)$ 待定. 若能选取 ε 和 $v(x)$, 使得 $\omega(x)$ 仍在 $x = x_0$ 处达到非负最大值, 则

$$0 \leqslant \left. \frac{\partial \omega}{\partial \boldsymbol{v}} \right|_{x=x_0} = \left. \left(\frac{\partial u}{\partial \boldsymbol{v}} + \varepsilon \frac{\partial v}{\partial \boldsymbol{v}} \right) \right|_{x=x_0},$$

即

$$\left. \frac{\partial u}{\partial \boldsymbol{v}} \right|_{x=x_0} \geqslant -\varepsilon \left. \frac{\partial v}{\partial \boldsymbol{v}} \right|_{x=x_0}.$$

构造函数 v, 使得 v 满足

$$Lv \leqslant 0, \quad -\left. \frac{\partial v}{\partial \boldsymbol{v}} \right|_{x=x_0} > 0.$$

取

$$v(x) = \mathrm{e}^{-a|x|^2} - \mathrm{e}^{-ar^2},$$

其中 $a > 0$ 为待定常数, 在球壳 S^* 上, 成立

$$Lv = \left[-4a^2 \mid x \mid^2 + 2na + c(x) \right] \mathrm{e}^{-a|x|^2} - C\mathrm{e}^{-ar^2}$$

$$\leqslant \left[-4a^2 \left(\frac{r}{2} \right)^2 + 2na + C \right] \mathrm{e}^{-a|x|^2},$$

其中 $C = \sup\limits_{S} c(x)$. 在上式中取 a 充分大, 总可使

$$Lv < 0.$$

对于如此取定的 v, 有

$$L\omega < 0.$$

由引理 4.1, $\omega(x)$ 不可能在球壳 S^* 的内部取到非负最大值. 在球壳的内部球面 $\partial S^* \cap S \left(\text{即} \mid x \mid = \dfrac{r}{2} \right)$ 上

$$\min_{|x|=\frac{r}{2}} \left(u(x_0) - u(x) \right) = \beta > 0.$$

因此, 我们总可以选取 ε 充分小, 使得

$$\omega \mid_{\partial S^* \cap S} \leqslant -\beta + \varepsilon v < 0,$$

而在球壳的外部球面 $\partial S^* \cap S$ 上显然有 $\omega(x) \leqslant 0$, $\omega(x_0) = 0$. 因此, $\omega(x)$ 必在 $x = x_0$ 上达到非负最大值. 于是

$$\frac{\partial u}{\partial \boldsymbol{v}} \bigg|_{x=x_0} \geqslant -\varepsilon \frac{\partial v}{\partial \boldsymbol{v}} \bigg|_{x=x_0}.$$

由于 $v \mid_{\partial S} = 0$, 因此

$$-\frac{\partial u}{\partial \boldsymbol{v}} \bigg|_{x=x_0} = -\frac{\partial v}{\partial \boldsymbol{n}} \cos(\boldsymbol{v}, \boldsymbol{n}) \bigg|_{x=x_0} = 2are^{-ar^2} \cos(\boldsymbol{v}, \boldsymbol{n}) \mid_{x=x_0} > 0.$$

结合上两式得到定理 4.2 的结论. 证毕.

定理 4.2 (强极值原理) 设 Ω 是有界连通开区域, 在 Ω 上 $c(x) \geqslant 0$ 且有界, $u \in C(\overline{\Omega}) \cap C^2(\Omega)$ 并满足 $Lu \leqslant 0$, 若 u 在 Ω 内达到非负最大值, 则 u 恒为常数.

证明 记

$$M = \max_{\Omega} u(x) \geqslant 0,$$

考虑集合

$$E = \{x \in \Omega \,|\, u(x) = M\}.$$

由于 u 在 Ω 内的连续性, 显然 E 相对于 Ω 是闭的. 若能证明 E 相对于 Ω 是开的, 由 Ω 的连通性, 则

$$E = \Omega \quad 或 \quad E = \varnothing,$$

前者表示 u 在 Ω 上恒为常数 M, 后者表示在 Ω 内 u 不能达到非负最大值.

对于任意的 $x_0 \in E$, 存在 $r > 0$, 使得

$$B_{2r}(x_0) \subset \Omega,$$

其中 $B_{2r}(x_0)$ 表示以 x_0 为心, $2r$ 为半径的球. 我们要证明 x_0 是 E 的内点. 如若不然, 则存在 $\bar{x} \in (\Omega \setminus E) \bigcap B_r(x_0)$, 记 $d = \mathrm{dist}\{\bar{x}, \bar{E}\}$, 显然 $d \leqslant r$. 因此 $B_d(\bar{x}) \subset B_{2r}(x_0) \subset \Omega$, 设 $y \in \partial B_d(\bar{x}) \bigcap E$, 由于 y 是 $u(x)$ 的极值点, 因此 $\dfrac{\partial u}{\partial x_i}\Big|_y = 0 \,(i = 1, 2, \cdots, n)$, 但是应用引理 4.1, 在 $S = B_d(\bar{x})$ 上至少存在某一方向 ν, 使得 $\dfrac{\partial v}{\partial \nu}\Big|_y > 0$, 这就产生矛盾. 因此, x_0 是 E 的内点, 所以 E 相对于 Ω 是开的. 证毕.

二、位势方程第一边值问题解的唯一性

推论 4.3 (解关于边界值函数的连续依赖性) Laplace 方程的第一边值问题

$$\begin{cases} -\Delta u = 0, & x \in \Omega, \\ u = \varphi, & x \in \partial\Omega \end{cases} \tag{4.2}$$

的解连续依赖于边界值函数 φ.

证明 设 u_k 是边值问题 (4.2) 当 $\varphi = \varphi_k$ 时的解, $k = 1, 2$. 令 $u = u_1 - u_2$, 则 u 满足边值问题

$$\begin{cases} -\Delta u = 0, & x \in \Omega, \\ u = \varphi_1 - \varphi_2, & x \in \partial\Omega, \end{cases}$$

由弱极值原理知

$$\max_{\bar{\Omega}} |u_1 - u_2| = \max_{\bar{\Omega}} |u| = \max_{\partial\Omega} |\varphi_1 - \varphi_2|. \qquad\qquad 证毕.$$

类似地, 可得到下面的推论.

推论 4.4 位势方程的第一边值问题

$$\begin{cases} -\Delta u = f, & x \in \Omega, \\ u = \varphi(x), & x \in \partial\Omega \end{cases}$$

在函数类 $C^1(\overline{\Omega}) \bigcap C^2(\Omega)$ 中至多有一个解.

推论 4.5 (比较原理)　设 u 和 v 都是 Ω 内的调和函数. 若在 $\partial\Omega$ 上 $u \leqslant v$, 则在 $\overline{\Omega}$ 上 $u \leqslant v$ 成立.

证明　函数 $\omega = u - v$ 满足边值问题

$$\begin{cases} -\Delta\omega = 0, & x \in \Omega, \\ \omega = u - v \leqslant 0, & x \in \partial\Omega, \end{cases}$$

由弱极值原理知

$$\max_{\overline{\Omega}} \omega = \max_{\partial\Omega} \omega \leqslant 0 \,.$$

因此, $u \leqslant v$ 在 $\overline{\Omega}$ 上成立. 证毕.

定理 4.3　位势方程的第二边值问题(Neumann 问题)

$$\begin{cases} -\Delta u = f(x), & x \in \Omega, \\ \dfrac{\partial u}{\partial \boldsymbol{n}} = \varphi(x), & x \in \partial\Omega \end{cases}$$

在函数类 $C^1(\overline{\Omega}) \bigcap C^2(\Omega)$ 中的解至多相差一个常数.

证明　设 u_1 和 $u_2 \in C(\overline{\Omega}) \bigcap C^2(\Omega)$ 都是该问题的解. 令 $u = u_1 - u_2$, 则 u 满足

$$\begin{cases} -\Delta u = 0, & x \in \Omega, \\ \dfrac{\partial u}{\partial \boldsymbol{n}} = 0, & x \in \partial\Omega. \end{cases}$$

在 Green 公式中取 $v = u$, 得

$$\int_{\Omega} |\nabla u|^2 \mathrm{d}x = \int_{\partial\Omega} u \frac{\partial u}{\partial \boldsymbol{n}} \mathrm{d}S = 0,$$

故 $|\nabla u| \equiv 0$, 这表明在 $\overline{\Omega}$ 上 $u \equiv$ 常数. 证毕.

三、边值问题解的最大模估计

设 Ω 为 $\mathbb{R}^n$ 中的有界开集, $\partial\Omega$ 为其边界.

考虑下述位势方程的第一边值问题:

$$\begin{cases} -\Delta u = f, & x \in \Omega, \\ u = \phi, & x \in \partial\Omega. \end{cases} \tag{4.3}$$

定理 4.4　设 $u \in C(\overline{\Omega}) \bigcap C(\Omega)$ 是第一边值问题(4.3)的解, 则

$$\max_{\overline{\Omega}} |u| \leqslant \Phi + CF,$$

其中 $\Phi \equiv \max\limits_{\partial\Omega}|\phi|$, $F \equiv \sup\limits_{\Omega}|f|$, C 是仅依赖于维数 n 和 Ω 的直径的正常数.

证明 与热平衡方程情况相类似, 我们可以通过构造适当的辅助函数与问题 (4.3) 的解作比较, 再利用比较原理得出结论.

如果 $F = +\infty$, 定理自然成立. 所以, 只需考虑 $F < +\infty$ 的情况. 令 $v = w \pm u$, $w(x)$ 待定. 选取适当的 $w(x)$, 使得函数 $v \in C(\overline{\Omega}) \bigcap C^2(\Omega)$, 且

$$\begin{cases} 0 \leqslant -\Delta v = -\Delta w \mp \Delta u = -\Delta w \mp f, & x \in \Omega, \\ 0 \leqslant v = w \pm u = w \pm \phi, & x \in \partial\Omega, \end{cases}$$

即

$$\begin{cases} w \in C(\overline{\Omega}) \bigcap C^2(\Omega), \\ -\Delta w \geqslant \pm f, & x \in \Omega, \\ w \geqslant \mp \phi, & x \in \partial\Omega, \end{cases} \tag{4.4}$$

如果 (4.4) 式成立, 则由弱极值原理的推论得: v 在 $\overline{\Omega}$ 上的最小值必在边界 $\partial\Omega$ 上取到, 从而

$$v(x,t) \geqslant 0, \quad \forall x \in \overline{\Omega},$$

即

$$w(x) \pm u(x) \geqslant 0, \quad \forall x \in \overline{\Omega},$$

于是,

$$|u(x)| \leqslant w(x) \leqslant \max\limits_{\overline{\Omega}} w(x), \quad x \in \overline{\Omega},$$

这就得出了 u 在 $\overline{\Omega}$ 上的最大模估计.

下面来找满足 (4.4) 的函数 w. 记 d 为 Ω 的直径, 即 $d = \sup\limits_{x,y\in\Omega}|x-y|$, 因为 Ω 是有界的, 所以 $0 < d < +\infty$. 在 Ω 中任意取定一点 $x_0 \in \Omega$, 则当 $x \in \overline{\Omega}$ 时, $d > |x - x_0|$. 令

$$w(x) = \frac{F}{2n}(d^2 - |x - x_0|^2) + \Phi,$$

则

$$\begin{cases} w \in C(\overline{\Omega}) \bigcap C^2(\Omega), \\ -\Delta w = \frac{F}{2n}\Delta(|x-x_0|^2) = \frac{F}{2n} \cdot 2n = F \geqslant \mp f, & x \in \Omega, \\ w \geqslant \Phi \geqslant \mp \phi, & x \in \partial\Omega, \end{cases}$$

因此, w 满足(4.4)式. 于是, 由前面的讨论,

$$|u(x)| \leqslant w(x) \leqslant \max_{\Omega} w(x), \quad x \in \overline{\Omega},$$

所以,

$$\max_{\Omega} |u(x)| \leqslant \max_{\Omega} w(x) \leqslant CF + \Phi,$$

其中 $C = \dfrac{d^2}{2n}$. 证毕.

注　由定理 4.1 容易推出: 位势方程的第一边值问题:

$$\begin{cases} -\Delta u = f, & x \in \Omega, \\ u = \phi, & x \in \partial\Omega \end{cases}$$

的解在函数类 $C(\overline{\Omega}) \bigcap C^2(\Omega)$ 中是唯一的, 以及在最大模的意义下, 解关于 f 和 ϕ 是稳定的.

下面我们考虑下述第三边值问题:

$$\begin{cases} Lu \equiv -\Delta u + c(x)u = f, & x \in \Omega, \\ \dfrac{\partial u}{\partial n} + \alpha(x)u = \phi(x), & x \in \partial\Omega, \end{cases} \tag{4.5}$$

其中 $\boldsymbol{n}$ 为 $\partial\Omega$ 的单位外法向量.

引理4.3　设在 Ω 上 $c(x) \geqslant 0$ 且有界, $\alpha(x) > 0$, $\phi(x) > 0$, $f(x) > 0$. $u \in C(\overline{Q}) \bigcap C^2(\Omega)$ 是(4.5)的解, 则 $u(x) \geqslant 0$, $x \in \Omega$.

证明　由弱极值原理, u 在 $\overline{\Omega}$ 上的最小值必在边界 $\partial\Omega$ 上取到. 因此, 存在 $x_0 \in \partial\Omega$ 使得 $u(x_0) = \min_{\Omega} u$, 所以, 只要证 $u(x_0) \geqslant 0$ 即可.

因为 x_0 是 u 在 $\overline{\Omega}$ 上的最小值点, $\boldsymbol{n}$ 为 $\partial\Omega$ 的单位外法向量, 由方向导数的定义, 有

$$\left.\frac{\partial u}{\partial \boldsymbol{n}}\right|_{x=x_0} \leqslant 0,$$

而由边界条件

$$\left.\frac{\partial u}{\partial \boldsymbol{n}}\right|_{x=x_0} + \alpha(x_0)u(x_0) \geqslant 0$$

知 $\alpha(x_0)u(x_0) \geqslant 0$. 又因为 $\alpha(x_0) > 0$, 这就有 $u(x_0) \geqslant 0$. 证毕.

定理 4.5　设在 Ω 上 $c(x) \geqslant 0$ 且有界, $\alpha(x) \geqslant \alpha_0 > 0$, $u \in C^1(\overline{\Omega}) \bigcap C^2(\Omega)$ 是问题(4.5)的解, 则

$$\max_{\Omega} |u| \leqslant C(F + \Phi),$$

其中 $\Phi \equiv \max\limits_{\partial\Omega} |\phi|$，$F \equiv \sup\limits_{\Omega} |f|$，$C$ 是仅依赖于维数 n，α_0 和 Ω 的直径的正常数.

证明 如果 $F = +\infty$，定理自然成立. 所以我们只需考虑 $F < +\infty$ 的情况. 我们要设法利用前面的引理. 令 $v = w \pm u$，其中 $w(x)$ 待定. 选取适当的 $w(x)$，使得函数 $v \in C(\overline{\Omega}) \bigcap C^2(\Omega)$ 且满足

$$\begin{cases} 0 \leqslant Lv = Lw \pm \Delta u = Lw \pm f, & x \in \Omega, \\ 0 \leqslant \dfrac{\partial v}{\partial \boldsymbol{n}} + \alpha(x)v = \left(\dfrac{\partial w}{\partial \boldsymbol{n}} + \alpha(x)w\right) \pm \left(\dfrac{\partial w}{\partial \boldsymbol{n}} + \alpha(x)u\right) = \left(\dfrac{\partial w}{\partial \boldsymbol{n}} + \alpha(x)w\right) \pm \phi(x), & x \in \partial\Omega, \end{cases}$$

即

$$\begin{cases} w \in C(\overline{\Omega}) \bigcap C^2(\Omega), \\ Lw \geqslant \pm f, & x \in \Omega, \\ \dfrac{\partial w}{\partial \boldsymbol{n}} + \alpha(x)w \geqslant \pm\phi(x), & x \in \partial\Omega, \end{cases} \tag{4.6}$$

如果(4.6)成立，则有，

$$v \geqslant 0, \quad x \in \overline{\Omega},$$

即

$$w(x) \pm u(x) \geqslant 0, \quad \forall x \in \overline{\Omega}.$$

于是，

$$|u(x)| \leqslant w(x) \leqslant \max\limits_{\overline{\Omega}} w(x), \quad x \in \overline{\Omega}.$$

这就得出了 u 在 $\overline{\Omega}$ 上的最大模估计.

下面来找满足(4.6)的函数 w. 记 d 为 Ω 的直径，即 $d = \sup\limits_{x,y \in \Omega} |x - y|$，因为 Ω 是有界的，所以 $0 < d < +\infty$. 在 Ω 中任意取定一点 $x_0 \in \Omega$，则当 $x \in \overline{\Omega}$ 时，$d > |x - x_0|$. 令

$$w(x) = \frac{F}{2n}\left(\frac{1+d^2}{\alpha_0} + d^2 - |x - x_0|^2\right) + \frac{\Phi}{\alpha_0},$$

则

$$w \in C(\overline{\Omega}) \bigcap C^2(\Omega), \quad w \geqslant 0 \text{ 于 } \Omega,$$

$$Lw = -\Delta w + c(x)w = F + c(x)w \geqslant \pm f, \quad x \in \Omega$$

记

$$\boldsymbol{n} = (\beta_1(x), \beta_2(x), \cdots, \beta_n(x)) \text{ 为 } \partial\Omega \text{ 的单位外法向量，}$$

$$\sum_{i=1}^{n}\{\beta_i(x)\}^2 = 1,$$

$$x = (x_1, x_2, \cdots, x_n), \quad x_0 = (x_{01}, x_{02}, \cdots, x_{0n}),$$

则

$$\frac{\partial w}{\partial \boldsymbol{n}} = \nabla w \cdot \boldsymbol{n}$$

$$= \frac{F}{2n}\left[-2\sum_{i=1}^{n}(x_i - x_{0i})\beta_i(x)\right]$$

$$\geqslant \frac{F}{2n}\left[-\sum_{i=1}^{n}\left|x_i - x_{0i}^2\right| - \sum_{i=1}^{n}\{\beta_i(x)\}^2\right]$$

$$= -\frac{F}{2n}\left(\left|x - x_0\right|^2 + 1\right).$$

所以,

$$\frac{\partial w}{\partial \boldsymbol{n}} \geqslant -\frac{F}{2n}\left(\left|x - x_0\right|^2 + 1\right), \quad x \in \partial\Omega,$$

$$\alpha(x)w(x) = \alpha(x)\left\{\frac{F}{2n}\left(\frac{1+d^2}{\alpha_0} + d^2 - \left|x - x_0\right|^2\right) + \frac{\Phi}{\alpha_0}\right\}.$$

因为 $\alpha(x) \geqslant \alpha_0 > 0, x \in \partial\Omega$, 故

$$\alpha(x)w(x) \geqslant \frac{F(1+d^2)}{2n} + \Phi, \quad x \in \partial\Omega,$$

于是,

$$\frac{\partial w}{\partial \boldsymbol{n}} + \alpha(x)w(x) \geqslant \frac{F}{2n}\left(1 + d^2 - \left|x - x_0\right|^2 - 1\right) + \Phi$$

$$\geqslant \Phi, \quad x \in \partial\Omega.$$

最后的不等号我们利用了 $d > \left|x - x_0\right|, x \in \partial\Omega$.

因此, w 满足(4.6)式, 于是, 由前面的讨论,

$$\left|u(x)\right| \leqslant w(x) \leqslant \max_{\overline{\Omega}} w(x), \quad x \in \overline{\Omega}$$

及

$$w(x) = \frac{F}{2n}\left(\frac{1+d^2}{\alpha_0} + d^2 - \left|x - x_0\right|^2\right) + \frac{\Phi}{\alpha_0},$$

所以,

$$\max_{\Omega} |u(x)| \leqslant \max_{\Omega} w(x) \leqslant C(F+\Phi) \,,$$

其中 $C = \max\left\{\dfrac{1+(1+\alpha_0)d^2}{2n\alpha_0}, \dfrac{1}{\alpha_0}\right\}$. 定理 4.5 证毕.

四、能量模估计

本小节我们将对边值问题建立能量模估计, 即能量不等式.

设 Ω 为 $\mathbb{R}^n$ 中的有界开集, $\partial\Omega$ 为其边界. 考虑下述第一边值问题:

$$\begin{cases} -\Delta u + c(x)u = f, & x \in \Omega, \\ u = 0, & x \in \partial\Omega. \end{cases} \tag{4.7}$$

定理 4.6　设 $u \in C^1(\overline{\Omega}) \bigcap C^2(\Omega)$ 是(4.7)的解, $c(x) \geqslant c_0 > 0$, $x \in \Omega$, 则

$$\int_{\Omega} |\nabla u(x)|^2 \mathrm{d}x + \frac{c_0}{2} \int_{\Omega} u^2(x)\mathrm{d}x \leqslant M \int_{\Omega} f^2(x)\mathrm{d}x \,,$$

其中 M 仅依赖于 c_0.

证明　对方程(4.7)两端乘 u 并在 Ω 上积分, 得

$$-\int_{\Omega} u(x)\Delta u(x)\mathrm{d}x + \int_{\Omega} c(x)u^2(x)\mathrm{d}x = \int_{\Omega} f(x)u(x)\mathrm{d}x \,,$$

由分部积分公式, 得

$$\begin{aligned} -\int_{\Omega} u(x)\Delta u(x)\mathrm{d}x &= \int_{\Omega} |\nabla u(x)|^2 \mathrm{d}x - \int_{\partial\Omega} u(x)\frac{\partial u(x)}{\partial \boldsymbol{n}}\mathrm{d}S \\ &= \int_{\Omega} |\nabla u(x)|^2 \mathrm{d}x, \end{aligned}$$

这里 $\boldsymbol{n}$ 为 $\partial\Omega$ 的单位外法向量. 由于

$$\int_{\Omega} f(x)u(x)\mathrm{d}x \leqslant \frac{1}{2c_0} \int_{\Omega} f^2(x)\mathrm{d}x + \frac{c_0}{2} \int_{\Omega} u^2(x)\mathrm{d}x \,,$$

所以,

$$\int_{\Omega} |\nabla u(x)|^2 \mathrm{d}x + \int_{\Omega} c(x)u^2(x)\mathrm{d}x \leqslant \frac{1}{2c_0} \int_{\Omega} f^2(x)\mathrm{d}x + \frac{c_0}{2} \int_{\Omega} u^2(x)\mathrm{d}x \,.$$

因为 $c(x) \geqslant c_0 > 0$, $x \in \Omega$, 我们得

$$\int_{\Omega} |\nabla u(x)|^2 \mathrm{d}x + c_0 \int_{\Omega} u^2(x)\mathrm{d}x \leqslant \frac{1}{2c_0} \int_{\Omega} f^2(x)\mathrm{d}x + \frac{c_0}{2} \int_{\Omega} u^2(x)\mathrm{d}x \,,$$

移项后得

$$\int_\Omega |\nabla u(x)|^2 \mathrm{d}x + \frac{c_0}{2}\int_\Omega u^2(x)\mathrm{d}x \leqslant \frac{1}{2c_0}\int_\Omega f^2(x)\mathrm{d}x\,.\qquad\qquad \text{证毕.}$$

注　由定理 4.6 容易推出第一边值问题:

$$\begin{cases} -\Delta u + c(x)u = f, & x\in\Omega, \\ u = 0, & x\in\partial\Omega \end{cases}$$

在能量模估计意义下, 解关于 f 和 ϕ 是稳定的.

下面考虑第二、三边值问题:

$$\begin{cases} -\Delta u + c(x)u = f(x), & x\in\Omega, \\ \dfrac{\partial u}{\partial n} + \alpha(x)u = 0, & x\in\partial\Omega, \end{cases} \qquad (4.8)$$

这里 n 为 $\partial\Omega$ 的单位外法向量.

定理 4.7　设 $u\in C(\overline{Q})\bigcap C^2(\Omega)$ 是(4.8)的解, $c(x)\geqslant c_0 > 0$, $\alpha(x)\geqslant 0$, $x\in\Omega$. 则

$$\int_\Omega |\nabla u(x)|^2\mathrm{d}x + \frac{c_0}{2}\int_\Omega u^2(x)\mathrm{d}x + \int_{\partial\Omega}\alpha(x)u^2(x)\mathrm{d}S \leqslant M\int_\Omega |f^2(x)|\mathrm{d}x\,,$$

其中 M 仅依赖于 c_0.

证明　可参照定理 4.6 的证明方法. 证毕.

注 1　由定理 4.7 容易推出第二、三边值问题(4.8)在条件 $c(x)\geqslant c_0 > 0$, $\alpha(x)\geqslant 0$, $x\in\Omega$ 下, 解在函数类 $C^1(\overline{\Omega})\bigcap C^2(\Omega)$ 中是唯一的, 且在能量模的意义下, 解关于 f 和 ϕ 是稳定的.

注 2　定理 4.7 的结论, 在 $c_0 = 0$, $f(x)\equiv 0\,(x\in\Omega)$ 以及 $\alpha(x)\geqslant 0\,(x\in\Omega)$ 的条件下仍然成立, 此时的结论为

$$\int_\Omega |\nabla u(x)|^2\mathrm{d}x \leqslant 0,$$

即

$$\int_\Omega |\nabla u(x)|^2\mathrm{d}x = 0\,.$$

因此, u 在 Ω 中恒为常数(假设 Ω 是连通的). 特别地, 第二边值问题

$$\begin{cases} -\Delta u = 0, & x\in\Omega, \\ \dfrac{\partial u}{\partial n} = 0, & x\in\partial\Omega \end{cases}$$

的解在 Ω 中恒为常数(假设 Ω 是连通的). 由此推出问题

$$\begin{cases} -\Delta u = f, & x \in \Omega, \\ \dfrac{\partial u}{\partial \boldsymbol{n}} = \phi, & x \in \partial\Omega \end{cases}$$

的任何两个解在 Ω 中正好相差一个常数(假设 Ω 是连通的).

第五节　调和函数的性质

本节介绍调和函数的几个性质, 它对偏微分方程理论发展有较大的意义. 利用 Green 公式和调和函数的基本积分公式, 可以得到调和函数的一些基本性质.

给定两个集合 A 和 B, 其中 B 是开集. 用 $A \Subset B$ 表示 $\overline{A} \subset B$ 并且 $\mathrm{dist}(A, \partial B) > 0$. 利用公式(2.5)立即得到如下定理.

定理 5.1　如果 $u \in C^1(\overline{\Omega}) \bigcap C^2(\Omega)$ 是 Ω 内的调和函数, 则

$$u(x) = \int_{\partial\Omega} \Gamma(x, y) \frac{\partial u(y)}{\partial \boldsymbol{n}} \mathrm{d}S_y - \int_{\partial\Omega} u(y) \frac{\partial \Gamma(x, y)}{\partial \boldsymbol{n}} \mathrm{d}S_y, \quad x \in \Omega, \tag{5.1}$$

此式称为调和函数的基本积分公式. 当 $n = 3$ 时, (5.1)即为

$$u(x) = \frac{1}{4\pi} \int_{\partial\Omega} \left(|x-y|^{-1} \frac{\partial u(y)}{\partial \boldsymbol{n}} - u(y) \frac{\partial |x-y|^{-1}}{\partial \boldsymbol{n}} \right) \mathrm{d}S_y, \quad x \in \Omega.$$

定理 5.2 (Neumann 边值问题有解的必要条件)　假设函数 $u \in C^1(\overline{\Omega}) \bigcap C^2(\Omega)$ 是非齐次方程的 Neumann 边值问题

$$\begin{cases} -\Delta u = f(x), & x \in \Omega, \\ \dfrac{\partial u}{\partial \boldsymbol{n}} = \varphi(x), & x \in \partial\Omega \end{cases}$$

的解, 则

$$\int_{\Omega} f(x)\mathrm{d}x = -\int_{\partial\Omega} \frac{\partial u(x)}{\partial \boldsymbol{n}} \mathrm{d}S = -\int_{\partial\Omega} \varphi(x)\mathrm{d}S. \tag{5.2}$$

若函数 $u \in C^1(\overline{\Omega}) \bigcap C^2(\Omega)$ 在 Ω 内调和, 则

$$\int_{\partial\Omega} \frac{\partial u(x)}{\partial \boldsymbol{n}} \mathrm{d}S = 0. \tag{5.3}$$

证明　在 Green 第二公式中取 $v = 1$ 即得(5.2), 如果函数 $u \in C(\overline{\Omega}) \bigcap C^2(\Omega)$ 在 Ω 内调和, 那么对应的 $f(x) = 0$, 于是(5.3)成立. 证毕.

定理 5.3 (调和函数的平均值公式)　调和函数在其定义域 Ω 内任一点的值等于它在以该点为心且包含于 Ω 的球(球面)的平均值.

证明　设 u 在 Ω 内调和, $x \in \Omega$, $\rho > 0$ 使得球 $B_\rho(x) \subset \Omega$. 利用定理 5.1, 有

$$u(x) = \frac{1}{(n-2)\omega_n} \int_{\partial B_\rho(x)} \left(|x-y|^{2-n} \frac{\partial u(y)}{\partial \boldsymbol{n}} - u(y) \frac{\partial |x-y|^{2-n}}{\partial \boldsymbol{n}} \right) \mathrm{d}S_y$$

$$= \frac{1}{(n-2)\omega_n} \int_{\partial B_\rho(x)} \left(\rho^{2-n} \frac{\partial u(y)}{\partial \boldsymbol{n}} - (2-n)u(y)\rho^{1-n} \right) \mathrm{d}S_y$$

$$= \frac{1}{\omega_n \rho^{1-n}} \int_{\partial B_\rho(x)} u(y) \mathrm{d}S_y$$

$$= \frac{1}{|\partial B_\rho(x)|} \int_{\partial B_\rho(x)} u(y) \mathrm{d}S_y, \tag{5.4}$$

该公式称为调和函数的球面平均值公式. 如果 $R > 0$ 满足 $B_\rho(x) \subset \Omega$, 则由(5.4)得

$$\omega_n \rho^{1-n} u(x) = \int_{\partial B_\rho(x)} u(y) \mathrm{d}S_y, \quad 0 < \rho \leqslant R.$$

上式关于 ρ 从 0 到 R 积分, 得

$$\omega_n \frac{R^n}{n} u(x) = \int_0^R \int_{\partial B_\rho(x)} u(y) \mathrm{d}S_y \mathrm{d}\rho = \int_{B_\rho(x)} u(y) \mathrm{d}y.$$

故有

$$u(x) = \frac{n}{\omega_n R^n} \int_{B_\rho(x)} u(y) \mathrm{d}y = \frac{1}{|B_R(x)|} \int_{B_R(x)} u(y) \mathrm{d}y, \quad x \in \Omega, \tag{5.5}$$

该公式称为调和函数的球平均值公式. 证毕.

定理 5.4 (逆平均值定理)　设函数 u 在区域 Ω 内连续, 且对任一球 $B = B_R(x) \Subset \Omega$, 满足平均值公式

$$u(x) = \frac{1}{\omega_n R^{n-1}} \int_{\partial B} u \mathrm{d}S,$$

那么 $u(x)$ 在 Ω 内调和.

证明　任取一个球 $B \Subset \Omega$. 因为 u 在 $\partial \Omega$ 上连续, 故存在 B 中的调和函数 v, 使得在 ∂B 上 $v = u$. 因此, v 在 B 中的任一球面上满足平均值公式. 令 $w = v - u$, 则 w 在 B 中的任一球面上满足平均值公式, w 在 $\bar{B}$ 上连续且在 ∂B 上等于 0. 同于强极值原理的证明可以推出 $\max_{\bar{B}} |w| = 0$. 于是在 $\bar{B}$ 上 $w \equiv 0$, 即 $v \equiv u$ 在 $\bar{B}$ 上成立. 从而, u 在 B 内调和. 再由 $B \Subset \Omega$ 的任意性知, u 在 Ω 内调和. 证毕.

定理 5.5 (Harnack(哈纳克)第一定理)　假设函数列 $\{u_k\}_{k=1}^{\infty}$ 中的每一个函数都在有界区域 Ω 内调和, 在 $\bar{\Omega}$ 上连续, 如果 $\{u_k\}_{k=1}^{\infty}$ 在 $\partial \Omega$ 上一致收敛, 那么 $\{u_k\}_{k=1}^{\infty}$ 在 Ω 内也一致收敛, 并且极限函数是 Ω 内的调和函数.

证明 先证明 $\{u_k\}_{k=1}^{\infty}$ 在 Ω 内一致收敛. 记 f_k 是 u_k 在 $\partial\Omega$ 上的值. 由假设条件, 函数列 $\{f_k\}_{k=1}^{\infty}$ 在 $\partial\Omega$ 上一致收敛. 故对任意的 $\varepsilon > 0$, 存在 K, 使得当 k, $m > K$ 时, $\max\limits_{\partial\Omega}|f_k - f_m| < \varepsilon$. 因为 $u_k - u_m$ 在 Ω 内调和, 根据调和函数的极值原理知, 当 $k, m > K$ 时,

$$\max_{\overline{\Omega}}|u_k - u_m| \leqslant \max_{\partial\Omega}|f_k - f_m| < \varepsilon,$$

由 Cauchy 判别法, 函数列 $\{u_k\}_{k=1}^{\infty}$ 在 $\overline{\Omega}$ 上一致收敛, 且极限函数 u 在 $\overline{\Omega}$ 上连续.

下面证明极限函数 u 在 Ω 内调和. 任取 $x \in \Omega$, $B = B_R(x) \Subset \Omega$. 因为 u_k 满足平均值公式

$$u_k(x) = \frac{1}{\omega_n R^{n-1}}\int_{\partial B} u_k \mathrm{d}S,$$

令 $k \to \infty$ 知, u 也满足平均值公式

$$u(x) = \frac{1}{\omega_n R^{n-1}}\int_{\partial B} u \mathrm{d}S.$$

再利用定理 5.3 知, u 在 Ω 内调和. 证毕.

定理 5.6 (Harnack 不等式) 设 u 是 Ω 内的非负调和函数, 则对于任一有界子区域 $\Omega' \Subset \Omega$, 存在一个只依赖于 n, Ω' 和 Ω 的正常数 C, 使得

$$\max_{\Omega'} u \leqslant C \min_{\Omega'} u.$$

证明 当 u 是常数时, 结论显然成立. 下面讨论 $u \neq$ 常数的情况.

(1) 对于 $y \in \Omega$, 选取正数 R, 使得球 $B_{4R}(y) \Subset \Omega$. 对于任一的 $x_1, x_2 \in B_R(y)$, 利用球上的平均值公式 (5.5), 得

$$u(x_1) = \frac{n}{\omega_n R^n}\int_{B_R(x_1)} u(x)\mathrm{d}x,$$

$$u(x_2) = \frac{n}{\omega_n (3R)^n}\int_{B_{3R}(x_2)} u(x)\mathrm{d}x \geqslant \frac{n}{\omega_n (3R)^n}\int_{B_R(x_1)} u(x)\mathrm{d}x.$$

于是, $u(x_1) \leqslant 3^n u(x_2)$. 再由 x_1, x_2 的任意性知

$$u(x_1) \leqslant 3^n u(x_2). \tag{5.6}$$

(2) 设 $\Omega' \Subset \Omega$. 那么存在 $x_1, x_2 \in \overline{\Omega'}$, 使得

$$u(x_1) = \max_{\Omega'} u, \quad u(x_2) = \min_{\Omega'} u.$$

令 $l \subset \overline{\Omega'}$ 是连接 x_1 和 x_2 的简单曲线, 选取 R 使得 $4R < \mathrm{dist}(\partial\Omega', \partial\Omega)$. 根据有限覆

盖定理, l 被 N (仅依赖于 Ω 和 Ω')个半径为 R 且完全属于 Ω 的球覆盖. 从第一个球开始, 依次在每一个球中利用估计式(5.6), 通过相邻两球的公共点过渡到下一个球, 直到第 N 个球, 最后到

$$\max_{\Omega'} u = u(x_1) = 3^{nN} u(x_2) = 3^{nN} \min_{\Omega'} u .\qquad\qquad 证毕.$$

定理 5.7 (一致收敛性定理)　假设 $\{u_k\}_{k=1}^{\infty}$ 是 Ω 中的单调增加的调和函数列, $y \in \Omega$ 是固定点, 数列 $\{u_k(y)\}_{k=1}^{\infty}$ 收敛. 那么, 函数列 $\{u_k\}_{k=1}^{\infty}$ 在 Ω 的任一有界子域 Ω' 中一致收敛于一个调和函数.

证明　不妨设 $y \in \Omega'$, 否则可取 Ω'': $\Omega' \subset \Omega'' \Subset \Omega$, 使得 $y \in \Omega''$. 任给 $\varepsilon > 0$, 存在 K, 使当 $k \geqslant m > K$ 时, $0 \leqslant u_k(y) - u_m(y) < \varepsilon$. 利用定理 5.6 知

$$\max_{\Omega'}(u_k - u_m) \leqslant C \min_{\Omega'}(u_k - u_m) \leqslant C(u_k(y) - u_m(y)) < C\varepsilon ,$$

其中 C 仅依赖于 n, Ω', Ω. 上式说明 $\{u_k\}_{k=1}^{\infty}$ 在 $\overline{\Omega'}$ 上一致收敛. 再利用定理 5.6 知, 它的极限函数在 Ω' 内调和. 证毕.

定理 5.8 (Liouville(刘维尔)定理)　全空间上有界的调和函数一定是常数.

证明　设 u 是全空间上有界的调和函数, 那么存在正数 M, 使得 $|u(x)| \leqslant M$ 在 $\mathbb{R}^n$ 上成立. 对于任意取定的 $x \in \mathbb{R}^n$, 取正数 $R \gg 1$ 使 $R > |x|$. 利用调和函数的平均值公式(5.5), 有

$$\begin{aligned}
|u(x) - u(0)| &= \frac{n}{\omega_n R^n} \left| \int_{B_R(x)} u(y)\mathrm{d}y - \int_{B_R(0)} u(y)\mathrm{d}y \right| \\
&= \frac{n}{\omega_n R^n} \left| \int_{B_R(x)\backslash B_R(0)} u(y)\mathrm{d}y - \int_{B_R(0)\backslash B_R(x)} u(y)\mathrm{d}y \right| \\
&\leqslant \frac{nM}{\omega_n R^n} \int_{R-|x|<|y|<R+|x|} \mathrm{d}y \\
&= \frac{nM}{\omega_n R^n} \frac{\omega_n}{n} \left[(R+|x|)^n - (R-|x|)^n \right] \\
&= O(R^{-1}).
\end{aligned}$$

令 $R \to \infty$ 得 $u(x) = u(0)$. 证毕.

定理 5.9 (调和函数的可微性)　区域 Ω 内的调和函数在区域 Ω 内无穷次连续可微.

证明　设函数 u 在 Ω 内调和. 对于任意的 $x \in \Omega$ 以及满足 $B_R(x) \Subset \Omega$ 的 $R > 0$, 根据调和函数的平均值公式(5.5),

$$u(x) = \frac{n}{\omega_n R^n} \int_{B_R(x)} u(y)\mathrm{d}y = \frac{n}{\omega_n R^n} \int_{B_R(0)} u(x+z)\mathrm{d}z,$$

因为 $u \in C^2(\Omega)$ ，所以上式右端关于 x 可微，并且可以在积分号下求导数. 上式两端关于 x_i 求导，得

$$u_{x_i}(x) = \frac{n}{\omega_n R^n} \int_{B_R(0)} u_{x_i}(x+z) \mathrm{d}z$$

$$= \frac{n}{\omega_n R^n} \int_{B_R(x)} u_{x_i}(y) \mathrm{d}y, \quad i = 1, 2, \cdots, n,$$

即 u_{x_i} 满足平均值公式，于是 u_{x_i} 是调和函数. 用数学归纳法可以证明所要的结论. 证毕.

定理 5.10 (解析性)　区域 Ω 内的调和函数在区域 Ω 内解析.

证明　对于任意的 $P_0 \in \Omega$ ，存在 $a > 0$ ，使以 P_0 为中心，以 a 为半径的圆域 $B_a(P_0) \subset \Omega$. 只需证明 u 在 $B_a(P_0)$ 内解析，由 P_0 的任意性可得 u 在 Ω 内解析.

现证明 u 在 $B_a(P_0)$ 内的解析性. 不妨设 P_0 是坐标原点，否则适当平移坐标系即可. 由圆内第一边值问题解的唯一性可得，u 在 B_a 内任一点的值可通过 Poisson 公式用它在 ∂B_a 上的值表出，即

$$u(\rho, \theta) = \frac{1}{2\pi} \int_0^{2\pi} \frac{a^2 - \rho^2}{a^2 + \rho^2 - 2a\rho \cos(\theta - \alpha)} u(a, \alpha) \mathrm{d}\alpha.$$

我们用复数表示，记

$$z = \rho \mathrm{e}^{\mathrm{i}\theta}, \quad \varsigma = a\mathrm{e}^{\mathrm{i}\alpha},$$

Poisson 公式的核可写成

$$\frac{a^2 - \rho^2}{a^2 + \rho^2 - 2a\rho \cos(\theta - \alpha)} = \frac{|\varsigma|^2 - |z|^2}{|\varsigma - z|^2}$$

$$= \frac{\varsigma\bar{\varsigma} - z\bar{z}}{(\varsigma - z)(\bar{\varsigma} - \bar{z})}$$

$$= -\frac{z}{z - \varsigma} - \frac{\bar{\varsigma}}{\bar{z} - \bar{\varsigma}}$$

$$= \frac{\dfrac{z}{\varsigma}}{1 - \dfrac{z}{\varsigma}} + \frac{1}{1 - \dfrac{\bar{z}}{\bar{\varsigma}}}.$$

当 $z \in B_a$ 时，$\left|\dfrac{z}{\varsigma}\right| < 1$ ，利用幂级数展开

$$\frac{a^2 - \rho^2}{a^2 + \rho^2 - 2a\rho\cos(\theta - \alpha)} = \sum_{n=1}^{\infty}\left(\frac{z}{\varsigma}\right)^n + 1 + \sum_{n=1}^{\infty}\left(\frac{\bar{z}}{\bar{\varsigma}}\right)^n$$

$$= 1 + 2\sum_{n=1}^{\infty}\operatorname{Re}\left(\frac{z}{\varsigma}\right)^n$$

$$= 1 + 2\operatorname{Re}\sum_{n=1}^{\infty}\left(\frac{\rho}{a}\right)^n e^{in(\theta - \alpha)}.$$

对于任意 $\delta > 0$, 当 $\rho \leqslant a - \delta$ 时, 上面的级数一致收敛, 因此当 $\rho \leqslant a - \delta$ 时

$$u(\rho, \theta) = \frac{1}{2\pi}\int_0^{2\pi}\left(1 + 2\operatorname{Re}\sum_{n=1}^{\infty}\left(\frac{\rho}{a}\right)^n e^{in(\theta - \alpha)}\right)u(a, \alpha)\mathrm{d}\alpha$$

$$= b_0 + 2\operatorname{Re}\sum_{n=1}^{\infty}\frac{z^n}{a^n}(b_n - \mathrm{i}c_n), \tag{5.7}$$

其中

$$b_n = \frac{1}{2\pi}\int_0^{2\pi}\cos n\alpha \cdot u(a, \alpha)\mathrm{d}\alpha \quad (n = 0, 1, \cdots),$$

$$c_n = \frac{1}{2\pi}\int_0^{2\pi}\sin n\alpha \cdot u(a, \alpha)\mathrm{d}\alpha \quad (n = 1, 2, \cdots).$$

当 $|z| < a - \delta$ 时, (5.7)中的级数是一致收敛的, 因此当 $\sqrt{x^2 + y^2} < a - \delta$ 时

$$u(\rho, \theta) = b_0 + 2\operatorname{Re}\sum_{n=1}^{\infty}\frac{(x + \mathrm{i}y)^n}{a^n}(b_n - \mathrm{i}c_n) = \sum_{h, l}c_{hl}x^h y^l$$

也一致收敛. 由于 δ 的任意性, u 在 B_a 中解析. 证毕.

习　题　四

1. 设 $u(x)$ 是定解问题

$$\begin{cases} -\Delta u + c(x)u = f(x), & x \in \Omega, \\ u\big|_{\partial\Omega} = 0 \end{cases},$$

的一个解.

(1) 如果 $c(x) \geqslant C_0 > 0$, 则有估计

$$\max_{\Omega}|u(x)| \leqslant C_0^{-1}\sup_{\Omega}|f(x)|.$$

(2) 如果 $c(x) \geqslant 0$ 且有界, 则

$$\max_{\Omega} |u(x)| \leqslant M \sup_{\Omega} |f(x)|,$$

其中 M 依赖于 $c(x)$ 的界与 Ω 的直径.

(3) 如果 $c(x) < 0$, 举反例说明上述最大模估计一般不成立.

2. 设 $u(x)$ 是定解问题

$$\begin{cases} -\Delta u + c(x)u = f(x), & x \in \Omega, \\ \dfrac{\partial u}{\partial \boldsymbol{n}} + a(x)u \big|_{\partial\Omega_1} = \varphi_1, & u\big|_{\partial\Omega_2} = \varphi_2 \end{cases}$$

的解, 其中 $\partial\Omega_1 \cup \partial\Omega_2 = \partial\Omega$, $\partial\Omega_1 \cap \partial\Omega_2 = \varnothing$, $\partial\Omega_2 \neq \varnothing$.

(1) 如果 $c(x) \geqslant C_0 > 0$, $a(x) \geqslant a_0 > 0$, 则有估计

$$\max_{\Omega} |u(x)| \leqslant \max\left\{ \frac{1}{C_0}\sup_{\Omega}|f|, \frac{1}{a}\max_{\partial\Omega}|\varphi_1|, \max_{\partial\Omega}|\varphi_2| \right\}.$$

(2) 如果 $c(x) \geqslant 0$, $a(x) \geqslant 0$, $c(x)$ 有界, $\partial\Omega_1$ 满足内球条件, 则上述问题的解是唯一的.

3. 试用辅助函数

$$w(x) = |x|^{-a} - r^{-a}$$

证明边界点引理(其中常数 $a > 0$ 待定, r 是 S 的半径).

4. 考虑一般二阶椭圆型方程

$$-\sum_{i,j=1}^{n} a_{ij}(x)\frac{\partial^2 u}{\partial x_i \partial x_j} + \sum_{i=1}^{n} b_i(x)\frac{\partial u}{\partial x_i} + c(x)u = 0,$$

其中矩阵 $[a_{ij}(x)] > 0$ 是正定的, 即存在正常数 $a > 0$ 使得

$$\sum_{i,j=1}^{n} a_{ij}(x)\xi_i\xi_j \geqslant a\sum_{i,j=1}^{n}\xi_i^2,$$

证明当 $c(x) \geqslant 0$ 时弱极值原理成立.

5. 设 Ω_0 是三维有界区域, $\Omega = \mathbb{R}^3 \setminus \bar{\Omega}_0$. 又设 $u \in C^2(\Omega) \cap C(\bar{\Omega})$ 是外部问题

$$\begin{cases} -\Delta u + c(x)u = 0, & x \in \Omega, \\ u\big|_{\partial\Omega} = \varphi, \\ \lim_{|x|\to\infty} u(x) = l \end{cases}$$

的解, 其中 $c(x) \geqslant 0$ 且在 $\bar{\Omega}$ 上局部有界, 则有估计

$$\sup_{\Omega} |u(x)| \leqslant \max\left\{ |l|, \max_{\partial\Omega}|\varphi| \right\}.$$

6. 设 $u(x)$ 是定解问题

$$\begin{cases} -\Delta u + u^3 = 0, & x \in \Omega, \\ \dfrac{\partial u}{\partial n} + a(x) u \big|_{\partial\Omega} = \varphi \end{cases}$$

属于 $C^2(\Omega) \bigcap C(\overline{\Omega})$ 的解, 其中 $a(x) \geqslant a_0 > 0$, 则

$$\max_{\overline{\Omega}} |u(x)| \leqslant \frac{1}{a_0} \max_{\partial\Omega} |\varphi| .$$

7. 设 Ω 为有界区域, $P_0 \in \partial\Omega$. 函数 $u \in C^2(\Omega) \bigcap C(\overline{\Omega} \setminus P_0)$ 满足

$$\begin{cases} -\Delta u = 0, & x \in \Omega, \\ u \big|_{\partial\Omega \setminus P_0} = \varphi, \\ \overline{\lim_{P \to P_0}} u(x) \leqslant M_0, \end{cases}$$

则

$$\sup_{\Omega} |u(x)| \leqslant \max\left\{ M_0, \sup_{\partial\Omega} |\varphi| \right\} .$$

8. 记 B^+ 为二维半圆 $\{(x,y) \mid x^2 + y^2 < 1, y > 0\}$. 设 u 是定解问题

$$\begin{cases} -\dfrac{\partial^2 u}{\partial x^2} - y \dfrac{\partial^2 u}{\partial y^2} + c(x,y) u = f(x,y), & (x,y) \in B^+, \\ u \big|_{\partial B^+} = \varphi \end{cases}$$

属于 $C^2(B^+) \bigcap C(\overline{B^+})$ 的解.

(1) 如果 $c(x,y) \geqslant C_0 > 0$, 则

$$\max_{\overline{B^+}} |u(x,y)| \leqslant \frac{1}{C_0} \sup_{B^+} |f(x,y)| + \max_{\partial B^+} |\varphi(x,y)| .$$

(2) 如果 $c(x,y) \geqslant 0$ 且有界, 则

$$\max_{\overline{B^+}} |u(x,y)| \leqslant M\left(\sup_{B^+} |f(x,y)| + \max_{\partial B^+} |\varphi(x,y)| \right),$$

其中 M 依赖于 $c(x,y)$ 的界.

9. 记 $\mathbb{R}_+^2 = \{(x,y) \mid -\infty < x < \infty, y > 0\}$, 证明定解问题

$$\begin{cases} -\Delta u = f(x,y), & (x,y) \in \mathbb{R}_+^2, \\ u \big|_{y=0} = \varphi(x), & -\infty < x < \infty \end{cases}$$

属于 $C(\overline{\mathbb{R}_+^2}) \bigcap C^2(\mathbb{R}_+^2)$ 的有界解是唯一的.

提示: 考虑辅助函数 $w(x,y)=\varepsilon\ln\left[x^2+(y+1)^2\right]\pm u(x,y)$, 其中 ε 是任意正常数.

10. 设 $u\in C_0^3(\Omega)$ 且满足

$$-\Delta u=f(x),\quad x\in\Omega.$$

证明

$$\sum_{i,j=1}^{n}\int_{\Omega}u_{x_ix_j}^2\,\mathrm{d}x\leqslant n\int_{\Omega}f^2\,\mathrm{d}x.$$

11. 设 $\Omega=\{(x,y)\,|\,0<x<a,0<y<b\}$, 用分离变量法求解稳定的温度场 $u(x,y)$, 它分别满足以下三组边条件:

(1) 在 Oy 轴温度的值为 v_0 , 在 $\partial\Omega$ 的其他边上温度的值为 0;

(2) 在 $x=a$, $y=b$ 上绝热, 在 $x=0$, $y=0$ 上温度的值分别为 0 与 1;

(3) 在 $x=a$, $y=b$ 上温度的值为 0, 而

$$u|_{x=0}=A\sin\frac{\pi y}{b},\quad u|_{y=0}=B\sin\frac{\pi x}{a},$$

其中 A , B 为常数.

12. 求边值问题

$$\begin{cases}-\Delta u=f(x,y),&(x,y)\in\Omega,\\ u|_{\partial\Omega}=\varphi\end{cases}$$

的 Green 函数, 其中

(1) Ω 是上半平面;

(2) Ω 是第一象限;

(3) Ω 是带形区域 $\{(x,y)\,|\,-\infty<x<\infty,0<y<a\}$.

13. 设 $B(R)$ 是以坐标原点为心、 R 为半径的三维球, 试求球上的第一边值问题

$$\begin{cases}-\Delta u=f(x),&x\in B(R),\\ u|_{\partial B(R)}=\varphi\end{cases}$$

的 Green 函数.

14. 记 $B^+(R)=\{(x,y)\,|\,x^2+y^2<R^2,y>0\}$, 求定解问题

$$\begin{cases}-\Delta u=f(x,y),&(x,y)\in B^+(R),\\ u|_{\partial B^+(R)\cap\{y>0\}}=\varphi(x,y),\\ \dfrac{\partial u}{\partial y}\Big|_{y=0}=\varphi(x,0),&-R\leqslant x\leqslant R\end{cases}$$

的 Green 函数. 如果 $u \in C^1(\overline{B}^+(R)) \bigcap C^2(\overline{B}^+(R))$ 是上述问题的解, 试给出解的表达式.

15. 设 $\mathbb{R}_2^+ = \{(x, y) \mid -\infty < x < \infty, y > 0\}$, 求第一边值问题

$$\begin{cases} -\Delta u = 0, & x \in \mathbb{R}_2^+, \\ u \mid_{y=0} = u_0(x), & -\infty < x < \infty \end{cases}$$

的有界解, 其中 $u_0(x)$ 是

(1) 有界连续函数;

(2) $u_0(x) = \begin{cases} 1, & x \in [a, b], \\ 0, & x \notin [a, b]; \end{cases}$

(3) $u_0(x) = \dfrac{1}{1+x^2}$.

16. 记 $B^+(R) = \{(x, y) \mid -\infty < x < \infty, y > 0\}$, 利用圆上的 Poisson 公式与对称开拓法求解:

(1)

$$\begin{cases} \Delta u = 0, \\ u \mid_{\partial B^+(R) \cap \{y>0\}} = \varphi(x, y), \\ u \mid_{y=0} = 0, & -R \leqslant x \leqslant R, \end{cases}$$

其中 $\varphi(\pm R, 0) = 0$;

(2)

$$\begin{cases} -\Delta u = 0, \\ u \mid_{\partial B^+(R) \cap \{y>0\}} = \varphi(x, y), \\ \dfrac{\partial u}{\partial y} \bigg|_{y=0} = 0, & -R < x < R. \end{cases}$$

并证明当 $\varphi(x, y)$ 在 $\overline{\partial B^+(R) \bigcap \{y>0\}}$ 上连续时, 所给出的形式解确实是相应问题的解.

17. 求圆 $B(R)$ 上满足以下边条件的调和函数(其中 A, B 为常数):

(1) $u(R, \theta) = A\cos\theta$;

(2) $u(R, \theta) = A + B\sin\theta$;

(3) $u(R, \theta) = A\sin^2\theta + B\cos^2\theta$.

18. 证明第二边值问题

$$\begin{cases} \Delta u = 0, & 0 < r < a, \\ \dfrac{\partial u}{\partial r} \bigg|_{r=a} = \varphi(\theta) \end{cases}$$

的解当 $\displaystyle\int_0^{2\pi} \varphi(\theta) \mathrm{d}\theta = 0$ 时可表示成

$$u(r,\theta)=-\frac{1}{2\pi}\int_0^{2\pi}\varphi(\alpha)\ln(a^2+r^2-2ar\cos(\alpha-\theta))\mathrm{d}\alpha+C\,,$$

其中 C 为任意常数.

提示: $w(x,y)=r\dfrac{\partial u}{\partial r}$ 是调和函数.

19. 设 Ω 是有界连通开区域, $u(x,y)\in C(\Omega)$, 且在 Ω 内每点都满足平均值性质: 即对于任意 $P\in\Omega$, $R>0$, $B_P(R)\subset\Omega$ 都有

$$u(P)=\frac{1}{2\pi R}\int_{\partial B_P(R)}u(\xi,\eta)\mathrm{d}l\,,$$

其中 $B_P(R)$ 是以 P 为中心, R 为半径的圆. 试证明: 如果 u 不是常数, 则 u 必不能在 Ω 内达到最大(最小)值. 又证在 Ω 内每点满足平均值性质的连续函数必在 Ω 内调和.

20. 设 $\{u_N\}\in C^2(\Omega)\bigcap C(\overline{\Omega})$ 是 Ω 内的调和函数列, 如果 $\{u_N\}$ 在 $\partial\Omega$ 上一致收敛, 则它也在 $\overline{\Omega}$ 上一致收敛, 且收敛于一调和函数.

21. 设 $u(x,y)$ 满足定解问题

$$\begin{cases}\Delta u=0, & (x,y)\in\Omega,\\ u\big|_{y=0}=0, & a\leqslant x\leqslant b,\end{cases}$$

其中 Ω 是上半平面 $-\infty<x<\infty$, $y>0$ 中的有界区域, 且 $\partial\Omega\bigcap\{y=0\}=\{a\leqslant x\leqslant b,y=0\}$. 定义函数 u 的奇开拓

$$u(x,y)=\begin{cases}u(x,y), & (x,y)\in\Omega,\\ 0, & a\leqslant x\leqslant b,y=0,\\ -u(x,-y), & (x,y)\in\Omega',\end{cases}$$

其中 $\Omega'=\{(x,y)\,|\,(x,-y)\in\Omega\}$, 试证明 $w(x,y)$ 在 $\Omega\bigcup\Omega'\bigcup\{a<x<b,y=0\}$ 上调和.

22. 设 $u(x,y)$ 在以原点为心、R 为半径的圆 $B(R)$ 内调和, 在 $\overline{B(R)}$ 上连续, 又设 $M=\iint_{B(R)}u^2(x,y)\mathrm{d}x\mathrm{d}y$. 试证

(1) $|u(0,0)|\leqslant\dfrac{1}{R}\left(\dfrac{M}{\pi}\right)^{\frac{1}{2}}$;

(2) $|u(x,y)|\leqslant\dfrac{1}{R-r}\left(\dfrac{M}{\pi}\right)^{\frac{1}{2}}$, $(x,y)\in B(R)$, 其中 $r=\sqrt{x^2+y^2}$.

23. 设 $u(x,y)$ 是定解问题

$$\begin{cases}\Delta u=0, & (x,y)\in B(R),\\ u\big|_{\partial B(R)}=\varphi(x,y)\end{cases}$$

的解, 又设 $v(x, y)$ 是定解问题

$$\begin{cases} \Delta v = 0, & (x, y) \in B(R) \setminus O, \\ u|_{\partial B(R)} = \varphi(x, y) \end{cases}$$

的有界解, 其中 O 表示坐标原点, 且 $O \in B(R)$. 试证 O 点是 $v(x, y)$ 的可去奇点, 即

$$u(x, y) \equiv v(x, y), \quad (x, y) \in B(R) \setminus O.$$

24. 设 $u(r, \theta)$ 是圆 $B(R)$ 外的有界调和函数, 令

$$u(r, \theta) = u\left(\frac{R^2}{r^2}, \theta\right).$$

试证 $v(r, \theta)$ 是圆 $B(R)$ 内的调和函数. 由此解第一类外部边值问题

$$\begin{cases} \Delta u = 0, & (x, y) \in \mathbb{R}^2 \setminus \overline{B(R)}, \\ u|_{\partial B(R)} = \varphi(x, y), \\ u \text{ 有界}. \end{cases}$$

25. 证明 $H^1(a, b) \subset C[a, b]$, 且存在常数 M, 使得

$$\| u \|_{C[a,b]} \leqslant M \| u \|_{H^1(a,b)},$$

这里 M 只依赖于 $b - a$.

26. 设 $f \in C^1(\mathbb{R})$, 且 $f'(x)$ 有界, 如果 $u \in H^1(\Omega)$, 证明复合函数 $f \circ u \in H^1(\Omega)$.

27. 设 $\varphi \in H^1(\Omega)$, 记

$$M_\varphi = \{ u \in H^1(\Omega) \,|\, u - \varphi \in H_0^1(\Omega) \}.$$

证明变分问题

$$J(u) = \min_{v \in M_\varphi} J(v)$$

的解存在唯一, 其中

$$J(v) = \frac{1}{2} \int_\Omega | \nabla v |^2 \, \mathrm{d}x - \int_\Omega f v \mathrm{d}x.$$

又证如果 $u \in C^2(\Omega)$, 则 u 在 Ω 内满足方程

$$-\Delta u = f.$$

28. 如果 $u \in H_0'(\Omega)$ 且满足

$$\int_\Omega \nabla v \cdot \nabla u \mathrm{d}x = \int_\Omega v f \mathrm{d}x, \quad \forall v \in H_0'(\Omega),$$

则它是变分问题

$$J(u) = \min_{v \in H_0^1(\Omega)} J(v)$$

的解, 其中 $J(v)$ 同上题.

29. 考虑变分问题: 求 $u \in H^1[a,b]$, 使得

$$J(u) = \min_{v \in H^1[a,b]} J(v),$$

其中

$$J(v) = \frac{1}{2} \int_a^b \left[k(x) \left(\frac{\mathrm{d}v}{\mathrm{d}x} \right)^2 + p(x)v^2 \right] \mathrm{d}x + \frac{\alpha}{2} v^2(b) + \frac{\beta}{2} v^2(a)$$

$$- \int_a^b f(x)v(x)\mathrm{d}x - g_1 v(b) - g_2 v(a),$$

这里 $k(x) \geqslant k_0 > 0$, $p(x) \geqslant p_0 > 0$ 且 $k(x), p(x) \in C[a,b]$, $f(x) \in L_2(a,b)$, α 与 β 都是正常数. 试证明上述变分问题的解存在唯一.

30. 设 Ω 为矩形 $\{0 < x < a, 0 < y < b\}$, 试证明: 如果 $u \in H^1(\Omega)$, 则 $u|_{\partial\Omega} \in L_2(\partial\Omega)$, 且存在 $M > 0$ 使得

$$\|u\|_{L_2(\partial\Omega)} \leqslant M \|u\|_{H^1(\Omega)},$$

其中 M 只依赖于 a 和 b.

31. 同上题, 设 $f \in L_2(\Omega)$, $g \in L_2(\Omega)$, 试证明变分问题

$$J(u) = \min_{v \in H^1(\Omega)} J(v)$$

存在唯一解 $u \in H^1(\Omega)$, 其中

$$J(v) = \frac{1}{2} \iint_\Omega \left(|\nabla v|^2 + v^2 \right) \mathrm{d}x - \iint_\Omega fv\mathrm{d}x - \oint_{\partial\Omega} gv\mathrm{d}l.$$

进一步证明: 如果变分问题的解 $u \in C^2(\Omega) \bigcap C^1(\bar{\Omega})$, 则它满足下述边值问题:

$$\begin{cases} -\Delta u + u = f, & x \in \Omega, \\ \left. \dfrac{\partial u}{\partial \boldsymbol{n}} \right|_{\partial\Omega} = g. \end{cases}$$

第五章 二阶线性偏微分方程的分类及特征理论

在前面的章节中, 我们系统地研究了波动方程、热传导方程和 Laplace 方程等三类典型的二阶线性偏微分方程. 本章我们以两个自变量的二阶线性偏微分方程为例, 从简到繁, 研究线性偏微分方程的分类及各类型方程的特点, 指出一般二阶线性偏微分方程的三种标准形式, 并对其性质进行类比研究.

第一节 二阶线性偏微分方程的分类

一、引例——两个自变量的方程的化简

以 (x, y) 为自变量, 二阶线性偏微分方程的一般形式如下:

$$a_{11}u_{xx} + 2a_{12}u_{xy} + a_{22}u_{yy} + b_1 u_x + b_2 u_y + cu = f, \tag{1.1}$$

其中 $a_{11}, a_{12}, a_{22}, b_1, b_2, c$ 都是 (x, y) 在某一区域 Ω 上的二元函数, 为了研究的需要, 我们可假定其适当光滑, 即具有连续偏导数.

定义 1.1 在区域 Ω 内的某点 (x_0, y_0) 的邻域内作自变量变换. 令 $\delta = \delta(x, y)$, $\eta = \eta(x, y)$, 若 $J = \dfrac{\partial(\delta, \eta)}{\partial(x, y)} = \begin{vmatrix} \delta_x & \delta_y \\ \eta_x & \eta_y \end{vmatrix} = \delta_x \eta_y - \delta_y \eta_x \neq 0$, 则变换为可逆的变换.

将上述变换代入方程(1.1), 我们有

$$\begin{cases} u_x = u_\delta \delta_x + u_\eta \eta_x, \\ u_y = u_\delta \delta_y + u_\eta \eta_y, \\ u_{xx} = u_{\delta\delta}\delta_x^2 + 2u_{\delta\eta}\delta_x\eta_x + u_{\eta\eta}\eta_x^2 + u_\delta \delta_{xx} + u_\eta \eta_{xx}, \\ u_{xy} = u_{\delta\delta}\delta_x\delta_y + u_{\delta\eta}(\delta_x\eta_y + \delta_y\eta_x) + u_{\eta\eta}\eta_x\eta_y + u_\delta \delta_{xy} + u_\eta \eta_{xy}, \\ u_{yy} = u_{\delta\delta}\delta_y^2 + 2u_{\delta\eta}\delta_y\eta_y + u_{\eta\eta}\eta_y^2 + u_\delta \delta_{yy} + u_\eta \eta_{yy}, \end{cases}$$

故方程(1.1)化为

$$a_{11}' u_{\delta\delta} + 2a_{12}' u_{\delta\eta} + a_{22}' u_{\eta\eta} + b_1' u_\delta + b_2' u_\eta + c'u = f, \tag{1.2}$$

其中

$$\begin{cases} a'_{11} = a_{11}\delta_x^2 + 2a_{12}\delta_x\delta_y + a_{22}\delta_y^2, \\ a'_{12} = a_{11}\delta_x\eta_x + a_{12}(\delta_x\eta_y + \delta_y\eta_x) + a_{22}\delta_y\eta_y, \\ a'_{22} = a_{11}\eta_x^2 + 2a_{12}\eta_x\eta_y + a_{22}\eta_y^2. \end{cases} \tag{1.3}$$

为了简化系数 $a'_{11}, a'_{12}, a'_{22}$，考虑方程

$$a_{11}F_x^2 + 2a_{12}F_xF_y + a_{22}F_y^2 = 0. \tag{1.4}$$

事实上，将 $F(x,y) = 0$ 两边同时微分可得

$$F_x\mathrm{d}x + F_y\mathrm{d}y = 0.$$

代入方程(1.4)中，有

$$a_{11}\mathrm{d}^2y - 2a_{12}\mathrm{d}x\mathrm{d}y + a_{22}\mathrm{d}^2x = 0. \tag{1.5}$$

于是我们将偏微分方程(1.4)的求解问题转换为求解常微分方程(1.5)在 xOy 面上的积分曲线问题. 若 $\varphi(x,y) = c$ 是方程(1.5)的一族积分曲线，则 $Z = \varphi(x,y)$ 就是方程(1.5)的解. 我们往往也称方程(1.5)为特征方程，$\varphi(x,y) = c$ 是方程(1.5)的特征曲线.

求解方程(1.5)，我们将其分为两个部分，即

$$\begin{cases} \dfrac{\mathrm{d}y}{\mathrm{d}x} = \dfrac{a_{12} + \sqrt{a_{12}^2 - a_{11}a_{22}}}{a_{11}}, \\ \dfrac{\mathrm{d}y}{\mathrm{d}x} = \dfrac{a_{12} - \sqrt{a_{12}^2 - a_{11}a_{22}}}{a_{11}}. \end{cases} \tag{1.6}$$

记 $\Delta = a_{12}^2 - a_{11}a_{22}$，则可由 Δ 的取值将上述方程的求解问题分为如下三种情形.

情形一，在 (x_0, y_0) 的附近 $\Delta > 0$. 则方程(1.6)的右端可取相异的实值，从而得到两族不同的实曲线，故积分曲线可为 $\varphi_1(x,y) = c, \varphi_2(x,y) = c$. 此时，令 $\delta = \varphi_1(x,y), \eta = \varphi_2(x,y)$ (此变换为可逆变化，证明留作习题)，则 $a'_{11} = a'_{22} = 0$. 且可逆变换不能改变偏微分方程的阶数，故 $a'_{12} \neq 0$. 因此，方程(1.2)可化简为

$$u_{\delta\eta} + B_1(\delta,\eta)u_\delta + B_2(\delta,\eta)u_\eta + C(\delta,\eta)u = f(\delta,\eta).$$

此时，令 $\delta = \dfrac{1}{2}(s+t), \eta = \dfrac{1}{2}(s-t)$，方程可进一步化简为

$$u_{ss} - u_{tt} + \bar{B}_1 u_t + \bar{B}_2 u_s + \bar{C}u = \bar{f}(s,t). \tag{1.7}$$

情形二，在 (x_0, y_0) 的附近 $\Delta = 0$. 则方程(1.6)仅有一族积分曲线，记为 $\varphi_1(x,y) = c$. 此时，令 $\delta = \varphi_1(x,y), \eta = \varphi_2(x,y)$，其中 $\varphi_2(x,y)$ 为任一与 $\varphi_1(x,y)$ 函数无关的二次函数. 由于 $\Delta = 0$，从而

$$a'_{12} = a_{11}\delta_x\eta_x + a_{12}\left(\delta_x\eta_y + \delta_y\eta_x\right) + a_{22}\delta_y\eta_y$$
$$= \left(\sqrt{a_{11}}\delta_x + \sqrt{a_{22}}\delta_y\right)\left(\sqrt{a_{11}}\eta_x + \sqrt{a_{22}}\eta_y\right) = 0.$$

又因为 $a'_{11} = 0$，于是方程(1.2)化为

$$u_{\eta\eta} + B_1 u_\delta + B_2 u_\eta + Cu = f.$$

再作变换 $v = u e^{\frac{1}{2}\int_{\eta_0}^{\eta} B_2(\delta, z)\mathrm{d}z}$，就得到关于 v 的二阶线性偏微分方程

$$v_{\eta\eta} + \overline{B}_1 v_\delta + \overline{c}v = \overline{f}(\delta, \eta). \tag{1.8}$$

可以发现，此方程不含关于 η 的一阶导数项.

情形三，在 (x_0, y_0) 的附近 $\Delta < 0$. 此时方程不存在实的积分曲线，故方程的通积分为复函数，不妨设该通积分为 $\phi(x, y) = \varphi_1(x, y) + \mathrm{i}\varphi_2(x, y)$，这里 ϕ_x, ϕ_y 不同时为 0，且 $\varphi_1(x, y), \varphi_2(x, y)$ 为实函数，记 $\delta = \varphi_1(x, y), \eta = \varphi_2(x, y)$，下证 δ 与 η 是函数无关的. 事实上，因为 $\phi(x, y)$ 满足方程(1.4)，从而 $a_{11}\phi_x = -\left(a_{12} + \mathrm{i}\sqrt{a_{11}a_{22} - a_{12}^2}\right)\phi_y$，则

$$\begin{cases} a_{11}\delta_x = -a_{12}\delta_y + \sqrt{a_{11}a_{22} - a_{12}^2}\,\eta_y, \\ a_{11}\eta_y = -a_{12}\eta_y - \sqrt{a_{11}a_{22} - a_{12}^2}\,\delta_y. \end{cases} \tag{1.9}$$

计算行列式

$$J \equiv \begin{vmatrix} \delta_x & \delta_y \\ \eta_x & \eta_y \end{vmatrix} = \frac{\sqrt{a_{11}a_{22} - a_{12}^2}}{a_{11}}(\delta_y^2 + \eta_y^2) \quad (a_{11} \neq 0, \text{否则} \Delta \not< 0).$$

由于 δ_y, η_y 不全为 0(事实上，若 $\delta_y = \eta_y = 0$，则由(1.9)知 $\delta_x = \eta_x = 0$，这与函数 ϕ 的假定不符)，故此行列式不等于零. 于是 $\varphi_1(x, y), \varphi_2(x, y)$ 是函数无关的.

将 $\phi(x, y) = \varphi_1(x, y) + \mathrm{i}\varphi_2(x, y) = \delta + \mathrm{i}\eta$ 代入方程(1.4)，分开实部和虚部，可得

$$a_{11}\delta_x^2 + 2a_{12}\delta_x\delta_y + a_{22}\delta_y^2 = a_{11}\eta_x^2 + 2a_{12}\eta_x\eta_y + a_{22}\eta_y^2,$$

且

$$a_{11}\delta_x\delta_y + a_{12}\left(\delta_x\eta_y + \delta_y\eta_x\right) + a_{22}\delta_\eta\eta_y = 0,$$

因此方程(1.2)化为

$$u_{\delta\delta} + u_{\eta\eta} + \overline{B}_1 u_\delta + \overline{B}_2 u_\eta + \overline{C}u = \overline{f}(\delta, \eta). \tag{1.10}$$

我们称方程(1.7), (1.8), (1.10)为二阶线性偏微分方程的三种标准形.

二、两个自变量的二阶线性偏微分方程的分类

由引例可知, 二阶线性偏微分方程所能化简的标准形式取决于方程中各二阶偏导数系数 a_{11}, a_{12}, a_{22}. 若记二次型 $f(x, y) = a_{11}x^2 + 2a_{12}xy + a_{22}y^2$, 此时, 令 $f(x, y) = 1$, 则可由 $\Delta = a_{12}^2 - a_{11}a_{22}$ 的取值确定该函数图像为平面上的一个椭圆、双曲线或抛物线. 故我们相应地定义二阶线性偏微分方程的三种标准形为椭圆型方程、双曲型方程、抛物型方程.

(1) 若在区域 Ω 中某点 (x_0, y_0) 满足 $\Delta = a_{12}^2 - a_{11}a_{22} > 0$, 则称方程在点 (x_0, y_0) 为双曲型的;

(2) 若在区域 Ω 中某点 (x_0, y_0) 满足 $\Delta = a_{12}^2 - a_{11}a_{22} = 0$, 则方程在点 (x_0, y_0) 为抛物型的;

(3) 若在区域 Ω 中某点 (x_0, y_0) 满足 $\Delta = a_{12}^2 - a_{11}a_{22} < 0$, 则方程在点 (x_0, y_0) 为椭圆型的.

此外, 分析二次型 $f(x, y)$ 的矩阵 $A = \begin{pmatrix} a_{11} & a_{12} \\ a_{12} & a_{22} \end{pmatrix}$ 与 Δ 的关系可知, 当 $\Delta < 0$ 时, A 为正定或负定, 即 A 的特征值全为正(或负)的; 当 $\Delta = 0$ 时, A 有一个特征值为 0; 当 $\Delta > 0$ 时, A 的特征值异号. 故对二阶线性偏微分方程亦可通过矩阵 A 的特征值来划分类型. 一般地, 含有 n 个未知量的二阶线性偏微分方程, 我们往往采用上述方式. 需要说明的是, 若在区域 Ω 上的每一个点, 方程均为双曲型(椭圆型、抛物型), 则称方程在区域 Ω 中是双曲型(椭圆型、抛物型)的. 事实上, 对双曲型和椭圆型方程, 由保号性可知, 若存在某个点 (x_0, y_0) 满足, 则可找到 (x_0, y_0) 的某个邻域, 方程在该邻域中均为双曲型和椭圆型方程. 而对抛物型方程, 由于 $\Delta = 0$, 故不一定存在某邻域, 使方程在该邻域内均为抛物型的. 同时也存在某些方程在区域 Ω 中的不同范围内类型不同, 这样的方程称为区域 Ω 中的混合型方程, 如著名的 Tricomi (特里科米)方程 $y\dfrac{\partial^2 u}{\partial x^2} + \dfrac{\partial^2 u}{\partial y^2} = 0$.

例 1.1　Tricomi 方程 $y\dfrac{\partial^2 u}{\partial x^2} + \dfrac{\partial^2 u}{\partial y^2} = 0$.

解　其特征方程为 $y\mathrm{d}y^2 + \mathrm{d}x^2 = 0$.

当 $y > 0$ 时, $\mathrm{d}x = \pm \mathrm{i}\sqrt{y}\mathrm{d}y$, 故 $x \pm \mathrm{i}\dfrac{2}{3}y^{\frac{3}{2}} = c$, 令 $\delta = x, \eta = \dfrac{2}{3}y^{\frac{3}{2}}$, 则原方程可化为 $\dfrac{\partial^2 u}{\partial \delta^2} + \dfrac{\partial^2 u}{\partial y^2} + \dfrac{1}{3y}\dfrac{\partial u}{\partial y} = 0$, 此为椭圆型方程.

当 $y < 0$ 时，$\mathrm{d}x = \pm\sqrt{-y}\mathrm{d}y$，故 $x \pm \frac{2}{3}(-y)^{\frac{3}{2}} = c$，令 $\delta = x - \frac{2}{3}(-y)^{\frac{3}{2}}, \eta = x + \frac{2}{3}(-y)^{\frac{3}{2}}$，则原方程可化为 $\dfrac{\partial^2 u}{\partial\delta\partial\eta} - \dfrac{1}{6(\delta-\eta)}\left(\dfrac{\partial u}{\partial\delta} - \dfrac{\partial u}{\partial\eta}\right) = 0$．再令 $\delta = \frac{1}{2}(s+t), \eta = \frac{1}{2}(s-t)$，则该方程最终可化为 $\dfrac{\partial^2 u}{\partial s^2} - \dfrac{\partial^2 u}{\partial t^2} - \dfrac{2}{t}\dfrac{\partial u}{\partial t} = 0$，此为双曲型方程．

三、多个自变量的二阶线性偏微分方程的分类

多个自变量二阶线性偏微分方程的一般形式为

$$\sum_{i,j=1}^{n} a_{ij} \frac{\partial^2 u}{\partial x_i \partial x_j} + \sum_{i=1}^{n} b_i \frac{\partial u}{\partial x_i} + cu = f, \tag{1.11}$$

其中 a_{ij}, b_i, c 及 f 是 $\mathbb{R}^n$ 中某区域 Ω 上的函数，为了研究的需要，我们可假定其适当光滑．在此，我们将二阶线性微分方程的结论加以推广，利用各二阶偏导数的系数矩阵 $A = (a_{ij})_{i,j=1,\cdots,n}$ 的特征值的不同情况，将含有 n 个未知量的二阶线性偏微分方程进行分类．

设 $P_0 = (x_1, x_2, \cdots, x_n)$ 为 $\mathbb{R}^n$ 中的一个点，$A(P_0)$ 为 A 在 P_0 处的函数值．

定义 1.2　若矩阵 $A(P_0)$ 为正定(负定)矩阵，即 $A(P_0)$ 的特征值均为正(负)，则称方程(1.11)在点 P_0 处是椭圆型的．同时，若对某区域 Ω 上的任意一点 P，方程在 P 处都是椭圆型的，则称方程为区域 Ω 上的椭圆型方程．

定义 1.3　若矩阵 $A(P_0)$ 的特征值有且仅有一个为 0，其余全为正(负)的，则称方程(1.11)在点 P_0 处是抛物型的．同时，若对某区域 Ω 上的任意一点 P，方程在 P 处都是抛物型的，则称方程为区域 Ω 上的抛物型方程，事实上，此时，矩阵 A 为退化的．

定义 1.4　若矩阵 $A(P_0)$ 的特征值有且仅有一个为正(负)的，其余全为负(正)的，则称方程(1.11)在点 P_0 处是双曲型的．同时，若对某区域 Ω 上的任意一点 P，方程在 P 处都是双曲型的，则称方程为区域 Ω 上的双曲型方程．

需要说明的是，若由矩阵的各个特征值的正负来分情况，还会得到许多其他的情形，上述定义的得来依赖于我们在前面章节中学到的三种典型的二阶线性偏微分方程．我们知道

波动方程：
$$\frac{\partial^2 u}{\partial t^2} - a^2 \Delta u = f. \tag{1.12}$$

热传导方程：
$$\frac{\partial u}{\partial t} - a^2 \Delta u = f. \tag{1.13}$$

位势方程:
$$-\Delta u = f. \tag{1.14}$$

不难验证, 方程(1.14)为椭圆型方程; (1.13)为抛物型方程; (1.12)为双曲型方程; 同时, 我们将上述三个方程分别称为各自类型的标准形.

四、多个自变量二阶线性偏微分方程的化简

由线性代数的相关结论可知, 若 A 为实对称矩阵, 则一定存在一个正交阵 T, 可将其对角化, 即 $T^{\mathrm{T}}AT = D$, 其中 D 为对角阵. 此时, 该对角阵对角线上的元素为 A 的特征值. 若二阶线性偏微分方程的二阶偏导数 a_{ij} 是常数, 则 A 必为实对称矩阵. 因此, 我们有如下定理.

定理 1.1　若 A 为常数矩阵, 则一定存在一个可逆的自变量变换, 将椭圆型 (双曲型、抛物型)方程化为其标准形.

证明　我们以椭圆型方程为例, 其他情形类似.

因为可逆的自变量变换不会影响偏导数阶数, 故在此我们只讨论二阶项.

先将方程(1.11)中的二阶项改为矩阵形式 $(\nabla_x^{\mathrm{T}} A \nabla_x)u$, 其中

$$\nabla_x = \left(\frac{\partial}{\partial x_1}, \frac{\partial}{\partial x_2}, \cdots, \frac{\partial}{\partial x_n}\right)^{\mathrm{T}}, \quad A = (a_{ij}).$$

作可逆的自变量变换 $Y = BX$, 其中 $Y = \begin{pmatrix} y_1 \\ \vdots \\ y_n \end{pmatrix}$, $X = \begin{pmatrix} x_1 \\ \vdots \\ x_n \end{pmatrix}$, 则 $\nabla_x = B^{\mathrm{T}} \nabla_y$, 故二阶项

变为 $(\nabla_y^{\mathrm{T}} BAB^{\mathrm{T}} \nabla_y)u$, 此时 $BAB^{\mathrm{T}} = \begin{pmatrix} \lambda_1 & & \\ & \ddots & \\ & & \lambda_n \end{pmatrix}$ (对角阵), 从而在关于新变量 y 的

二阶线性偏微分方程中, 二阶项变为 $\lambda \Delta_y u$, 即为标准形.

事实上, 对任意点 P_0, $A(P_0)$ 均为常数矩阵, 我们仍可在 P_0 处将其化为标准形, 但是往往无法对整个区域 Ω 直接转换.

第二节　特征理论

特征理论是偏微分方程求解分类的重要工具. 引例对含有两个变量的二阶线性偏微分方程进行化简分类时, 若 $\Delta = a_{12}^2 - a_{11}a_{22} > 0$, 则方程有两族实特征线; 若 $\Delta = 0$, 则方程有重特征线; 若 $\Delta < 0$, 则方程无实特征线. 可见, 方程的特征线决定了该方程的类型. 同时, 当方程作特征线变换时, 该方程可化为标准形. 本节, 我们将对一般的二阶线性偏微分方程进一步讨论方程的特征理论.

定义 2.1　称方程 $\sum_{i=1}^{n} a_{ij}x_ix_j = 0$ 为方程(1.11)的特征方程.

定义 2.2　若曲面 $S:\varphi(x_1,\cdots,x_n)=0$ 上的每一点都有 $\sum_{i=1}^{n} a_{ij}\dfrac{\partial\varphi}{\partial x_i}\dfrac{\partial\varphi}{\partial x_j}=0$, 则称该曲面 S 为方程(1.11)的特征曲面.

定义 2.3　对 Ω 中的某个点 $P_0\left(x_0^1,x_0^2,\cdots,x_0^n\right)$, 若过该点的某个特征方向 $l=(a_1,a_2,\cdots,a_n)$ 在该点满足特征方程, 即 $\sum_{i=1}^{n} a_{ij}(x_0)a_ia_j=0$, 则称 l 为方程(1.11)在该点的特征方向. 需要说明的是, 在后面的研究中, 我们往往选取 $\sum_{i=1}^{n} a_i^2=1$.

我们知道, 曲面 $\varphi(x_1,\cdots,x_n)=0$ 的法向为 $\left(\dfrac{\partial\varphi}{\partial x_1},\dfrac{\partial\varphi}{\partial x_2},\cdots,\dfrac{\partial\varphi}{\partial x_n}\right)$, 因此, 特征曲面也可理解为每点的法向为该点特征方向的特殊曲面, 特别地, 我们称以特征方向为法线的 $n-1$ 维超平面为该点的特征平面, 称对过某固定点的所有特征平面的包络所成的锥面为特征锥面.

接下来, 我们看一些具体的例子.

例 2.1　方程(1.1).

解　对含有两个未知量的二阶线性偏微分, 按定义其特征方程为

$$a_{11}x_1^2 + 2a_{12}x_1x_2 + a_{22}x_2^2 = 0.$$

同时, 满足上述关系的方向 (a_1,a_2) 为特征方向, 该方程的特征线 $\varphi(x,y)=C$ 满足 $a_{11}\varphi_x^2 + 2a_{12}\varphi_x\varphi_y + a_{22}\varphi_y^2 = 0$.

例 2.2　二维波动方程 $\dfrac{\partial^2 u}{\partial t^2}=a^2\left(\dfrac{\partial^2 u}{\partial x^2}+\dfrac{\partial^2 u}{\partial y^2}\right)$.

解　对波动方程, 其特征方程为 $a_0^2=a^2(a_1^2+a_2^2)$, 由 $\sum_{i=0}^{2} a_i^2=1$ 知, $\dfrac{a_0^2}{1-a_0^2}=a^2$, 故 $a_0=\pm\dfrac{a}{\sqrt{1+a^2}}$. 因此任意一点处的特征方向与 t 轴的夹角为 $\arctan\dfrac{1}{a}$, 将其单位化可得 $\left(\pm\dfrac{a}{\sqrt{1+a^2}},\dfrac{\cos\theta}{\sqrt{1+a^2}},\dfrac{\sin\theta}{\sqrt{1+a^2}}\right)$, 其中 θ 为参数. 此时消掉参数 θ, 可得全体特征方向构成锥面. 事实上, 过点 (x_0,y_0,t_0) 的特征平面族方程为 $a(t-t_0)+\cos\theta(x-x_0)+\sin\theta(y-y_0)=0$, 此平面族的包络即为上述特征锥面, 该包络面的方程为 $(x-x_0)^2+(y-y_0)^2=a^2(t-t_0)^2$.

例 2.3 热传导方程 $\dfrac{\partial u}{\partial t} = a^2 \left(\dfrac{\partial^2 u}{\partial t^2} + \dfrac{\partial^2 u}{\partial y^2} + \dfrac{\partial^2 u}{\partial z^2} \right)$.

解　对热传导方程，其特征方程为 $a_1^2 + a_2^2 + a_3^2 = 0$，故 $a_0^2 = 1$，该特征曲面为超平面 $t = \mathrm{const}$.

习　题　五

1. 证明对方程(1.1)作可逆变换后，当 $a'_{11}, a'_{22} = 0$ 时，$a'_{12} \neq 0$.

2. 将下列二阶线性偏微分方程化为标准形.

(1) $u_{xx} + 2u_{xy} + u_{yy} - u_x - u_y + u = 0$；

(2) $u_{xx} + 3u_{xy} + 2u_{yy} - 3u_x - 5u_y + 7u = 0$；

(3) $u_{xx} - au_{yy} = 0$；

(4) $a^2 u_{xx} + b^2 u_{yy} = 0$.

3. 证明对方程(1.1)作可逆变换后，不会改变方程的类型.

4. 求下列方程的特征方向.

(1) $u_{tt} = u_{xx} + u_{yy} + u_{zz}$；

(2) $au_{xx} - u_{yy} = 0$；

(3) $u_t = a^2 u_{xx} + b^2 u_{yy}$.

5. 证明对方程(1.1)作可逆变换后的特征曲面可由原方程的特征曲面经过相同的可逆变换求得.

参 考 文 献

姜礼尚，陈亚浙，刘西垣，等. 数学物理方程讲义[M]. 3 版. 北京：高等教育出版社，2018.

谷超豪，李大潜，陈恕行，等. 数学物理方程[M]. 3 版. 北京：高等教育出版社，2012.

王明新. 数学物理方程[M]. 2 版. 北京：清华大学出版社，2009.

吴崇试，高春媛. 数学物理方法[M]. 3 版. 北京：北京大学出版社，2019.

Stanley J. Farlow. Partial Differential Equations for Scientists and Engineers. Dover Publications, INC, New York, 2012.

Lawrence C. Evans. Partial Differential Equations. 2nd ed. 北京：高等教育出版社，2017.